Quinto Grado

Matemáticas diarias®

The University of Chicago School Mathematics Project

Diario del estudiante
Volumen 2

Grado 5

Wright Group

The McGraw-Hill Companies

The University of Chicago School Mathematics Project (UCSMP)

Max Bell, Director, UCSMP Elementary Materials Component; Director, *Everyday Mathematics* First Edition; James McBride, Director, *Everyday Mathematics* Second Edition; Andy Isaacs, Director, *Everyday Mathematics* Third Edition; Amy Dillard, Associate Director, *Everyday Mathematics* Third Edition

Authors

Max Bell, John Bretzlauf, Amy Dillard, Robert Hartfield, Andy Isaacs, James McBride, Kathleen Pitvorec, Peter Saecker, Noreen Winningham*, Robert Balfanz†, William Carroll†

**Third Edition only* *†First Edition only*

Technical Art
Diana Barrie

Editorial Assistant
Rosina Busse

Teachers in Residence
Fran Goldenberg, Sandra Vitantonio

Photo Credits

©W. Perry Conway/CORBIS, cover, *right*; Getty Images, cover, *bottom left*; ©PIER/Getty Images, cover, *center*.

Contributors

Tammy Belgrade, Diana Carry, Debra Dawson, Kevin Dorken, James Flanders, Laurel Hallman, Ann Hemwall, Elizabeth Homewood, Linda Klaric, Lee Kornhauser, Judy Korshak-Samuels, Deborah Arron Leslie, Joseph C. Liptak, Sharon McHugh, Janet M. Meyers, Susan Mieli, Donna Nowatzki, Mary O'Boyle, Julie Olson, William D. Pattison, Denise Porter, Loretta Rice, Diana Rivas, Michelle Schiminsky, Sheila Sconiers, Kevin J. Smith, Theresa Sparlin, Laura Sunseri, Kim Van Haitsma, John Wilson, Mary Wilson, Carl Zmola, Theresa Zmola

This material is based upon work supported by the National Science Foundation under Grant No. ESI-9252984. Any opinions, findings, conclusions, or recommendations expressed in this material are those of the authors and do not necessarily reflect the views of the National Science Foundation.

---

www.WrightGroup.com

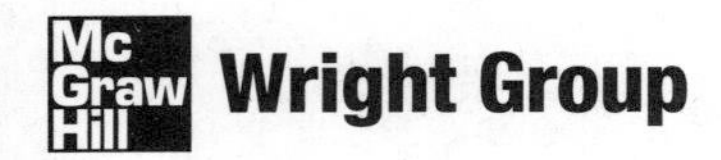

Printed in the United States of America.

Send all inquiries to:
Wright Group/McGraw-Hill
P.O. Box 812960
Chicago, IL 60681

ISBN 978-0-07-610098-9
MHID 0-07-610098-7

3 4 5 6 7 8 9 MAL 13 12 11 10 09 08 07

The McGraw·Hill Companies

Contenido

UNIDAD 7 Exponentes y números negativos

UNIDAD 8 Fracciones y razones

UNIDAD 9 Coordenadas, área, volumen y capacidad

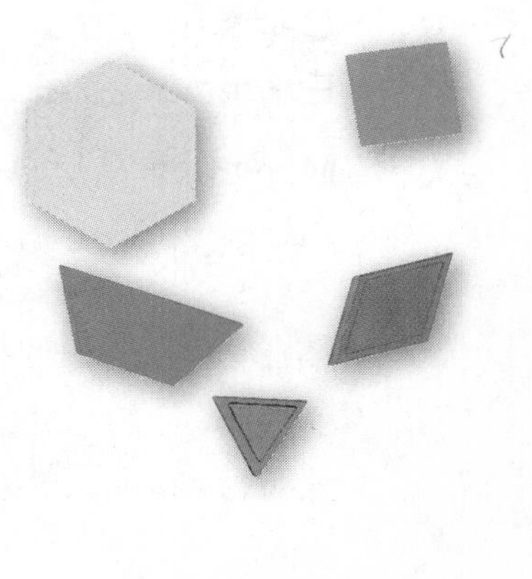

UNIDAD 10 Usar datos: Conceptos y destrezas de álgebra

UNIDAD 1 Volumen

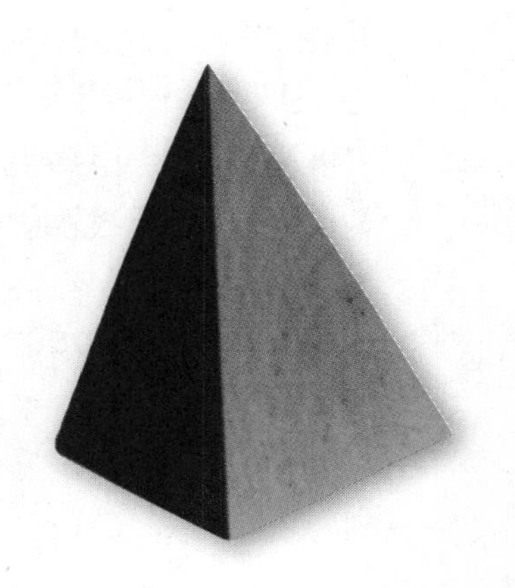

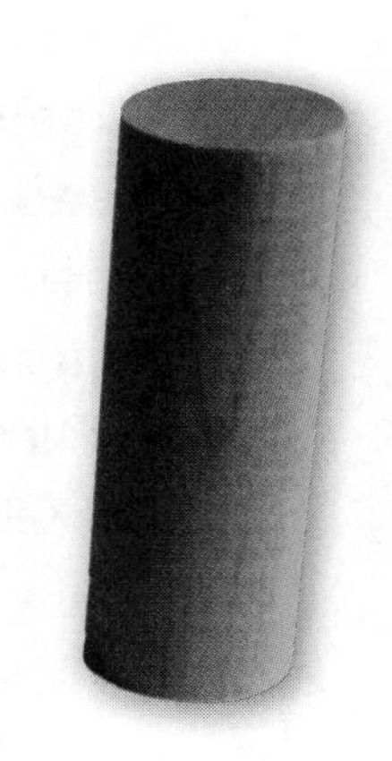

UNIDAD 12 Probabilidad, razones y tasas

Exponentes

Mensaj matemático

1. ¿Cuál verdadero: $4^3 = 12$ ó $4^3 = 64$? Explica tu respuesta.

Yo s porque es 4x4x4 y 4x4 es 16 y 16 por 4 es 64

Notació exponencial

En la nota ón exponencial, el **exponente** indica cuántas veces se usa la **base** como un factor. r ejemplo, $4^3 = 4 * 4 * 4 = 64$. La base es 4 y el exponente es 3. El product 64, se escribe en **notación estándar.**

2. Comple a la tabla.

Nc ación exp encial	Base	Exponente	Factores que se repiten	Notación estándar
5^4	5	4	5 * 5 * 5 * 5	625
[illegible]^4	6	4	6 * 6 * 6 * 6	1,296
[illegible]^2	9	2	9 * 9	81
[illegible]^7	1	7	1 * 1 * 1 * 1 * 1 * 1 * 1	
[illegible]^5	2	5		32

Los exp nentes en la calculadora

3. Usa la lculadora para hallar la notación estándar de las bases y los exponentes que se muestr en la tabla. Anota las teclas que marcaste en la tercera columna. Anota lo que muestr la pantalla de la calculadora en la cuarta columna.

Bas	Exponente	Teclas que se marcaron en la calculadora	Resultado en la pantalla de la calculadora
4	3		
2	4		
3	2		
1	10		

Fecha Hora

LECCIÓN 7•1

Exponentes, *cont.*

Cada uno de los problemas siguientes tiene un error. Halla el error y di cuál es. Luego, resuelve el problema.

4. $5^2 = 5 * 2 = 10$

Error: ______________________________

____

Solución correcta: ______________________________

5. $6^3 = 3 * 3 * 3 * 3 * 3 * 3 = 729$

Error: ______________________________

____

Solución correcta: ______________________________

6. $10^4 = 10 + 10 + 10 + 10 = 40$

Error: ______________________________

____

Solución correcta: ______________________________

Usa la calculadora para escribir los siguientes números en notación estándar.

7. $7 * 7 * 7 * 7 =$ ______________

8. $15 * 15 * 15 * 15 =$ ______________

9. $6^9 =$ ______________

10. $5^8 =$ ______________

11. $2^{12} =$ ______________

12. 4 a la quinta potencia = ______________

Escribe $<$, $>$ ó $=$.

13. 10^2 ________ 2^{10}

14. 3^4 ________ 9^2

15. 1^2 ________ 1^5

16. 5^4 ________ 500

Recordatorio:

$>$ significa *es mayor que.*

$<$ significa *es menor que.*

Fecha Hora

LECCIÓ[illegible] 7·1

Cajas matemáticas

1. En[illegible]a en un círculo las fracciones que se[illegible]quivalentes a $\frac{2}{3}$.

$\frac{10}{15}$ $\frac{4}{9}$ $\frac{9}{12}$ $\frac{12}{18}$ $\frac{4}{6}$

2. Peter tiene $\frac{3}{8}$ de yarda de cinta. Necesita $\frac{3}{4}$ de yarda para hacer un disfraz. ¿Cuánta cinta más necesita?

____

3. Hal[illegible]s numeradores o den[illegible]inadores que faltan.

a. [illegible] $= \frac{\square}{5}$

b. [illegible] $= \frac{1}{\square}$

c. [illegible] $= \frac{\square}{3}$

d. $\frac{4}{8} = \frac{\square}{2}$

e. $\frac{12}{18} = \frac{2}{\square}$

f. $\frac{3}{21} = \frac{1}{\square}$

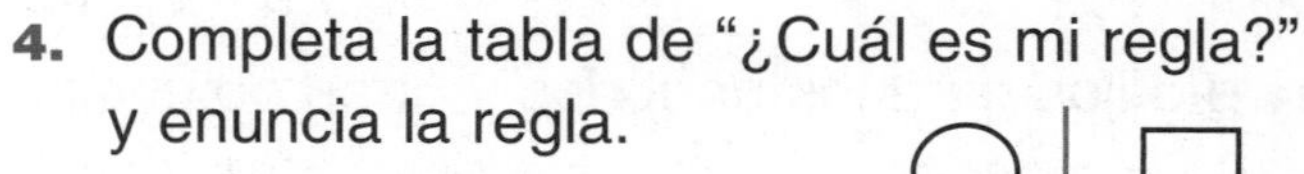

4. Completa la tabla de "¿Cuál es mi regla?" y enuncia la regla.

Regla

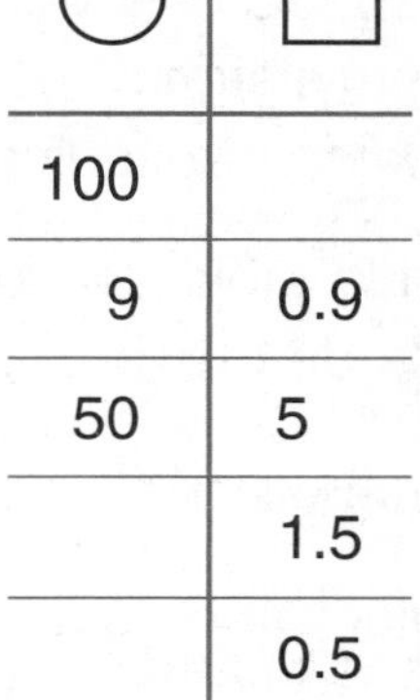

○	□
100	
9	0.9
50	5
	1.5
	0.5

5. Res[illegible]ve.

a. [illegible] 5) / 3 = _______

b. [illegible] 2) ∗ (4 − 2) = _______

c. [illegible]+ 2) ∗ (4 − 2)) / 2 = _______

d. [illegible]((5 + 5) ∗ (5 + 5)) = _______

6. Leti llevó el siguiente registro del tiempo que pasó haciendo ejercicio:

Día	l	m	mi	j	v
Horas	$\frac{1}{4}$	$\frac{1}{2}$	$1\frac{1}{4}$	0	$2\frac{1}{4}$

¿Cuántas horas en total pasó haciendo ejercicio?

____

LCE 70

Fecha Hora

LECCIÓN 7·2

Guías para las potencias de 10

Estudia la siguiente tabla de valor posicional.

Períodos									
	Millones			Millares			Unidades		
Miles de millones	Centenas de millón	Decenas de millón	Millones	Centenas de millar	Decenas de millar	Millares	Centenas	Decenas	Unidades
10^9	10^8	10^7	10^6	10^5	10^4	10^3	10^2	10^1	10^0

En nuestro sistema de valor posicional, las potencias de 10 están agrupadas en conjuntos de tres: unidades, millares, millones, miles de millones y así sucesivamente. Estas agrupaciones, o períodos, son de ayuda al trabajar con números grandes. Cuando escribimos números grandes en notación estándar, separamos estos grupos de tres con comas.

Hay prefijos para los períodos y otras potencias importantes de 10. Tú conoces algunos de estos prefijos por tu trabajo con el sistema métrico decimal. Por ejemplo, el prefijo *kilo* en *kilómetro* indica que un kilómetro tiene 1,000 metros.

Usa la tabla de valor posicional para números grandes y la tabla de prefijos para completar las siguientes oraciones.

Prefijos	
tera-	billón (10^{12})
giga-	mil millones (10^9)
mega-	millón (10^6)
kilo-	mil (10^3)
hecto-	cien (10^2)
deca-	diez (10^1)
uni-	uno (10^0)
deci-	décima (10^{-1})
centi-	centésima (10^{-2})
mili-	milésima (10^{-3})
micro-	millonésima (10^{-6})
nano-	mil millonésima (10^{-9})

Ejemplo:

1 kilogramo es igual a $10^{\boxed{3}}$, o ___mil___ gramos.

1. La distancia entre Chicago y New Orleans es de alrededor de 10^3, o ______ millas.

2. Un millonario tiene al menos $10^{\square}$ dólares.

3. Una computadora con 1 *gigabyte* de memoria RAM puede almacenar alrededor de $10^{\square}$, o ______ de *bytes* de información.

4. Una computadora con un disco duro de 1 *terabyte* puede almacenar alrededor de $10^{\square}$, o ______ de *bytes* de información.

5. Según algunos científicos, el corazón de la mayoría de los mamíferos late alrededor de 10^9, o ______ de veces a lo largo de su vida.

Fecha Hora

LECCIÓN 7•2

Cajas matemáticas

1. Mide la longitud y el ancho de los siguientes objetos a la media pulgada más cercana.

a. hoja de papel

longitud ______ pulg ancho ______ pulg

b. diccionario

longitud ______ pulg ancho ______ pulg

c. palma de tu mano

longitud ______ pulg ancho ______ pulg

d. ______________ (a elección)

longitud ______ pulg ancho ______ pulg

2. Amanda colecciona insectos. A continuación están las longitudes, en milímetros, de los insectos de su colección.

95, 107, 119, 103, 102, 91, 115, 120, 111, 114, 115, 107, 110, 98, 112

a. Encierra en un círculo el diagrama de tallo y hojas que representa estos datos.

Tallos (centenas y decenas)	Hojas (unidades)
9	1 5 8
10	2 3 7 7
11	0 1 2 4 5 5 9
12	0

Tallos (centenas y decenas)	Hojas (unidades)
9	1 5 8
10	2 3 7
11	0 1 2 4 5 9
12	0

Tallos (centenas y decenas)	Hojas (unidades)
9	1 5 8 8 8
10	2 3 7 7 7
11	0 1 2 4 5 5 5
12	0

b. Halla los siguientes hitos para los datos.

Mediana: ________ Mínimo: ________ Rango: ________ Moda(s): ________________

3. Mide ∠P al grado más cercano.

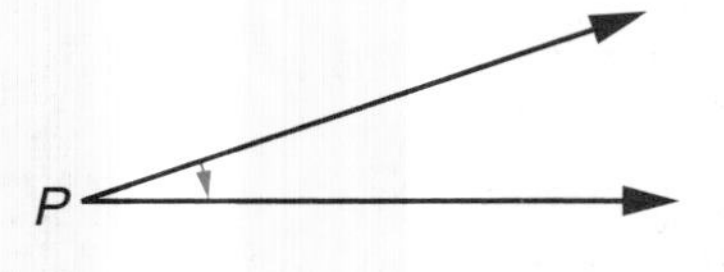

∠P mide alrededor de ________.

4. Calcula el precio de venta.

Precio normal	Descuento	Precio de venta
$12.00	25%	
$7.99	25%	
$80.00	40%	
$19.99	25%	

LECCIÓN 7·3

Notación científica

Completa el siguiente patrón.

1. $10^2 = 10 * 10 = 100$

2. $10^3 = 10 * 10 * 10 =$ ______________

3. $10^4 =$ ______________________________ = ______________

4. $10^5 =$ ______________________________ = ______________

5. $10^6 =$ ______________________________ = ______________

Usa tus respuestas a los Problemas 1 a 5 como ayuda para completar lo siguiente.

6. $2 * 10^2 = 2 * 100 = 200$

7. $3 * 10^3 = 3 *$ ______________ = ______________

8. $4 * 10^4 =$ ______________ * ______________ = ______________

9. $6 * 10^5 =$ ______________ * ______________ = ______________

10. $8 * 10^6 =$ ______________ * ______________ = ______________

Cuando escribes un número como el producto de un número y una potencia de 10, estás usando **notación científica.** La notación científica es una manera útil de escribir números grandes y pequeños. Muchas calculadoras muestran en notación científica el número mil millones y números mayores.

Ejemplo: En notación científica, 4,000 se escribe $4 * 10^3$.
Esto se lee "cuatro multiplicado por diez a la tercera potencia".

Escribe cada uno de los siguientes números en notación estándar y en notación con números y palabras.

	Notación estándar	**Notación con números y palabras**
11. $5 * 10^3 =$	______________	______________________
12. $7 * 10^7 =$	______________	______________________
13. $2 * 10^4 =$	______________	______________________
14. $5 * 10^6 =$	______________	______________________

Historia de la Tierra

Geólogo ıntropólogos, paleontólogos y otros estudiosos a menudo estiman cuándo ocurrier iertos sucesos importantes en la historia de la Tierra. Por ejemplo, ¿cuándo se extin ron los dinosaurios? ¿Cuándo se formaron las Montañas Rocosas? Las estimaci s son muy amplias, en parte porque estos sucesos duraron muchos años y en parte po los métodos de datación no pueden señalar fechas exactas tan antiguas.

Los cien os basan sus estimaciones en el registro geológico—rocas, fósiles y otras pistas— los huesos y herramientas dejadas hace mucho tiempo por seres humano continuación hay una lista de sucesos preparada por un grupo de científic Otros científicos dan estimaciones diferentes.

Usa la t de valor posicional de la siguiente página como ayuda para escribir en notación tándar el tiempo que hace que ocurrieron estos sucesos.

Ejemplo: .a Tierra se formó hace alrededor de $5 * 10^9$ años. Halla 10^9 en la tabla de valor osicional y, debajo, escribe 5, seguido de ceros en las casillas de la derecha. .uego, usa la tabla como ayuda para leer el número: $5 * 10^9$ = 5 mil millones.

	Suc	Tiempo estimado
1.	Se f ió la Tierra.	$5 * 10^9$ años atrás
2.	Apa eron las primeras señales de vida (células de bacterias).	$4 * 10^9$
3.	Apa eron los peces.	$4 * 10^8$
4.	Apa eron los bosques, pantanos, insectos y reptiles.	$3 * 10^8$
5.	Apa eron los primeros dinosaurios; se formaron los mon Apalaches.	$2.5 * 10^8$
6.	Vivi Tiranosaurio Rex y aparecieron los árboles modernos.	$1 * 10^8$
7.	Se e ıguieron los dinosaurios.	$6.5 * 10^7$
8.	Apa eron los primeros primates con parecido humano que conocen.	$6 * 10^6$
9.	Apa eron los mamuts lanudos y otros mamíferos grandes de la a glacial.	$8 * 10^5$
10.	Los es humanos se trasladaron por primera vez de Asia a Amé a del Norte.	$2 * 10^4$

Fuen *The Handy Science Answer Book*

LECCIÓN 7·3

Historia de la Tierra, *cont.*

	Mil millones	100 millones	10 millones	Millón	100 mil	10 mil	Mil	100	10	Unidad
	10^9	10^8	10^7	10^6	10^5	10^4	10^3	10^2	10^1	10^0
1										
2										
3										
4										
5										
6										
7										
8										
9										
10										

Trabaja con un compañero para responder a las preguntas. Escribe las respuestas en notación estándar.

11. Según las estimaciones de los científicos, ¿alrededor de cuántos años pasaron desde la formación de la Tierra hasta la aparición de las primeras señales de vida?

____

12. ¿Alrededor de cuántos años pasaron entre la aparición de los primeros peces y la aparición de los bosques y pantanos?

____

13. Según el registro geológico, ¿alrededor de cuánto tiempo habitaron los dinosaurios la Tierra?

____

Fecha Hora

Notación desarrollada

Cada d de un número tiene un valor que depende del lugar que ocupa en él.

Ejemplo 2,784

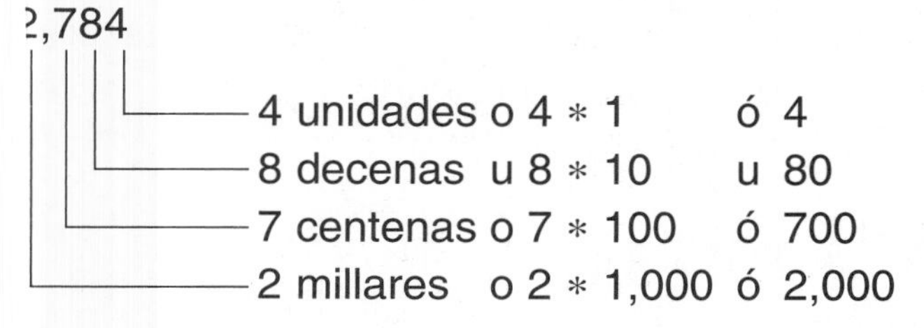

Los núm s expresados en notación desarrollada se escriben como expresiones de suma que muestra valor de los dígitos.

1. **a.** E be 2,784 en notación desarrollada como una expresión de suma.

____

b. E be 2,784 en notación desarrollada como la suma de expresiones de multiplicación.

____

c. E be 2,784 en notación desarrollada como la suma de expresiones de multiplicación con p ıcias de 10.

____

2. Escri 987 en notación desarrollada como una expresión de suma.

____

3. Escri 3,945 en notación desarrollada como la suma de expresiones de multiplicación.

____

4. Escri 4,768 en notación desarrollada como la suma de expresiones de multiplicación con poter s de 10.

____

5. **a.** E be 6,125 en notación desarrollada como una expresión de suma.

____

b. E be 6,125 en notación desarrollada como la suma de expresiones de multiplicación.

____

c. E be 6,125 en notación desarrollada como la suma de expresiones de multiplicación con p ıcias de 10.

____

Fecha Hora

LECCIÓN 7·3

Cajas matemáticas

1. Encierra en un círculo las fracciones que sean equivalentes a $\frac{3}{8}$.

$\frac{6}{12}$ $\frac{9}{24}$ $\frac{8}{3}$ $\frac{4}{9}$ $\frac{15}{40}$

2. Charlene tiene $2\frac{5}{8}$ yardas de tela. Necesita $3\frac{3}{4}$ yardas para hacer una cortina. ¿Cuánta tela más necesita?

____

3. Halla los numeradores o denominadores que faltan.

a. $\frac{4}{10} = \frac{\square}{5}$ **b.** $\frac{42}{66} = \frac{\square}{11}$

c. $\frac{35}{40} = \frac{7}{\square}$ **d.** $\frac{9}{21} = \frac{\square}{7}$

e. $\frac{5}{20} = \frac{1}{\square}$ **f.** $\frac{6}{27} = \frac{\square}{9}$

4. Completa la tabla de "¿Cuál es mi regla?" y enuncia la regla.

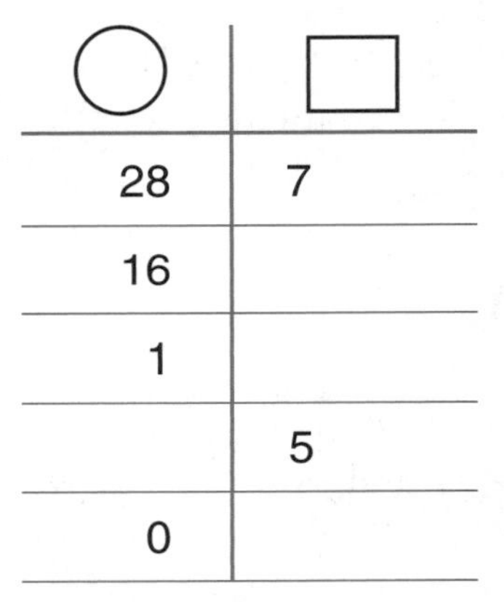

○	□
28	7
16	
1	
	5
0	

5. Resuelve.

a. ________ = 32 / (16 / 2)

b. ________ = (32 / 16) / 2

c. (6.5 + 8.3) / (3 − 1) = ________

d. (4 ∗ 12) + 8 = ________

6. Lilia hizo la tarea durante $2\frac{3}{4}$ horas el sábado y durante $\frac{3}{4}$ de hora el domingo. ¿Cuánto tiempo tardó en total en hacer la tarea durante el fin de semana?

____

Fecha Hora

Historias de paréntesis y números

Mens matemático

1. Haz oración verdadera escribiendo el número que falta.

a. 7 2 + 1) = ________

b. (7 2) + 1 = ________

c. 2 (7.5 + 1.5) = ________

d. (2 7.5) + 1.5 = ________

2. Coloc paréntesis para volver a escribir el siguiente problema en tantas oraciones verdaderas como a posible.

6 * 4 2 / 2 = ?

____

____

____

____

Traza a línea para unir cada historia de números con la expresión que le corresponde.

3. Histo 1

Tom ía 4 latas de gaseosa. Salió compras y compró 3 pac tes de seis latas.

Histo 2

Tom ía 4 paquetes de seis latas gaseosa. Salió de comp y compró 3 paquetes más seis latas.

Número total de latas de gaseosa de Tom

(4 + 3) * 6

4 + (3 * 6)

Fecha Hora

Historias de paréntesis y números, *cont.*

4. Historia 1

Número de galletas que comió Alice

Alice comió 3 galletas antes de ir a una fiesta. En la fiesta, Alice y 4 amigos comieron 45 galletas entre todos, repartidas en partes iguales.

$3 + (45 / 5)$

Historia 2

Había una bolsa entera con 45 galletas y una bolsa abierta con 3 galletas. Alice y 4 amigos comieron repartidas en partes todas las galletas iguales.

$(45 + 3) / 5$

5. Historia 1

Número de galletas horneadas

El señor Chung horneó 5 bandejas de galletas. Las 4 primeras bandejas contenían, cada una, 15 galletas. La última bandeja contenía sólo 5 galletas.

$15 * (4 + 5)$

Historia 2

Por la mañana, el señor Chung horneó 4 bandejas con 15 galletas cada una. Por la tarde, horneó otras 5 bandejas con 15 galletas cada una.

$(4 * 15) + 5$

6. Un supermercado recibió una entrega de 120 cajas de jugo de manzana. Cada caja contenía 4 paquetes de seis latas. Después de la inspección, se dieron cuenta de que 9 latas estaban dañadas.

Escribe una expresión que represente el número de latas en buen estado.

____

LECCIÓN 7·4

Cajas matemáticas

1. Mi… longitud y el ancho de cada uno de los siguientes objetos a la media pulgada má… rcana.

a. … del diario

…itud ______ pulg ancho ______ pulg

b. escritorio

longitud ______ pulg ancho ______ pulg

c. …ta en blanco

…itud ______ pulg ancho ______ pulg

d. ____________________ (a elección)

longitud ______ pulg ancho ______ pulg

2. a. … un diagrama de tallo y hojas con … medidas del palmo de los … diantes de la clase de quinto grado … a señora Grip.

…, 179, 170, 165, 182, 157,
…, 165, 170, 175, 162, 185,
…, 170, 165, 154

b. Halla los siguientes hitos para los datos.

Mediana: ________

Mínimo: ________

Rango: ________

Moda(s): ________________

3. Mid… M al grado más cercano.

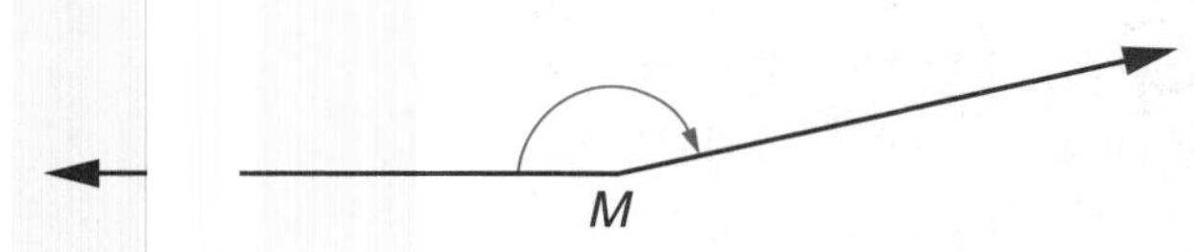

∠M … de alrededor de ________ .

4. Calcula el precio de venta.

Precio normal	Descuento	Precio de venta
$8.99	20%	
$11.99	25%	
$89.00	20%	
$9.99	20%	

LCE 51

LECCIÓN 7•5

Orden de las operaciones

Mensaje matemático

Robin pidió a sus amigos que la ayudaran a descubrir cuánto dinero necesitaba para ir al cine. "¿Cuánto es 4 más 5 multiplicado por 8?", preguntó a sus amigos. Frances y Zac dijeron: "72". Anne y Rick dijeron: "44".

1. ¿Cómo obtuvieron Frances y Zac 72? ______________________

2. ¿Cómo obtuvieron Anne y Rick 44? ______________________

Los amigos de Robin no pudieron ponerse de acuerdo sobre quién estaba en lo correcto. Finalmente, Robin dijo: "Necesito comprar una entrada para menores de 12 años por $4 y 5 entradas para adultos por $8". Entonces, los amigos de Robin supieron quién estaba en lo correcto.

3. ¿Quién crees que estaba en lo correcto? Explica tu respuesta. ______________

____

____

____

Usa las reglas del orden de las operaciones para completar estas oraciones numéricas.

4. $100 + 500 / 2 =$ ________

5. $24 / 6 + 3 * 2 =$ ________

6. $2 * 4^2 =$ ________

7. $25 - 10 + 5 * 2 + 100 / 20 =$ ________

8. $24 / 6 / 2 + 12 - 3 * 2 =$ ________

Coloca paréntesis en cada uno de los siguientes problemas para obtener tantas respuestas como sea posible. El primero está resuelto como ejemplo.

9. $5 + 4 * 9 =$ $(5 + 4) * 9 = 81$; $5 + (4 * 9) = 41$

10. $4 * 3 + 10 =$ ______________________________

11. $6 * 4 / 2 =$ ______________________________

12. $10 - 6 - 4 =$ ______________________________

LECCIÓ 7•5

Problemas con historias

1. Dibu ıa línea para unir cada historia con la expresión que se ajuste a ella.

Hist 1

Marl y su amigo Kadeem tienen 8 lápices cada). Compran cuatro lápices más.

Hist 2

Marl compra 2 paquetes de 8 lápices. Vien :uatro lápices gratis con cada paquete.

Número total de lápices

$(2 * 8) + 4$

$2 * (8 + 4)$

Escribe oración numérica abierta usando paréntesis para mostrar el orden de las operacio ;. Luego, resuelve.

2. LaW a y dos compañeros de clase deciden hacer una investigación sobre caballos. Hallan cuatr)ros en el salón de clases y cinco en la biblioteca que les sirven. Dividen los libros en parte uales para poder llevárselos y leerlos en sus casas. ¿Cuántos libros se lleva cada estuc te?

   Oraci numérica abierta: ____________________

   Soluc : ____________________

3. La er ıadora Ewing tiene 32 barras para la merienda. Las divide en partes iguales entre los 16 m ıbros del equipo de debate. Los miembros del equipo comparten la mitad de las barras con e ɿuipo contrario. ¿Cuántas barras termina comiendo cada miembro del equipo?

   Oraci numérica abierta: ____________________

   Soluc : ____________________

4. ________ $= 15 + 10 * 4$

5. $10 -$ $2 * 3 =$ ________

6. ________ $= 14 - 7 + 5 + 1$

7. ________ $= (18 - 11) * 3 + 7$

8. $9.5 *$ $0.5 + 45 / 5 =$ ________

LECCIÓN 7•5

Fracciones en su mínima expresión

Una fracción está en su **mínima expresión** si, al dividir el numerador y el denominador entre un número entero mayor que 1, no se puede hallar ninguna fracción equivalente. Otra forma de expresarlo es decir que si el numerador y el denominador no tienen un factor común que sea un número entero mayor que 1, entonces la fracción está en su mínima expresión.

Todas las fracciones están en su mínima expresión o son equivalentes a una fracción en su mínima expresión. Un número mixto está en su mínima expresión si su parte fraccionaria está en su mínima expresión.

Ejemplo: $\frac{63}{108} = \frac{21}{36} = \frac{7}{12}$

El numerador 7 y el denominador 12 no tienen un factor común que sea un número entero mayor que 1; entonces, $\frac{7}{12}$ está en su mínima expresión.

1. a. Nombra la fracción que representa la parte sombreada de cada círculo.

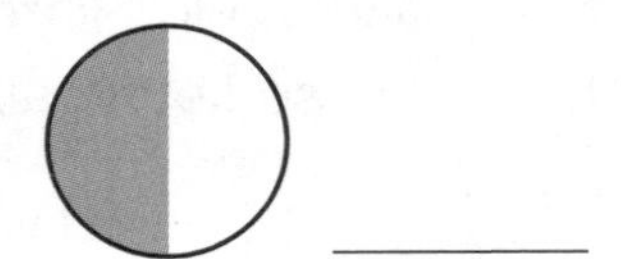 _______

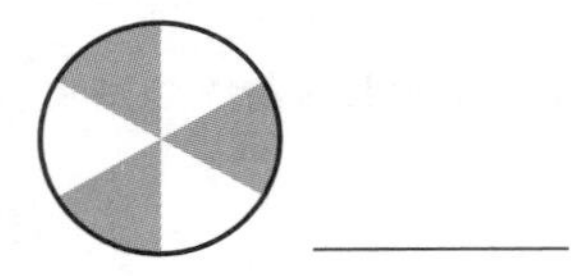 _______

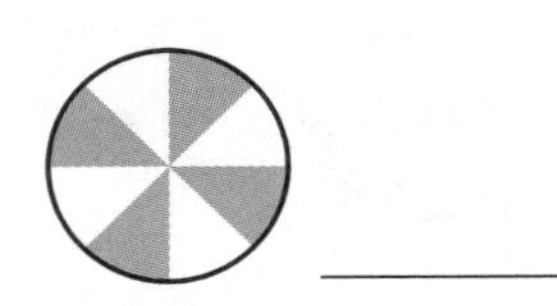 _______

b. ¿Qué fracción está en su mínima expresión? _______

Nombra cada fracción en su mínima expresión.

2. $\frac{20}{30}$ _______

3. $\frac{7}{28}$ _______

4. $\frac{76}{8}$ _______

Escribe cada número mixto como una fracción.

5. $4\frac{2}{5}$ _______

6. $9\frac{3}{8}$ _______

7. $20\frac{2}{3}$ _______

Escribe cada fracción como un número mixto.

8. $\frac{16}{7}$ _______

9. $\frac{17}{3}$ _______

10. $\frac{29}{4}$ _______

Nombra cada número mixto en su mínima expresión.

11. $7\frac{10}{12}$ _______

12. $3\frac{8}{32}$ _______

13. $1\frac{9}{5}$ _______

Fecha Hora

LECCIÓ
7•5

Cajas matemáticas

1. Si l as un dado de seis lados, ¿cuál es la p abilidad de sacar . . .

a. res? ________

b. úmero impar? ________

c. núltiplo de 2? ________

d. úmero compuesto? ________

LCE 128 129

2. Tamara quiere comprar los siguientes productos:

papas fritas por $1.79
un dulce por $0.59
leche por $1.29
jugo por $2.29

¿Cuánto dinero necesita para comprar estos productos, sin impuesto?

____

3. Usa a calculadora para dar otro nombre en r ción estándar a cada uno de los sigu tes números.

a. 2 = ________

b. 1 = ________

c. 8 = ________

d. 6 = ________

e. 5 = ________

4. Lee la gráfica y responde las preguntas.

a. ¿Cuántos puntos anotó Eladio en los dos primeros partidos?

____

b. ¿Cuál es el rango de los puntajes de Eladio?

____

5. Con ra. Escribe $<$ ó $>$.

a. 1 01 ________ 1.011

b. 8 90 ________ 8.909

c. 1 719 ________ 16.791

d. 2 334 ________ 27.433

e. 3 21 ________ 2.211

6. Escribe cada fracción como un número mixto o un número entero.

a. $\frac{38}{3}$ = ________

b. ________ = $\frac{83}{7}$

c. $\frac{42}{6}$ = ________

d. ________ = $\frac{28}{11}$

e. $\frac{47}{12}$ = ________

LECCIÓN 7•6 Hacer gráficas lineales

Las gráficas lineales a menudo se usan para mostrar cómo ha cambiado algo a lo largo de un período. Se pueden seguir los siguientes pasos para hacer una gráfica lineal a partir de datos recolectados y organizados.

Paso 1: Elige y escribe un título.

Paso 2: Decide qué representará cada eje. Generalmente, el eje horizontal representa una unidad de tiempo (horas, días, meses, años, etcétera) y el eje vertical representa la unidad de los datos (temperatura, crecimiento, etcétera).

Paso 3: Elige una escala apropiada para cada eje.

Paso 4: Dibuja y rotula cada eje, incluyendo las escalas.

Paso 5: Traza cada punto de los datos.

Paso 6: Une los puntos de los datos.

Ejemplo:

Temperatura al mediodía (°F)							
Días de la semana	**dom**	**lun**	**mar**	**mié**	**jue**	**vie**	**sáb**
Temperatura (°F)	20	30	40	25	30	20	10

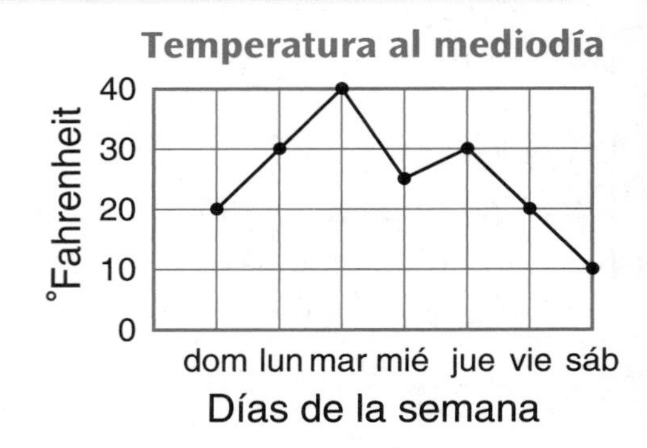

1. La clase de Rossita lleva un registro de los libros prestados por la biblioteca de la clase. Cada semana, un estudiante distinto lleva el registro. Durante la semana que le tocó a Rossita, ella recolectó y organizó los datos en esta tabla. Usa los datos para hacer una gráfica lineal.

Libros prestados por la biblioteca de la clase					
Días de la semana	**lun**	**mar**	**mié**	**jue**	**vie**
Número de libros prestados	10	5	4	8	12

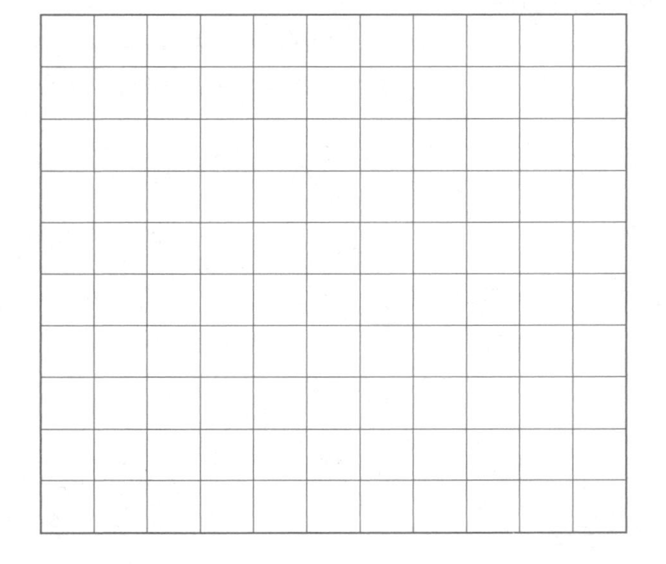

Fecha Hora

LECCIÓ 7•6

Investigar datos en el Tour de EE.UU.

Las grá lineales se pueden usar para comparar dos o más conjuntos de datos. Usa la a de la página 365 del *Libro de consulta del estudiante* para responder las sigui s preguntas.

1. ¿Cu el título de la gráfica?

2. ¿Qu ormación se da en el eje horizontal?

3. ¿Qu ormación se da en el eje vertical?

4. ¿Qué s conjuntos de datos se comparan en la gráfica?

5. ¿Cuá a la esperanza de vida de una mujer nacida en 1940?

6. Usa l formación de la gráfica para escribir dos enunciados verdaderos sobre la esperanza de vi

7. ¿Ver ero o falso? Un hombre nacido en 1950 vivirá hasta el año 2015, año en que tendrá 65 a . Explica.

Fecha Hora

LECCIÓN 7·6

Cajas matemáticas

1. Mide la longitud y el ancho de cada uno de los siguientes objetos a la media pulgada más cercana.

LCE 183

a. libro de texto

longitud ______ pulg ancho ______ pulg

b. asiento de una silla

longitud ______ pulg ancho ______ pulg

c. calculadora

longitud ______ pulg ancho ______ pulg

d. ____________ (a elección)

longitud ______ pulg ancho ______ pulg

2. Haz un diagrama de tallo y hojas de los siguientes números:

120, 111, 137, 144, 121, 120, 95, 87, 120, 110, 135, 90, 86, 137, 144, 121, 120, 95, 87, 120, 110, 135, 90, 86, 143, 95, 141

Tallos (decenas)	**Hojas** (unidades)

Halla los hitos.

Moda: ________

Mediana: ________

Rango: ________

3. Traza y rotula un ángulo de 170°.

4. Calcula el precio de venta.

Precio normal	Descuento	Precio de venta
$15.00	30%	
$4.50	20%	
$50.00	35%	
$12.95	60%	

Números positivos y negativos en una recta numérica

Mens matemático

1. Marc ıda una de las siguientes carreras de bicicleta en la recta numérica que está a conti ción. Rotula cada carrera con la letra correspondiente. (*Pista:* El cero en la recta numé representa el inicio de la carrera.)

A P ntarse 5 minutos antes del in la carrera.

B Cambiar las velocidades 30 segundos después del inicio de la carrera.

C M arse en la bicicleta 30 segundos ar del inicio de la carrera.

D El ganador termina a los 6 minutos con 45 segundos.

E C pletar la primera vuelta 3 minutos cc 5 segundos después del inicio de carrera.

F Revisar las llantas 7 minutos antes del inicio de la carrera.

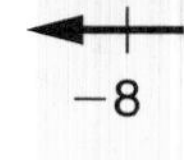

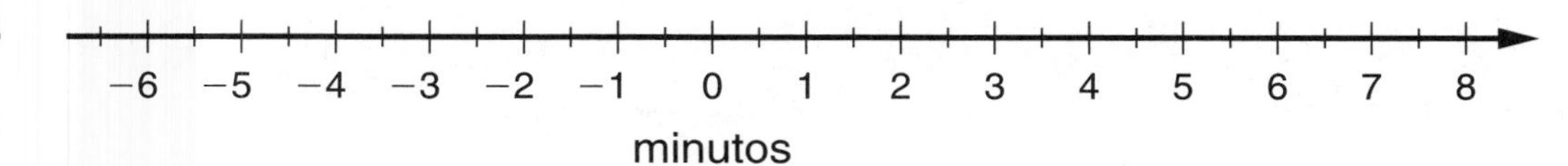

minutos

2. La cla del señor Pima planeó una rifa. Se pidió a 5 estudiantes que vendieran núme de rifa. El objetivo de cada estudiante era vender $50 en números. La siguie tabla muestra cómo les fue a los estudiantes. Completa la tabla. Luego, marca s cantidades de la última columna en la recta numérica que está debajo de la tab Rotula cada cantidad con la letra que corresponde a cada estudiante.

Est ante	Venta de números	Cantidad en que la venta de números estuvo por encima o debajo del objetivo
	$5.50 por debajo del objetivo	−$5.50
	Alcanzó el objetivo exactamente	
	Superó el objetivo por $1.75	
	Vendió $41.75	
	Vendió $53.25	

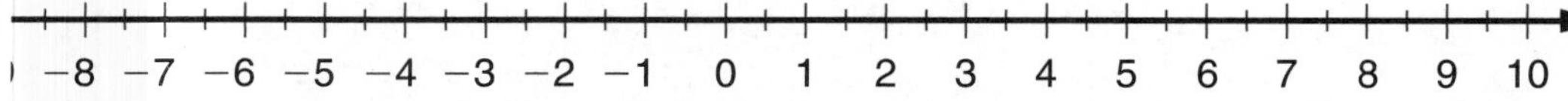

Ventas en $ que estuvieron por encima o por debajo del objetivo

LECCIÓN 7•7

Comparar y ordenar números

En cualquier par de números de la recta numérica, el número de la izquierda es menor que el de la derecha.

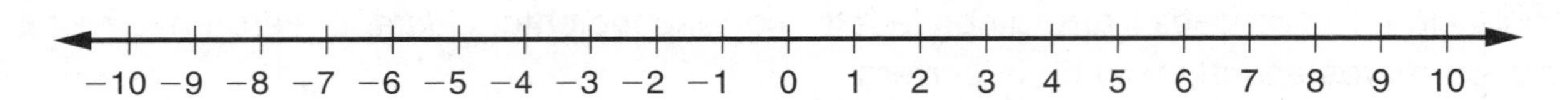

−10 es menor que −5 porque −10 está a la izquierda de −5.
Usamos el símbolo $<$ (menor que) para escribir $-10 < -5$.

+10 es mayor que +5 porque +10 está a la derecha de +5.
Usamos el símbolo $>$ (mayor que) para escribir $+10 > +5$.

Recordatorio:

Al escribir los símbolos $>$ ó $<$, asegúrate de que la punta de la flecha apunte al número más pequeño.

Escribe $>$ ó $<$.

1. −5 ______ 5

2. 10 ______ −10

3. −10 ______ 0

4. 14 ______ 7

5. −14 ______ −7

6. 0 ______ $-6\frac{1}{2}$

Resuelve lo siguiente.

7. ¿Cuál es el valor de π con dos lugares decimales? ________

8. $-\pi =$ ________

Ordena los números de menor a mayor.

9. $-10, 14, -100, \frac{8}{2}, -17, 0$ ______________________________

10. $-0.5, 0, -4, -\pi, -4.5$ ______________________________

Resuelve lo siguiente.

11. Enumera cuatro números positivos menores que π. ______________________________

12. Enumera cuatro números negativos mayores que $-\pi$. ______________________________

Fecha Hora

LECCIÓ 7·7 Cajas matemáticas

1. Es el siguiente número en notación est ar.

Cie cincuenta y cuatro mil, doscientos doc illones, ochenta y cinco mil

____

____

2. Completa los espacios en blanco.

a. 6 * (9 + 32) = (6 * _____) + (6 * _____)

b. (8 * 21) + (8 * 63) = 8 * (_____ + _____)

c. 3.5 * (17 − 4) =

(3.5 * _____) − (3.5 * _____)

d. _____ * (8 − 2) = (5 * 8) − (5 * 2)

3. Sor ea $\frac{1}{4}$ de la barra de fracción.

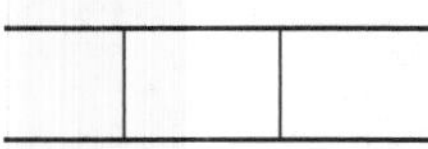

a. to es más o menos que $\frac{1}{2}$?

____

b. to es más o menos que $\frac{1}{8}$?

____

c. $\frac{1}{4}$ = _______________

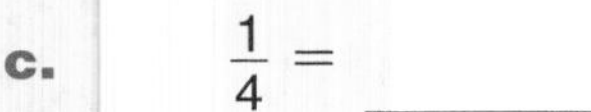

4. Escribe los dos números que siguen en cada secuencia numérica.

a. 30, 60, 120, _______, _______

b. 112, 56, 28, _______, _______

c. $\frac{1}{7}$, $\frac{3}{7}$, $\frac{5}{7}$, _______, _______

d. $\frac{6}{4}$, $\frac{12}{4}$, $\frac{24}{4}$, _______, _______

5. Una presa de alquiler de carros tiene 9 c s. Si cada carro contiene 17.6 gal s de gasolina, ¿cuánta gasolina cor en los 9 carros en total?

____

6. Halla el conjunto entero.

a. 4 es $\frac{1}{8}$ del conjunto. _______

b. 4 es $\frac{2}{5}$ del conjunto. _______

c. 9 es $\frac{3}{7}$ del conjunto. _______

d. 5 es $\frac{1}{3}$ del conjunto. _______

e. 12 es $\frac{3}{8}$ del conjunto. _______

Fecha Hora

LECCIÓN 7•8

Usar fichas para mostrar el saldo de una cuenta

Usa tus fichas de [+] y [−].

- Cada ficha de [+] representa $1 de dinero a la mano.
- Cada ficha de [−] representa $1 de deuda, es decir, $1 que se debe.

El **saldo de tu cuenta** es la cantidad de dinero que tienes o que debes.
Si tienes dinero en tu cuenta, tu saldo está **en negro.**
Si debes dinero, tu cuenta está **en rojo.**

1. Imagina que tienes este conjunto de fichas. [+] [+] [+] [+] [+] [−] [−] [−]

   a. ¿Cuál es el saldo de tu cuenta? ______________

   b. ¿Estás en rojo o en negro? ____________________

2. Usa fichas de [+] y [−] para mostrar una cuenta con un saldo de +$5.
   A continuación, dibuja las fichas.

3. Usa fichas de [+] y [−] para mostrar una cuenta con un saldo de −$8.
   A continuación, dibuja las fichas.

4. Usa fichas de [+] y [−] para mostrar una cuenta con un saldo de $0.
   A continuación, dibuja las fichas.

Fecha [illegible] Hora

LECCIÓN 7•8

Sumar números positivos y negativos

Usa fich [illegible] omo ayuda para resolver los Problemas 1 a 3. Dibuja fichas de ⊞ y ⊟ para mo [illegible] cómo resolviste cada problema.

1. $+8$ [illegible] $2) =$ ______

2. -4 [illegible] $5) =$ ______

3. -3 [illegible] $7) =$ ______

Resuelv [illegible] siguientes problemas de suma.

4. $50 +$ [illegible] $30) =$ ______

5. ______ $= -50 + 30$

6. -16 [illegible] $0 =$ ______

7. $-9 + (-20) =$ ______

8. ______ $= -15 + 15$

9. $27 + (-18) =$ ______

10. ______ $= -43 + (-62)$

11. $-17 + (-17) =$ ______

12. -13 [illegible]

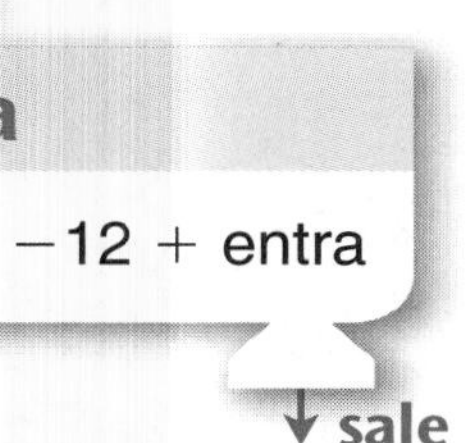

13. La t [illegible] peratura al atardecer fue de 13°C. Por la noche, la temperatura bajó 22°C. Escribe un moc [illegible] numérico y halla la temperatura al amanecer del día siguiente.

Moc [illegible] numérico: ______

Res [illegible] sta: ______

LECCIÓN 7•8

Fracciones en la regla

1. Marca cada una de estas longitudes en la regla que se muestra a continuación. Escribe las letras sobre tus marcas. El punto *A* está hecho como ejemplo.

A: $2\frac{1}{16}$ pulg *B:* $4\frac{3}{8}$ pulg *C:* $3\frac{3}{4}$ pulg *D:* $1\frac{7}{16}$ pulg *E:* $2\frac{4}{8}$ pulg

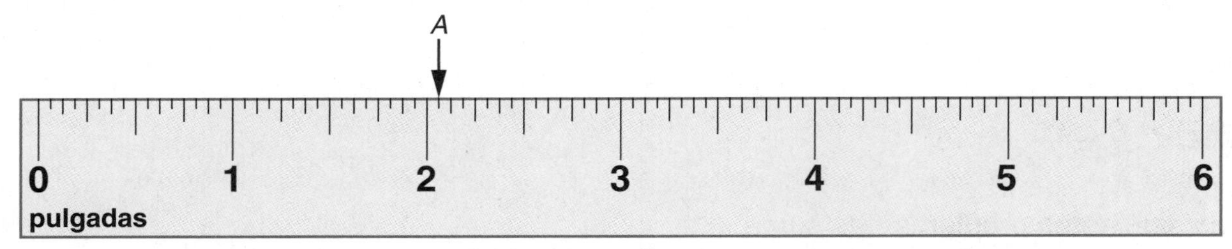

2. Mide los siguientes segmentos de recta al $\frac{1}{16}$ de pulgada más cercano.

a. ________________________________

________ pulg

b. ______

________ pulg

c. ____

________ pulg

d. __________________________

________ pulg

3. Dibuja un segmento de recta que mida $4\frac{3}{16}$ pulgadas de largo.

4. Dibuja un segmento de recta que mida $3\frac{1}{2}$ pulgadas de largo.

5. Completa estos acertijos de regla.

Ejemplo: $\frac{1}{4}$ pulg $= \frac{x}{8}$ pulg $= \frac{y}{16}$ pulg $x =$ 2 $y =$ 4

a. $\frac{6}{8}$ pulg $= \frac{x}{16}$ pulg $= \frac{3}{y}$ pulg $x =$ ________ $y =$ ________

b. $3\frac{2}{8}$ pulg $= 3\frac{m}{4}$ pulg $= 3\frac{4}{n}$ pulg $m =$ ________ $n =$ ________

c. $\frac{6}{r}$ pulg $= \frac{12}{s}$ pulg $= \frac{t}{4}$ pulg $r =$ ________ $s =$ ________ $t =$ ________

Fecha Hora

LECCIÓN 7·8 500

Materi. ☐ 1 dado de seis lados

☐ 1 clip

☐ lápiz

al aire
100 puntos

2 rebotes
50 puntos

1 rebote
75 puntos

rasa
25 puntos

Jugado 2

Objetiv el juego Ser el primero en llegar a 500

Instruc nes

1. Usa lip y un lápiz para hacer la rueda giratoria. Cada jugac necesita una hoja de registro.

2. Los ju dores se turnan. Un jugador es el "bateador" y el otro es el "receptor". Los ju dores alternan los roles en cada turno.

3. El ba dor hace girar la rueda. El receptor lanza el dado.

4. Si el ptor saca un número impar, la acción de la rueda giratoria es una atrapada. Si el ptor saca un número par, la acción de la rueda giratoria es una caída.

   - Ur trapada es un número positivo que se agrega al puntaje del receptor.
   - Ur aída es un número negativo que se agrega al puntaje del receptor.

5. Los ju dores llevan la cuenta de la acción de cada giro, los puntos ganados y el p aje total de cada ronda en su propia hoja de registro.

6. Gana primer jugador que llega a 500 puntos.

Ejemplo:

Giro: zamiento	Puntos ganados	Puntaje total
Rasa rapa	+25	25
Al air caída	−100	−75
Dos ptes: atrapa	+50	−25

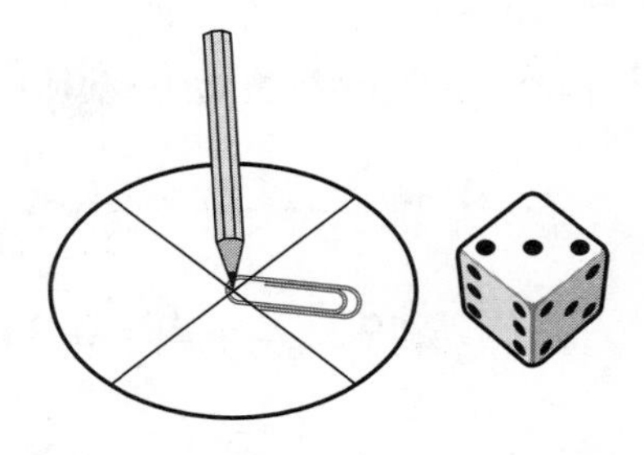

LECCIÓN 7·8 Cajas matemáticas

1. Si lanzas un dado de seis lados, ¿cuál es la probabilidad de sacar . . .

   a. un cinco? ________

   b. un número primo? ________________

   c. un número par? ________________

   d. un múltiplo de 3? ________________

2. Resuelve.

   Gino compró productos en la tienda por un total de $13.95. Dio al cajero un billete de $20. ¿Cuánto cambio le devolvieron?

   ____

3. Usa una calculadora para dar otro nombre en notación estándar a cada uno de los siguientes números.

   a. $3^{10} =$ ________________________

   b. $8^4 =$ ________________________

   c. $4^8 =$ ________________________

   d. $5^7 =$ ________________________

   e. $9^8 =$ ________________________

4. Lee la gráfica y responde las preguntas.

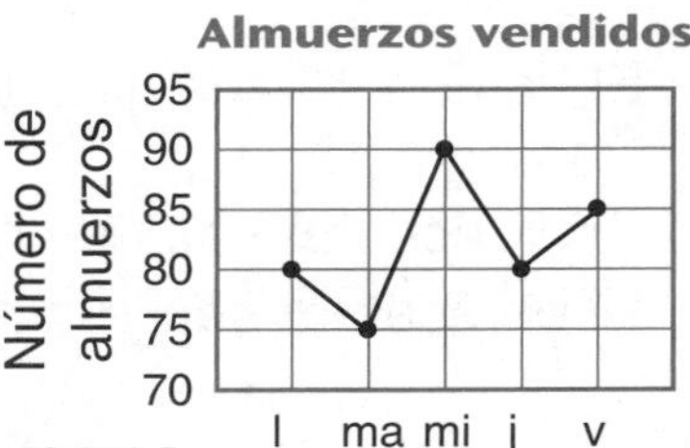

   a. ¿Cuántos almuerzos más se vendieron el miércoles que el viernes?

   ____

   b. ¿Cuál es el rango del número de almuerzos vendidos?

   ____

LCE 124

5. Compara. Escribe $<$ ó $>$.

   a. 4.344 ______ 4.434

   b. 62.493 ______ 60.943

   c. 0.126 ______ 0.162

   d. 123.406 ______ 123.064

   e. 342.010 ______ 343.101

6. Escribe cada número mixto como una fracción.

   a. __________ $= 3\frac{4}{7}$

   b. __________ $= 5\frac{2}{3}$

   c. __________ $= 6\frac{8}{9}$

   d. __________ $= 5\frac{1}{3}$

   e. __________ $= 9\frac{1}{2}$

Fecha [illegible] Hora

LECCIÓ[illegible] 7•9[illegible]

Hallar saldos

Mens[illegible] matemático

Usa tus [illegible]as de tarjetas de dinero en efectivo de $\boxed{+}$ y $\boxed{-}$ para ejemplificar los sigu[illegible]s problemas. Dibuja las fichas de $\boxed{+}$ y $\boxed{-}$ para mostrar cómo hallaste cada sa[illegible]

Ejemplo

Tienes [illegible]as de $\boxed{-}$. Suma 6 fichas de $\boxed{+}$.

Saldo = [illegible]chas de $\boxed{+}$.

1. Tien[illegible] fichas de $\boxed{+}$. Suma 5 fichas de $\boxed{-}$.

   Sald[illegible] ________________ fichas

2. Tienes 5 fichas de $\boxed{+}$. Suma 7 fichas de $\boxed{-}$.

   Saldo = ________________ fichas de ___.

3. Mue[illegible] un saldo de -7 usando 15 de tus fichas de $\boxed{+}$ y $\boxed{-}$.

4. Tien[illegible] fichas de $\boxed{-}$. Quita 4 fichas de [illegible]

   Sald[illegible] ________________ fichas de ___.

5. Tienes 7 fichas de $\boxed{+}$. Quita 4 fichas de $\boxed{-}$.

   Saldo = ________________ fichas de ___.

LECCIÓN 7•9

Sumar y restar números

Junta tus fichas de [+] y [−] con las de tu compañero. Usa las fichas como ayuda para resolver los problemas.

1.

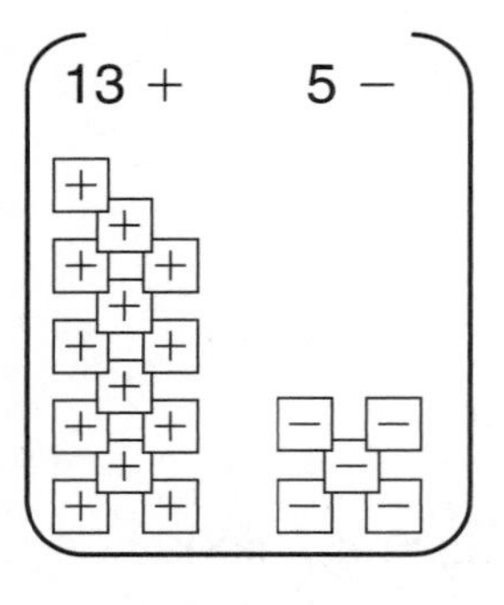

Saldo = ________

Si se sacan 4 fichas de [−] del recipiente, ¿cuál es el nuevo saldo?

Nuevo saldo = ________

Modelo numérico: ________________

2.

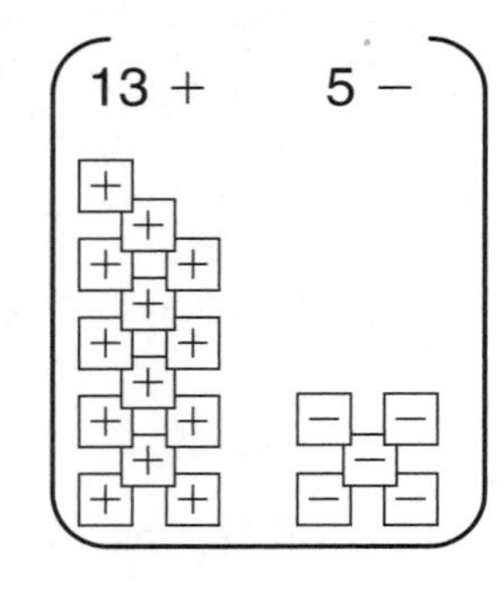

Saldo = ________

Si se agregan 4 fichas de [+] al recipiente, ¿cuál es el nuevo saldo?

Nuevo saldo = ________

Modelo numérico: ________________

3.

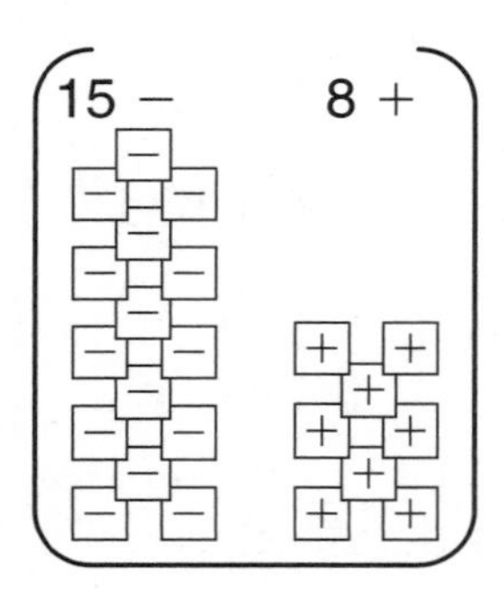

Saldo = ________

Si se sacan 3 fichas de [+] del recipiente, ¿cuál es el nuevo saldo?

Nuevo saldo = ________

Modelo numérico: ________________

4.

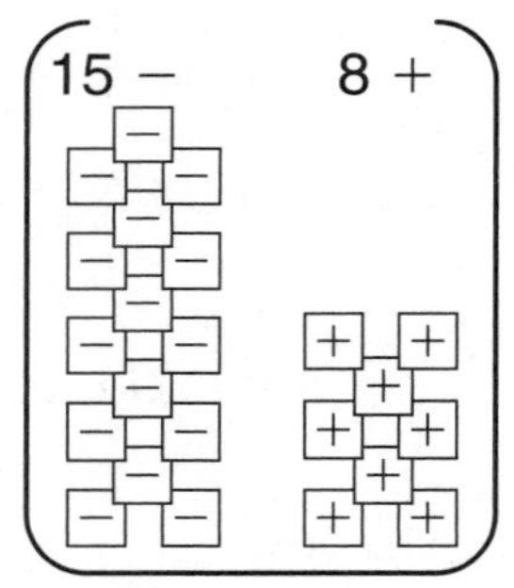

Saldo = ________

Si se agregan 3 fichas de [−] al recipiente, ¿cuál es el nuevo saldo?

Nuevo saldo = ________

Modelo numérico: ________________

Sumar y restar números, *cont.*

5. 12 7 –

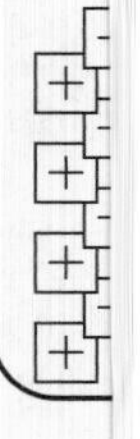

Sald

Si se :an 6 fichas de ⊟ del recip e, ¿cuál es el nuevo saldo?

Nue aldo = ________

Mod umérico: __________________

6.

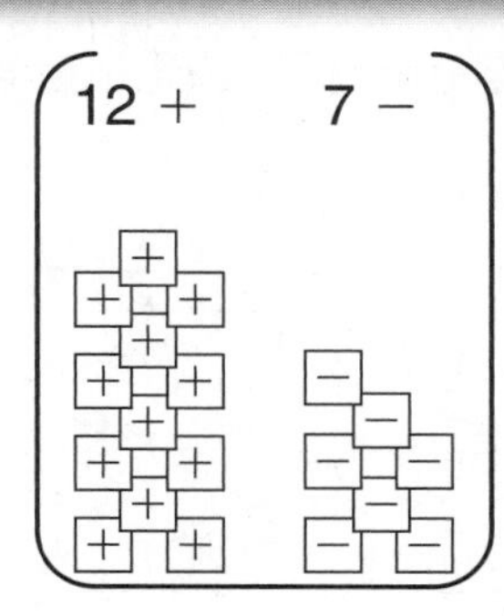

Saldo = ________

Si se agregan 6 fichas de ⊞ al recipiente, ¿cuál es el nuevo saldo?

Nuevo saldo = ________

Modelo numérico: __________________

7. 10 16 –

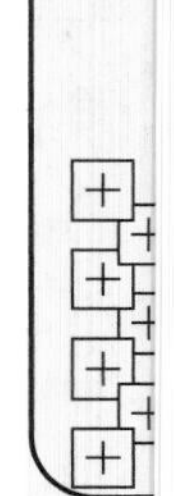

Sald ________

Si se :an 2 fichas de ⊟ del recip e, ¿cuál es el nuevo saldo?

Nue aldo = ________

Mod numérico: __________________

8.

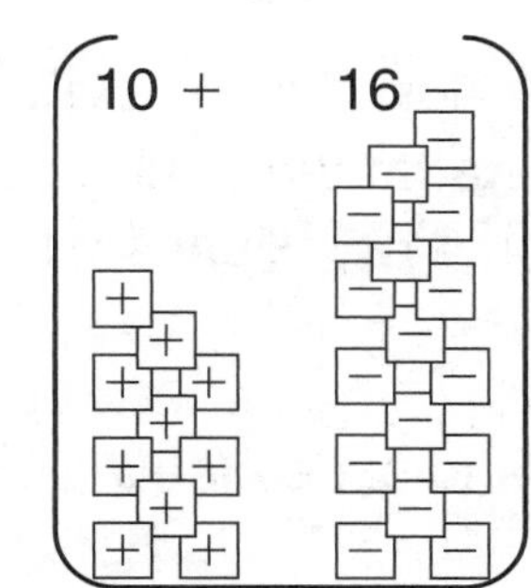

Saldo = ________

Si se agregan 2 fichas de ⊞ al recipiente, ¿cuál es el nuevo saldo?

Nuevo saldo = ________

Modelo numérico: __________________

9. Escr una regla para restar números positivos y negativos.

____

____

Fecha Hora

LECCIÓN 7•9

Problemas de resta

Escribe nuevamente cada problema de resta como un problema de suma.
Luego, resuélvelo.

1. $100 - 45 =$ 100 + (−45) = ______
2. $-100 - 45 =$ ______ = ______
3. $160 - (-80) =$ ______ = ______
4. $9 - (-2) =$ ______ = ______
5. $-15 - (-30) =$ ______ = ______
6. $8 - 10 =$ ______ = ______
7. $-20 - (-7) =$ ______ = ______
8. $0 - (-6.1) =$ ______ = ______

9. La empresa de caramelos *Healthy Delights* se especializa en caramelos que son sanos. Desafortunadamente, han perdido dinero durante varios años. En el año 2006, perdieron $12 millones y terminaron el año con una deuda total de $23 millones.

   a. ¿Cuál era la deuda total de *Healthy Delights* a principios de 2006?

   ______

   b. Escribe un modelo numérico que corresponda a este problema.

   ______

10. En 2007, *Healthy Delights* espera perder $8 millones.

    a. ¿Cuál será la deuda total de *Healthy Delights* a fines del año 2007?

    ______

    b. Escribe un modelo numérico que corresponda a este problema.

    ______

LECCIÓN 7•9

Cajas matemáticas

1. Ha siguientes cambios al número 29,

Ca el dígito
en gar de las unidades a 4,
en gar de las decenas de millar a 6,
en gar de las centenas a 2,
en gar de las decenas a 9,
en gar de los millares a 7.
Esc el nuevo número.

___ ___ , ___ ___ ___

2. Resuelve.

$302 - m = 198$

$m =$ ________

Explica cómo hallaste la respuesta.

____

____

____

____

3. Con ta la tabla.

No ón est ar	Notación científica
300	$3 * 10^2$
3,00	$3 * 10^3$
4,00	
500	
	$7 * 10^3$

LCE 8

4. Coloca paréntesis para hacer que cada oración sea verdadera.

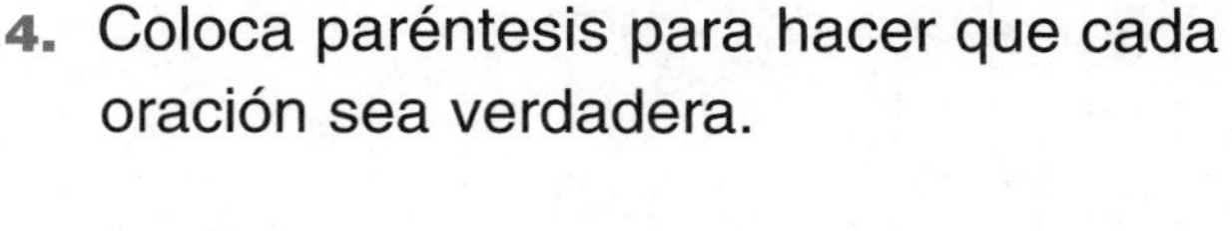

a. $48 \div 6 + 2 * 4 = 16$

b. $48 \div 6 + 2 * 4 = 24$

c. $45 = 54 - 24 / 6 - 5$

d. $0 = 54 - 24 / 6 - 5$

e. $30 = 54 - 24 / 6 - 5$

5. Cu Antoinette se despertó el día de Añ evo, la temperatura exterior era de F. Cuando empezó el desfile, la tem atura era de 18°F. ¿Cuántos gra había subido la temperatura a la hor que comenzó el desfile?

____

LCE 92 203

6. Escribe < ó >.

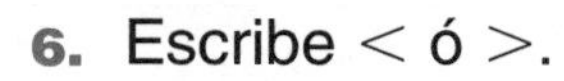

a. $\frac{1}{4}$ ________ $\frac{3}{8}$

b. $\frac{2}{7}$ ________ $\frac{2}{5}$

c. $\frac{8}{9}$ ________ $\frac{7}{8}$

d. $\frac{7}{12}$ ________ $\frac{3}{6}$

e. $\frac{5}{12}$ ________ $\frac{5}{11}$

Fecha Hora

LECCIÓN 7•10

Sumar y restar con una regla de cálculo

Mensaje matemático Halla cada suma o diferencia.

1. 13 − (+10) = ________ **2.** 13 − 10 = ________ **3.** 13 + (−10) = ________

Problemas con la regla de cálculo

Ejemplo 1: Suma

−3 + 6 = ___

Inicio | Mueve 6 hacia adelante

Mira en la dirección positiva

① Alinea la marca del 0 en el deslizador con −3 en el soporte.

② Imagina que miras en la dirección positiva del deslizador. Mueve 6 hacia adelante (en dirección positiva) en el deslizador. El 6 del deslizador está alineado con el 3 del soporte. Ésta es la respuesta: −3 + 6 = 3.

Ejemplo 2: Resta

−6 −(−4) =___

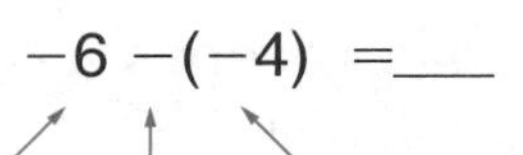

Inicio | Mueve 4 hacia atrás

Mira en la dirección negativa

① Alinea la marca del 0 en el deslizador con −6 en el soporte.

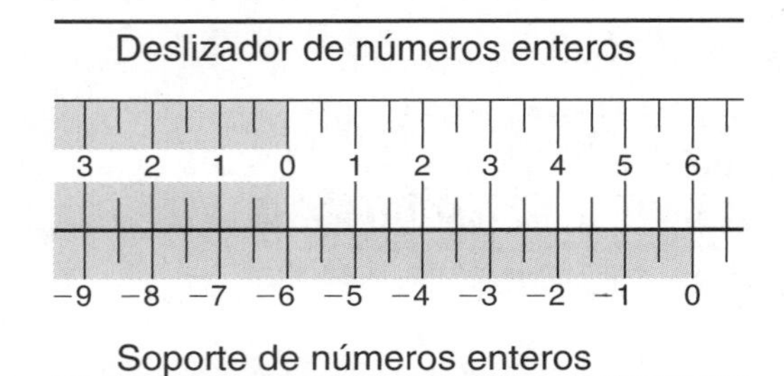

② Imagina que miras en la dirección negativa del deslizador. Mueve 4 hacia atrás. (De manera que en realidad vas en la dirección positiva del deslizador.) El 4 del deslizador está alineado con el −2 del soporte. Ésta es la respuesta: −6 − (−4) = −2.

Usa la regla de cálculo para resolver cada problema.

4. 12 − 17 = ________ **5.** 12 + (−17) = ________ **6.** 10 − (−4) = ________

7. 10 + 4 = ________ **8.** −10 − (−5) = ________ **9.** 6 − 13 = ________

10. −2 + (−13) = ________ **11.** −5 − 10 = ________ **12.** −8 + 8 = ________

13. −8 − 8 = ________ **14.** −8 + (−8) = ________ **15.** −8 − (−8) = ________

Fecha Hora

LECCIÓN 7•10

Cajas matemáticas

1. Esc el siguiente número en notación est ar.

nue nil, ciento dos millones, tres mil ses y dos

____

____

2. Completa los espacios en blanco.

a. $(8 * 7) + (8 * 4) =$ ______ $* (7 + 4)$

b. $23 * ($______ $-$ ______$) =$
$(23 * 3.2) - (23 * 2)$

c. ______ $* (12 + 21) = (6 * 12) + (6 * 21)$

d. $(9 -$ ______$) * (9 -$ ______$) =$

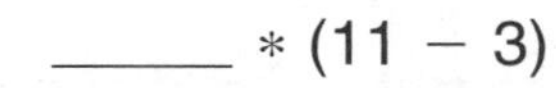
______ $* (11 - 3)$

3. Som a $\frac{3}{8}$ de la barra de fracciones.

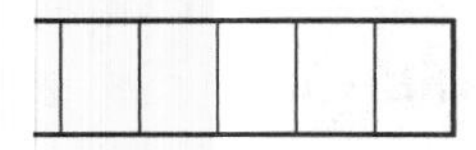

a. to es más o menos que $\frac{1}{2}$?

____

b. to es más o menos que $\frac{1}{4}$?

____

c. $\frac{1}{8} =$ ______________

4. Escribe los dos números que siguen en cada patrón.

a. $\frac{1}{4}, \frac{3}{4}, \frac{5}{4},$ __________ , __________

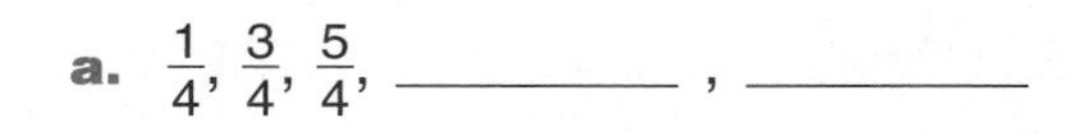

b. 6, 12, 24, __________ , __________

c. $-16, -13, -10,$ __________ , __________

d. $\frac{7}{5}, \frac{14}{5}, \frac{28}{5},$ __________ , __________

5. Un co grande de preparado para beb s contiene 1.75 kg. ¿Cuánto pre ado para bebidas contienen 12 fras del mismo tamaño?

____

LCE 38–40

6. Hay 36 estampillas por paquete. ¿Cuántas hay en . . .

a. $\frac{3}{4}$ de paquete? ____________________

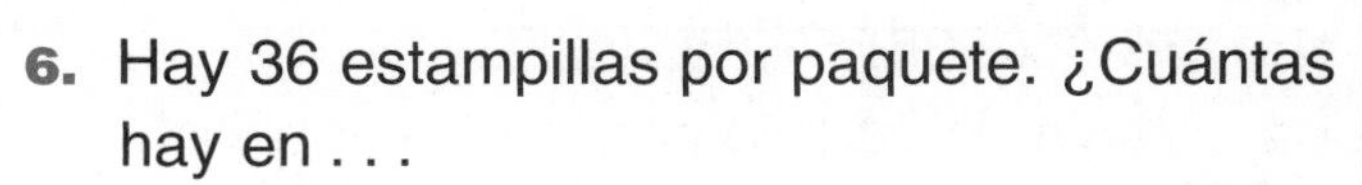

b. $\frac{5}{6}$ de paquete? ____________________

c. $\frac{2}{9}$ de paquete? ____________________

d. $\frac{7}{12}$ de paquete? ____________________

e. $\frac{2}{3}$ de paquete? ____________________

Fecha Hora

LECCIÓN 7•11

Marcar números negativos en la calculadora

Mensaje matemático

1. Escribe la secuencia de teclas que hay que oprimir para mostrar −4 en la pantalla de la calculadora.

____

2. ¿Qué hace la tecla de cambio de signo?

____

____

Sumar y restar usando la calculadora

Usa la calculadora para resolver cada problema. Anota la secuencia de teclas que usaste.

Ejemplo:	**Lo que se marca en la calculadora**
12 + (−17) = −5	12 (+) (−) 17 (Enter)
3. −10 − 17 = ______	______
4. −10 + (−17) = ______	______
5. −27 + 220 = ______	______
6. 19 − 43 = ______	______
7. −35 − (−35) = ______	______
8. 72 + (−47) = ______	______
9. −35 − (−35) = ______	______
10. 72 + (−47) = ______	______

Fecha Hora

Marcar números negativos en la calculadora, *cont.*

Resuelv sa la calculadora.

11. 3.6 2.02 = ________ **12.** 10 − (−5) = ________

13. −9 199 = ________ **14.** −7.1 + 18.6 = ________

15. −2 -13) + 7 = ________ **16.** 2 − 7 − (−15) = ________

17. 41 / = ________ **18.** 3 ∗ 3.14 = ________

19. −4 28 = ________ **20.** −(3 ∗ 3.14) = ________

21. 41 ∗ + 2) = ________ **22.** 41 ∗ (7 + (−2)) = ________

Histor de números

23. A m do se asigna una meta de venta a un vendedor. Una meta de venta es el valor en dóla de los artículos que se espera que el vendedor venda. Imagina que un vendedor está 500 por debajo de la meta y luego hace una venta de $4,700.

¿El dedor superó su meta de venta o no la alcanzó? ________________

Esc un modelo numérico para hallar en cuánto el vendedor superó o estuvo por deb de la meta de venta. Usa números positivos y negativos. Piensa en una recta num a con la meta de venta en 0.

Mod numérico: ____

Solu n: ____

24. El p o de las acciones cambia todos los días. Imagina que el primer día el precio de las ones subió $\frac{1}{4}$ de dólar por acción. Al día siguiente bajó $\frac{1}{2}$ dólar. El tercer día subió $\frac{5}{8}$ de lar.

Des el principio del día 1 hasta el final del 3, ¿el valor aumentó o disminuyó? ________________

Esc un modelo numérico para hallar cuánto aumentó o disminuyó el valor de las acci s durante el período de 3 días. Usa números positivos y negativos. Piensa en una ta numérica con el precio inicial del día 1 en 0.

Mod numérico: ____________________________

Solu n: ____________________________

LECCIÓN 7•11

Cajas matemáticas

1. Haz los siguientes cambios al número 34,709.

Cambia el dígito
en el lugar de las unidades a 6,
en el lugar de las decenas a 5,
en el lugar de los millares a 0,
en el lugar de las decenas de millar a 9,
en el lugar de las centenas a 3.
Escribe el nuevo número.

____

2. Resuelve.

a. $m + 2{,}532 = 5{,}094$

$m =$ _______________

b. $489.16 - n = 243.04$

$n =$ _______________

3. Completa la tabla.

Notación estándar	Notación científica
60,000	
	$5 * 10^5$
	$4 * 10^5$
700,000	

LCE 8

4. Coloca paréntesis para hacer que cada oración sea verdadera.

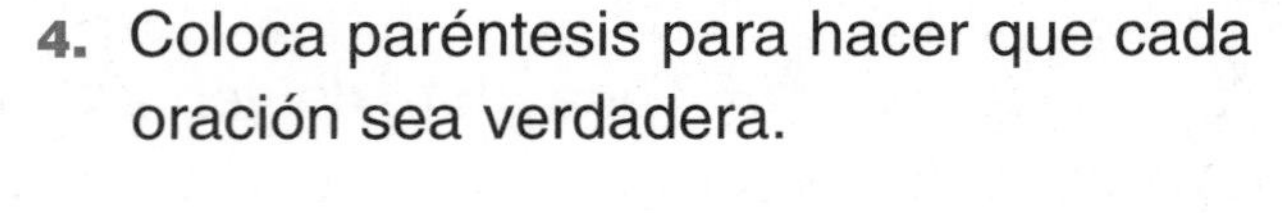

a. $22 + 3 / 3 - 2 = 21$

b. $22 + 3 / 3 - 2 = 25$

c. $18 / 6 + 3 * 5 = 18$

d. $18 / 6 + 3 * 5 = 10$

e. $5 + 7 * 3 / 9 = 4$

5. A las 5 p.m. la temperatura en Chicago era de 35°F. A medianoche, la temperatura había bajado 48 grados. ¿Cuál era la temperatura a medianoche?

____

LCE 92 203

6. Escribe $>$ ó $<$.

a. $\frac{3}{8}$ _______________ $\frac{3}{4}$

b. $\frac{9}{10}$ _______________ $\frac{9}{16}$

c. $\frac{6}{7}$ _______________ $\frac{5}{7}$

d. $\frac{10}{12}$ _______________ $\frac{4}{6}$

e. $\frac{8}{9}$ _______________ $\frac{6}{7}$

LECCIÓN 7•12

Cajas matemáticas

1. En[illegible]a en un círculo las fracciones que se[illegible]quivalentes a $\frac{2}{3}$.

$\frac{8}{9}$ [illegible] $\frac{14}{21}$ $\frac{6}{10}$ $\frac{12}{18}$

2. Mike está haciendo un pastel. Necesita $1\frac{1}{2}$ tazas de azúcar para el pastel y $\frac{1}{4}$ de taza de azúcar para el glaseado. ¿Cuánto azúcar necesita en total?

Oración abierta: ______________________

Solución: ______________________

3. Mu[illegible]a $\frac{2}{5}$ al menos de dos formas dist[illegible]s.

____

____

4. Completa los espacios en blanco.

a. $3 * (3 + 4) =$ (______ $* 3) +$ (______ $* 4)$

b. ______ $* (15 - 4) = (9 * 15) - (9 * 4)$

c. (______ $+ 6) *$ (______ $+ 9) =$
$21 * (6 + 9)$

d. $\frac{1}{2} * (8 + 2) =$ (______ $* 8) +$ (______ $* 2)$

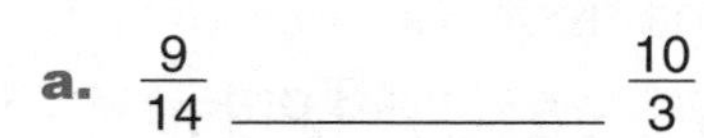

5. Usa[illegible] división para hallar fracciones equ[illegible]entes.

a. = ______

b. = ______

c. = ______

d. = ______

6. Coloca > ó <.

a. $\frac{9}{14}$ ______________ $\frac{10}{3}$

b. $\frac{6}{21}$ ______________ $\frac{2}{6}$

c. $\frac{4}{11}$ ______________ $\frac{7}{16}$

d. $\frac{3}{7}$ ______________ $\frac{8}{18}$

e. $\frac{5}{24}$ ______________ $\frac{2}{10}$

Fecha Hora

LECCIÓN 8•1

Comparar fracciones

Mensaje matemático

Escribe $<$ ó $>$. Prepárate para explicar cómo decidiste cada respuesta.

1. $\frac{3}{5}$ [<] $\frac{4}{5}$
2. $\frac{4}{5}$ [>] $\frac{4}{7}$
3. $\frac{5}{9}$ [>] $\frac{3}{7}$
4. $\frac{7}{8}$ [>] $\frac{6}{7}$

$<$ significa *es menor que.*
$>$ significa *es mayor que.*

Fracciones equivalentes

Tacha la fracción de cada lista que no sea equivalente a las otras fracciones.

5. $\frac{2}{3}$, $\frac{4}{6}$, ~~$\frac{18}{24}$~~, $\frac{20}{30}$
6. $\frac{1}{4}$, $\frac{2}{8}$, ~~$\frac{4}{20}$~~, $\frac{6}{24}$, $\frac{8}{32}$
7. $\frac{3}{5}$, $\frac{6}{10}$, ~~$\frac{9}{20}$~~, $\frac{15}{25}$

Escribe $=$ ó $\neq$ en cada casilla.

8. $\frac{3}{5}$ [≠] $\frac{10}{15}$
9. $\frac{6}{8}$ [≠] $\frac{16}{24}$
10. $\frac{15}{24}$ [=] $\frac{5}{8}$
11. $\frac{6}{14}$ [≠] $\frac{2}{7}$

$\neq$ significa
no es igual a.

Da tres fracciones equivalentes para cada fracción.

12. $\frac{6}{9}$ $\frac{12}{18}$, $\frac{18}{27}$, $\frac{24}{36}$
13. $\frac{50}{100}$ $\frac{100}{200}$, $\frac{150}{300}$, $\frac{200}{400}$
14. $\frac{7}{10}$ $\frac{14}{20}$, $\frac{21}{30}$, $\frac{28}{40}$
15. $\frac{15}{18}$ $\frac{30}{36}$, $\frac{45}{54}$, $\frac{60}{72}$

Escribe el número que falta.

16. $\frac{3}{4} = \frac{27}{36}$
17. $\frac{3}{5} = \frac{12}{20}$
18. $5 = \frac{10}{2}$
19. $\frac{12}{9} = \frac{24}{18}$
20. $\frac{9}{12} = \frac{3}{4}$
21. $\frac{16}{20} = \frac{8}{10}$
22. $\frac{2}{5} = \frac{6}{15}$
23. $\frac{15}{25} = \frac{3}{5}$
24. $\frac{4}{9} = \frac{16}{36}$

Escribe $<$ ó $>$.

25. $\frac{2}{5}$ [<] $\frac{5}{10}$
26. $\frac{3}{4}$ [<] $\frac{5}{6}$
27. $\frac{3}{8}$ [>] $\frac{2}{7}$
28. $\frac{3}{5}$ [>] $\frac{4}{7}$

Fecha Hora

LECCIÓN 8•1

Repaso de fracciones

1. **a.** S rea $\frac{1}{4}$ de la barra de fracciones.

b. U barra de fracciones para h fracciones equivalentes: $\frac{1}{4} = \frac{\square}{8} = \frac{\square}{16}$

c. $\frac{1}{4}$ = ______________

2. **a.** S rea $\frac{3}{8}$ de la barra de fracciones.

b. ¿ sto mayor o menor que $\frac{1}{2}$? ______________

c. ¿ sto mayor o menor que $\frac{1}{4}$? ______________

d. $\frac{3}{8}$ = ______________

3. Joe t 2 barras de granola. Comió $1\frac{1}{2}$ barras.

a. S rea la parte que comió.

b. E e la parte que comió como un decimal. ______________

4. Enci en un círculo el decimal que sea equivalente a cada fracción. Usa la calculadora com uda.

a. $\frac{1}{4}$	0.5	0.14	0.25	1.4
b. $\frac{1}{1}$	1.10	0.1	0.010	0.50
c. $\frac{2}{5}$	0.4	0.25	2.5	0.2

5. Lucy ía 16 cuentas. La mitad de las cuentas eran rojas. Un c o eran azules. El resto eran blancas.

a. C ea $\frac{1}{2}$ de las cuentas de rojo y $\frac{1}{4}$ de azul.

b. ¿ fracción de las cuentas son blancas? ______________

c. L guardó todas las cuentas blancas.

¿ fracción de las cuentas que quedan son rojas? ______________

LECCIÓN 8•1 Cajas matemáticas

1. Haz una gráfica circular de los resultados de la encuesta.

Actividades favoritas que se realizan después de la escuela

Actividad	Estudiantes
Comer la merienda	18%
Visitar amigos	35%
Ver televisión	22%
Leer	10%
Jugar afuera	15%

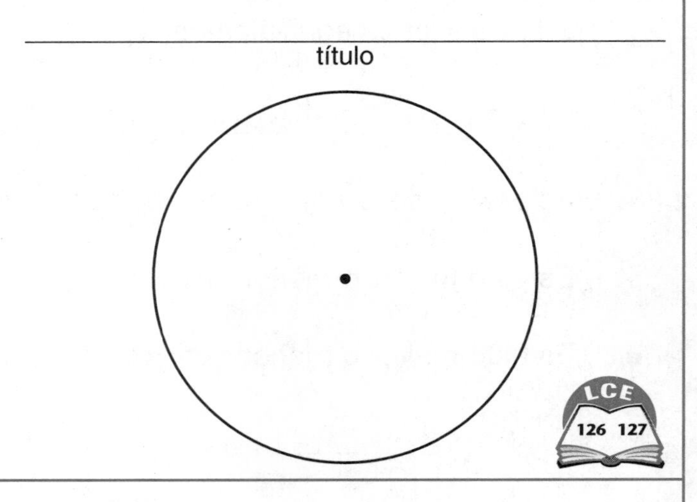

2. Escribe cada número en notación con números y palabras.

a. 43,000,000 ______

b. 607,000 ______

c. 3,000,000,000 ______

d. 72,000 ______

3. Multiplica.

a. $\frac{3}{8} * \frac{7}{9} =$ ______

b. $\frac{5}{7} * \frac{6}{11} =$ ______

c. $1\frac{3}{4} * 3\frac{2}{5} =$ ______

d. $2\frac{7}{6} * 1\frac{4}{5} =$ ______

e. $\frac{26}{4} * \frac{8}{6} =$ ______

4. Completa la tabla de "¿Cuál es mi regla?" y escribe la regla.

Regla

entra	sale
3	
8	40
$\frac{1}{2}$	
	50
4	20

5. Halla el área del rectángulo.

Área = $b * h$

14 cm

8 cm

Área: ______
(unidad)

LECCIÓN 8•2

Sumar fracciones

Mens matemático

Suma. E be las sumas en su mínima expresión.

1. $\frac{3}{5}$ - ______

2. $\frac{3}{8} + \frac{1}{8} =$ ______

3. $\frac{2}{3} + \frac{2}{3} + \frac{2}{3} =$ ______

4. $\frac{3}{7}$ - ______

5. $\frac{7}{10} + \frac{7}{10} =$ ______

6. $\frac{5}{9} + \frac{7}{9} =$ ______

7. $\frac{1}{6}$ - ______

8. $\frac{2}{3} + \frac{2}{5} =$ ______

9. $\frac{5}{6} + \frac{5}{8} =$ ______

Suma úmeros mixtos

Suma. E be cada suma como número entero o número mixto.

10. +

11. $1\frac{1}{2} + \frac{1}{2}$

12. $2\frac{1}{4} + 3\frac{3}{4}$

Escribe números que faltan.

13. $5\frac{1}{7}$ $\frac{5}{\square}$

14. $7\frac{8}{5} = \square\frac{3}{5}$

15. $2\frac{5}{4} = 3\frac{\square}{4}$

16. $4\frac{5}{3}$

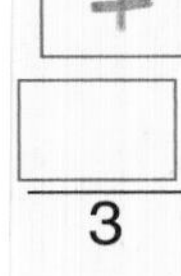

$\frac{\square}{3}$

17. $12\frac{11}{6} = 13\frac{\square}{6}$

18. $9\frac{13}{10} = 10\frac{\square}{10}$

Suma. ibe cada suma como número mixto en su mínima expresión.

19. +

20. $4\frac{6}{7} + 2\frac{4}{7}$

21. $3\frac{4}{9} + 6\frac{8}{9}$

LECCIÓN 8•2

Sumar números mixtos, *cont.*

Para sumar números mixtos cuyas fracciones no tienen el mismo denominador, primero debes dar otro nombre a una o a ambas fracciones para que las dos tengan un denominador común.

Ejemplo: $2\frac{3}{5} + 4\frac{2}{3} = ?$

- Halla un denominador común. El c.d.r. de $\frac{3}{5}$ y $\frac{2}{3}$ es $5 * 3 = 15$.
- Escribe el problema en forma vertical y da otro nombre a las fracciones.

$$\begin{array}{r} 2\frac{3}{5} \\ +\ 4\frac{2}{3} \\ \hline \end{array} \rightarrow \begin{array}{r} 2\frac{9}{15} \\ +\ 4\frac{10}{15} \\ \hline 6\frac{19}{15} \end{array}$$

- Suma.
- Da otro nombre a la suma. $6\frac{19}{15} = 6 + \frac{15}{15} + \frac{4}{15} = 6 + 1 + \frac{4}{15} = 7\frac{4}{15}$

Suma. Escribe cada suma como número mixto en su mínima expresión. Muestra tu trabajo.

1. $2\frac{1}{3} + 3\frac{1}{4} =$ ________

2. $5\frac{1}{2} + 2\frac{2}{5} =$ ________

3. $6\frac{1}{3} + 2\frac{4}{9} =$ ________

4. $1\frac{1}{2} + 4\frac{3}{4} =$ ________

5. $7\frac{1}{4} + 2\frac{5}{6} =$ ________

6. $3\frac{5}{6} + 3\frac{3}{4} =$ ________

Fecha Hora

LECCIÓN **8•2**

Cajas matemáticas

1. Su

a. $\frac{2}{4}$ = ________

b. $\frac{1}{4}$ = ________

c. $\frac{1}{8}$ = ________

d. $\frac{1}{6}$ = ________

e. $\frac{2}{6}$ = ________

2. Usa los patrones para completar los números que faltan.

a. 1, 2, 4, ______, ______

b. 5, 14, 23, ______, ______

c. 4, 34, 64, ______, ______

d. 20, 34, 48, ______, ______

e. 100, 152, 204, ______, ______

3. La da de la escuela practicó durante $2\frac{3}{4}$ s el sábado y durante $3\frac{2}{3}$ horas el ngo. El tiempo total que practicó la b a, ¿fue mayor o menor que 6 horas?

____

Ex . ______________________________

____

____

4. Haz que cada oración sea verdadera colocando paréntesis.

a. 18 − 11 + 3 = 10

b. 18 − 11 + 3 = 4

c. 14 − 7 + 5 + 1 = 13

d. 14 − 7 + 5 + 1 = 1

e. 14 − 7 + 5 + 1 = 3

5. Resuelve. Solución

a. $\frac{5}{9} = \frac{x}{18}$ ________

b. $\frac{8}{25} = \frac{40}{y}$ ________

c. $\frac{6}{14} = \frac{w}{49}$ ________

d. $\frac{28}{z} = \frac{7}{9}$ ________

e. $\frac{44}{77} = \frac{4}{v}$ ________

6. Encierra en un círculo los segmentos de recta congruentes.

a. ____________

b. ______________________

c. _____

d. ____________

LECCIÓN 8·3 Restar números mixtos

Mensaje matemático

Resta.

1. $\begin{array}{r} 3\frac{3}{4} \\ -\ 1\frac{1}{4} \\ \hline \end{array}$

2. $\begin{array}{r} 4\frac{4}{5} \\ -\ 2 \\ \hline \end{array}$

3. $\begin{array}{r} 7\frac{5}{6} \\ -\ 2\frac{2}{6} \\ \hline \end{array}$

Dar otro nombre a números mixtos y restarlos

Escribe los números que faltan.

4. $5\frac{1}{4} = 4\frac{\square}{4}$

5. $6 = 5\frac{\square}{3}$

6. $3\frac{5}{6} = \frac{\square}{6}$

7. $8\frac{7}{9} = \square\frac{16}{9}$

Resta. Escribe tus respuestas en su mínima expresión. Muestra tu trabajo.

8. $8 - \frac{1}{3} =$ ________

9. $5 - 2\frac{3}{5} =$ ________

10. $7\frac{1}{4} - 3\frac{3}{4} =$ ________

11. $4\frac{5}{8} - 3\frac{7}{8} =$ ________

12. $6\frac{2}{9} - 4\frac{5}{9} =$ ________

13. $10\frac{3}{10} - 5\frac{7}{10} =$ ________

Giro de números mixtos

Materi es ☐ página 488 de los *Originales para reproducción*

☐ clip grande

Jugadc :s 2

Instruc iones

1. Cad: ugador escribe su nombre en una de las casillas de abajo.

2. Túrn ıse para hacer girar la rueda. Cuando sea tu turno, escribe la fracción o el número mixt(ɥue hayas sacado en uno de los espacios en blanco debajo de tu nombre.

3. El pr ıer jugador que completa 10 oraciones verdaderas es el ganador.

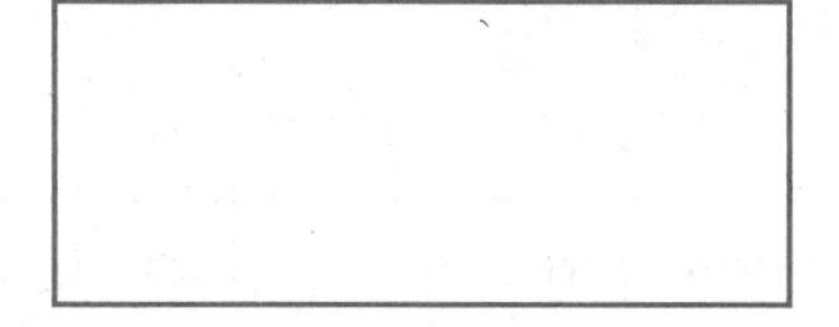

Nombre	Nombre
____ ___ + ______ < 3	______ + ______ < 3
____ ___ + ______ > 3	______ + ______ > 3
____ ___ − ______ < 1	______ − ______ < 1
____ ___ − ______ < $\frac{1}{2}$	______ − ______ < $\frac{1}{2}$
____ ___ + ______ > 1	______ + ______ > 1
____ ___ + ______ < 1	______ + ______ < 1
____ ___ + ______ < 2	______ + ______ < 2
____ ___ − ______ = 3	______ − ______ = 3
____ ___ − ______ > 1	______ − ______ > 1
____ ___ + ______ > $\frac{1}{2}$	______ + ______ > $\frac{1}{2}$
____ ___ + ______ < 3	______ + ______ < 3
____ ___ + ______ > 2	______ + ______ > 2

LECCIÓN 8•3 Cajas matemáticas

1. Haz una gráfica circular de los resultados de la encuesta.

Tiempo dedicado a hacer la tarea	
Tiempo	**Porcentaje de estudiantes**
0 a 29 minutos	25%
30 a 59 minutos	48%
60 a 89 minutos	10%
90 a 119 minutos	12%
2 horas o más	5%

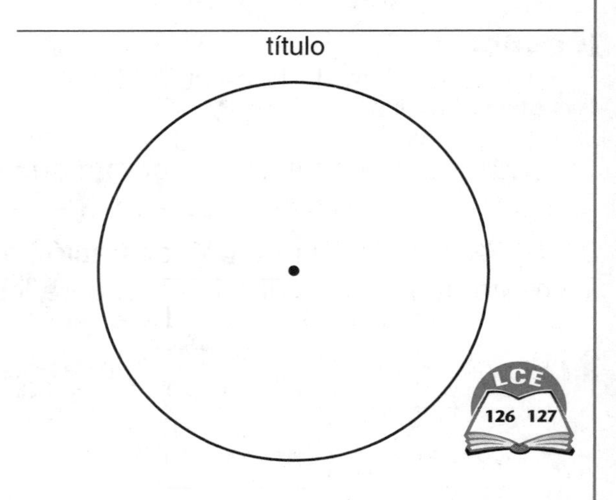

2. Escribe cada número en notación con números y palabras.

a. 56,000,000 ______

b. 423,000 ______

c. 18,000,000,000 ______

d. 9,500,000 ______

3. Multiplica.

a. $\frac{8}{11} * \frac{9}{10} =$ ______

b. $1\frac{5}{6} * 3\frac{7}{8} =$ ______

c. $2\frac{3}{4} * 2\frac{9}{5} =$ ______

d. $\frac{24}{5} * \frac{7}{3} =$ ______

e. $5\frac{1}{7} * 4\frac{1}{6} =$ ______

4. Completa la tabla de "¿Cuál es mi regla?" y enuncia la regla.

Regla

entra	sale
48	
40	5
1	$\frac{1}{8}$
	0
16	2

5. Halla el área del rectángulo.

Área = $b * h$

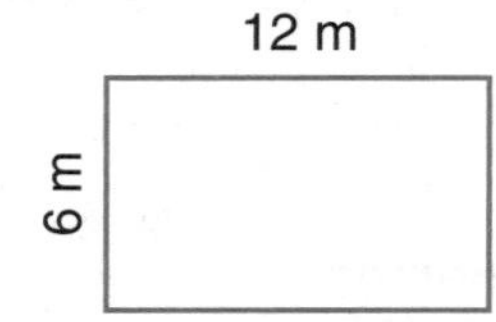

Área: ______
(unidad)

LECCIÓ 8·4

Explorar teclas de operaciones con fracciones

Alguna :alculadoras te permiten marcar fracciones, darles otro nombre y hacer operac ıes con ellas.

1. Dib la tecla de la calculadora que usarías para cada una de las funciones.

Función de la tecla	Tecla
D la respuesta a una operación o función marcada.	
M :car la parte entera de un número mixto.	
M 'car el numerador de una fracción.	
M car el denominador de una fracción.	
C ıvertir entre fracciones mayores que 1 y números mixtos.	
S plificar una fracción.	

Usa tu ılculadora para resolver.

2. $5\frac{2}{9}$ · $6\frac{2}{5} =$ ____________

3. $4\frac{16}{3} - 3\frac{1}{7} =$ ____________

4. 26,: $2 \div \frac{2}{7} =$ ____________

5. $\left(\frac{7}{8}\right)^2 * 14 =$ ____________

6. En c alquier fila, columna o diagonal de este ace| jo, hay grupos de fracciones cuya sum equivale a 1. Halla tantos como puedas y es 'ibe las oraciones numéricas en una hoja apa :. El primero está hecho como ejemplo.

____

____

Ejer ılo:

Ora ón numérica

$\frac{2}{6} +$: $+ \frac{1}{6} + \frac{1}{4} = 1$

$\frac{2}{6}$	$\frac{1}{6}$	$\frac{3}{6}$	$\frac{1}{4}$	$\frac{2}{5}$	$\frac{5}{6}$
$\frac{2}{4}$	$\frac{2}{8}$	$\frac{2}{10}$	$\frac{2}{8}$	$\frac{2}{4}$	$\frac{1}{2}$
$\frac{3}{6}$	$\frac{1}{4}$	$\frac{1}{6}$	$\frac{1}{4}$	$\frac{2}{3}$	$\frac{3}{4}$
$\frac{1}{6}$	$\frac{4}{8}$	$\frac{1}{4}$	$\frac{1}{4}$	$\frac{1}{6}$	$\frac{1}{4}$
$\frac{1}{3}$	$\frac{2}{4}$	$\frac{2}{10}$	$\frac{2}{6}$	$\frac{2}{3}$	$\frac{1}{3}$
$\frac{5}{12}$	$\frac{1}{4}$	$\frac{1}{5}$	$\frac{3}{6}$	$\frac{1}{4}$	$\frac{3}{8}$

Fecha Hora

LECCIÓN **8•4**

Cajas matemáticas

1. Suma.

a. $\frac{1}{4} + \frac{1}{2} =$ ____________

b. $\frac{1}{4} + \frac{5}{8} =$ ____________

c. $\frac{4}{6} + \frac{1}{3} =$ ____________

d. $\frac{1}{2} + \frac{1}{3} =$ ____________

e. $\frac{1}{6} + \frac{1}{2} =$ ____________

2. Usa los patrones para escribir los números que faltan.

a. 2.1, 4.2, 8.4, ____________, ____________

b. 50, 25, 12.5, ____________, ____________

c. 3.4, 10.2, 30.6, ____________, ____________

d. 1.5, 7.5, 37.5, ____________, ____________

e. 1, 4, 9, ____________, ____________

3. Max trabajó durante $3\frac{3}{4}$ horas el lunes y durante $6\frac{1}{2}$ horas el martes. ¿Trabajó más o menos de 10 horas?

____

Explica. ________________________________

____

____

LCE 71

4. Haz que cada oración sea verdadera colocando paréntesis.

a. $100 = 15 + 10 * 4$

b. $4 = 24 / 4 + 2$

c. $8 = 24 / 4 + 2$

d. $10 - 4 / 2 * 3 = 24$

e. $10 - 4 / 2 * 3 = 1$

5. Resuelve. Solución

a. $\frac{m}{10} = \frac{45}{50}$ ____________

b. $\frac{56}{64} = \frac{7}{n}$ ____________

c. $\frac{k}{48} = \frac{3}{8}$ ____________

d. $\frac{4}{30} = \frac{12}{p}$ ____________

e. $\frac{2}{18} = \frac{a}{180}$ ____________

6. Encierra en un círculo los ángulos congruentes.

a.

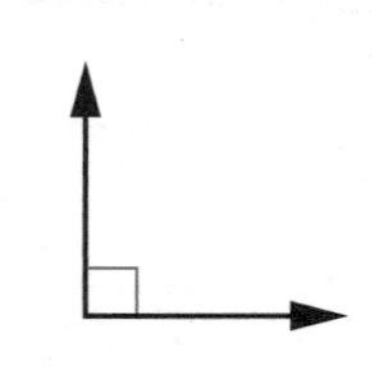

b.

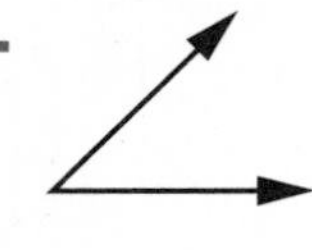

c.

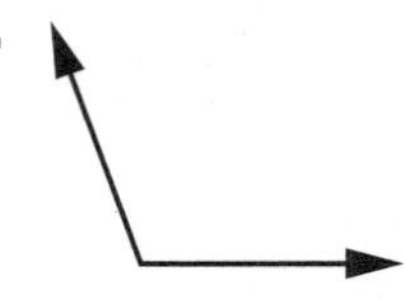

d.

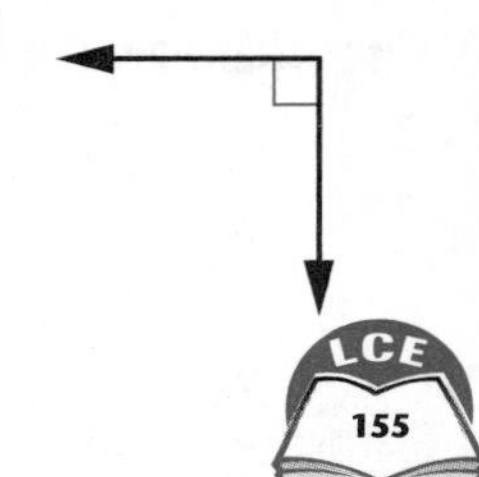

Fecha Hora

LECCIÓN 8•5

Modelos de rectas numéricas

Mensaje matemático

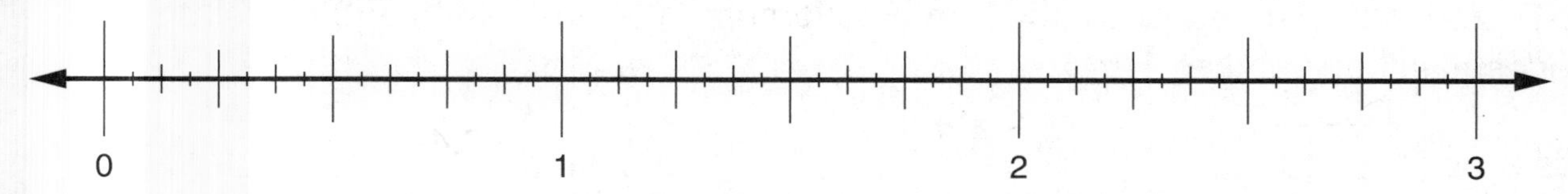

Usa la recta numérica anterior como ayuda para contestar los Problemas 1 a 10.

1. ¿Cuánto es $\frac{1}{2}$ de 3? $1\frac{1}{2}$

2. ¿Cuánto es $\frac{1}{4}$ de 2? $\frac{1}{2}$

3. ¿Cuánto es $\frac{3}{4}$ de 2? $1\frac{1}{2}$

4. ¿Cuánto es $\frac{1}{3}$ de 3? 1

5. ¿Cuánto es $\frac{1}{2}$ de $\frac{1}{2}$? $\frac{1}{4}$

6. ¿Cuánto es $\frac{1}{2}$ de $\frac{1}{4}$? $\frac{1}{8}$

7. ¿Cuánto es $\frac{1}{2}$ de $\frac{3}{4}$? $\frac{3}{8}$

8. ¿Cuánto es $\frac{1}{4}$ de $\frac{1}{2}$? $\frac{1}{8}$

9. ¿Cuánto es $\frac{1}{4}$ de $\frac{1}{4}$? $\frac{1}{16}$

10. ¿Cuánto es $\frac{1}{2}$ de $\frac{3}{8}$? $\frac{3}{16}$

11. Explica cómo hallaste la respuesta al Problema 10. ______________________

____

____

____

Resuelve.

12. ¿$\frac{2}{3}$ de 12? 8

13. ¿$\frac{2}{5}$ de 25? 10 NG÷D×N

14. ¿$\frac{2}{3}$ de 90? 60

15. ¿$\frac{3}{4}$ de 16? 12

16. ¿$\frac{3}{4}$ de 28? 21

17. ¿$\frac{3}{5}$ de 100? 60

18. ¿$\frac{2}{3}$ de 18? 12

19. ¿$\frac{3}{4}$ de 100? 75

20. ¿$\frac{3}{5}$ de 50? 30

21. ¿$\frac{5}{8}$ de 64? 40

Fecha Hora

LECCIÓN 8•5

Problemas de doblar papel

Anota tu trabajo para los cuatro problemas de fracciones que resolviste doblando papel. Traza los dobleces y el sombreado. Escribe una X en las partes que muestran la respuesta.

1. $\frac{1}{2}$ de $\frac{1}{2}$ es 1/4.

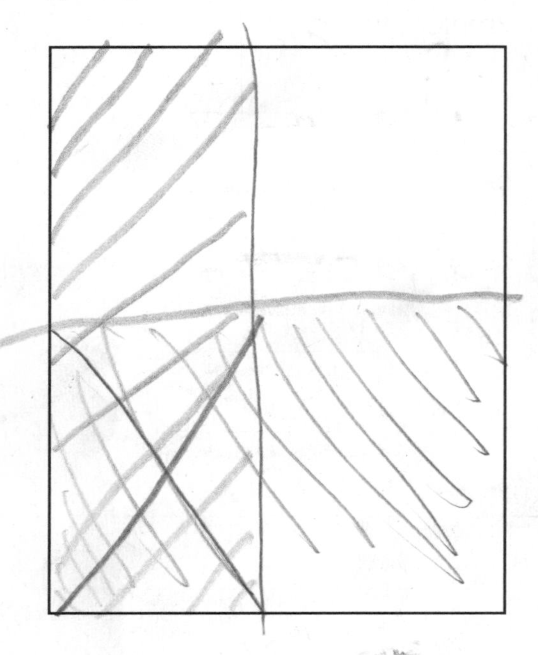

2. $\frac{2}{3}$ de $\frac{1}{2}$ es 1/3 o 2/6.

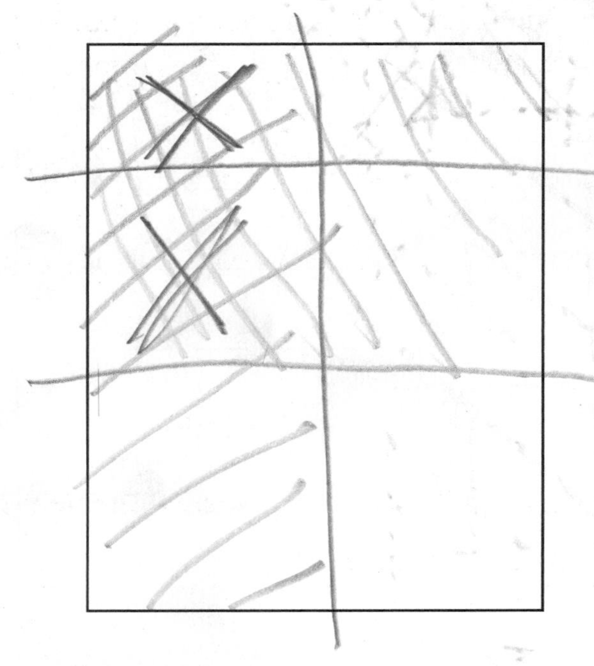

3. $\frac{1}{4}$ de $\frac{2}{3}$ es 2/12 o 1/6.

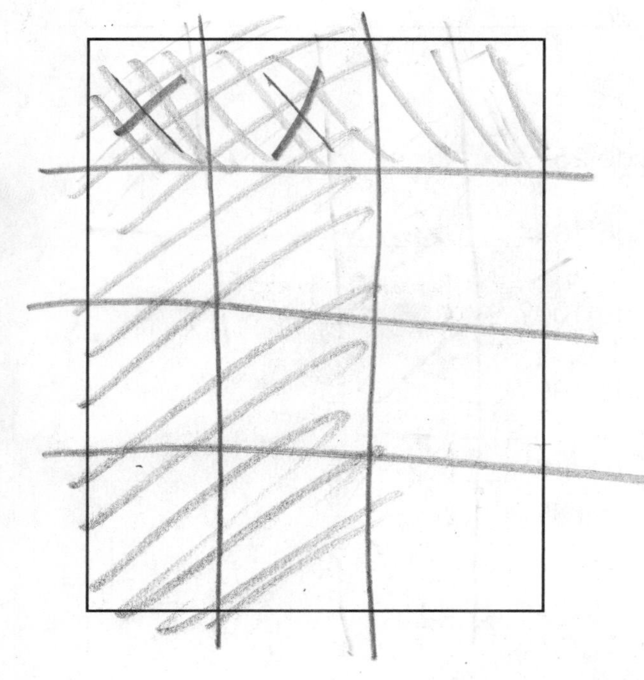

4. $\frac{3}{4}$ de $\frac{1}{2}$ es 3/8.

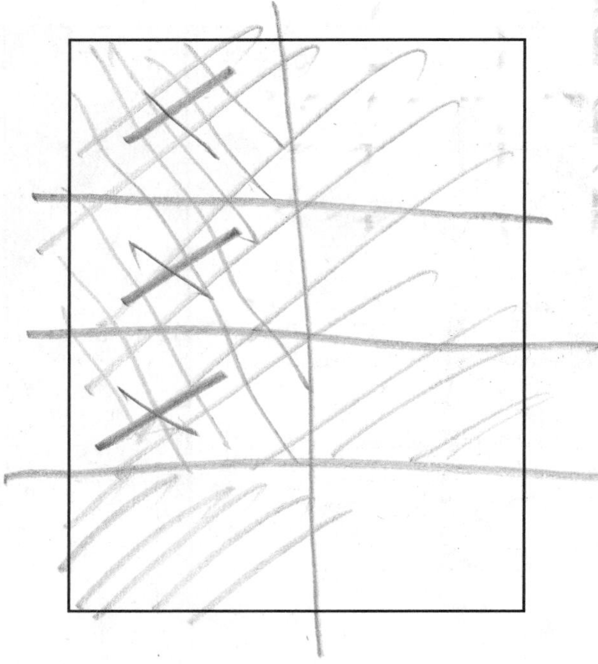

LECCIÓN 8•5

Problemas de doblar papel, *cont.*

Resuelve estos problemas doblando papel. Traza los dobleces y el sombreado. Escribe una X en las partes que muestran la respuesta.

5. $\frac{1}{3}$ de $\frac{3}{4}$ es 3/12 ó 1/4.

6. $\frac{1}{8}$ de $\frac{1}{2}$ es 1/16.

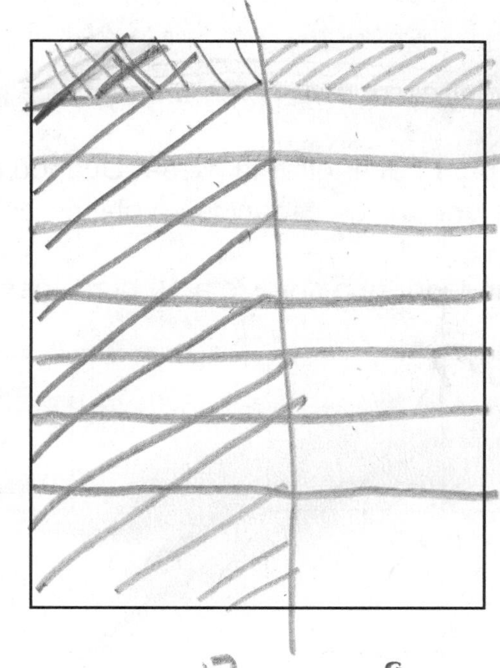

7. $\frac{5}{8}$ de $\frac{1}{2}$ es 5/16.

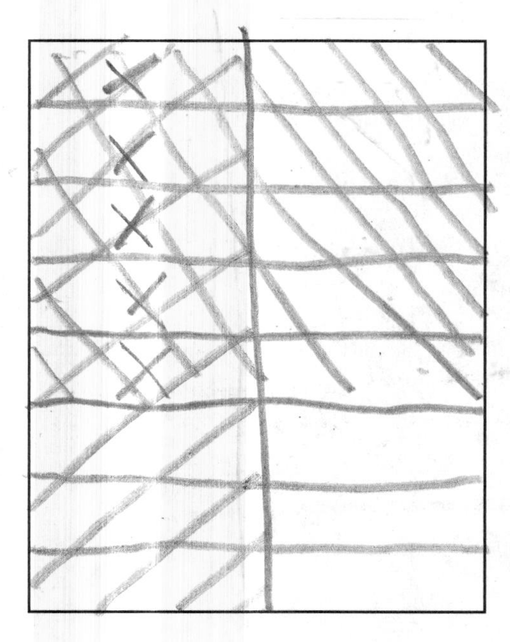

8. $\frac{3}{4}$ de $\frac{3}{4}$ es $\frac{12}{16}$ ó $\frac{9}{16}$.

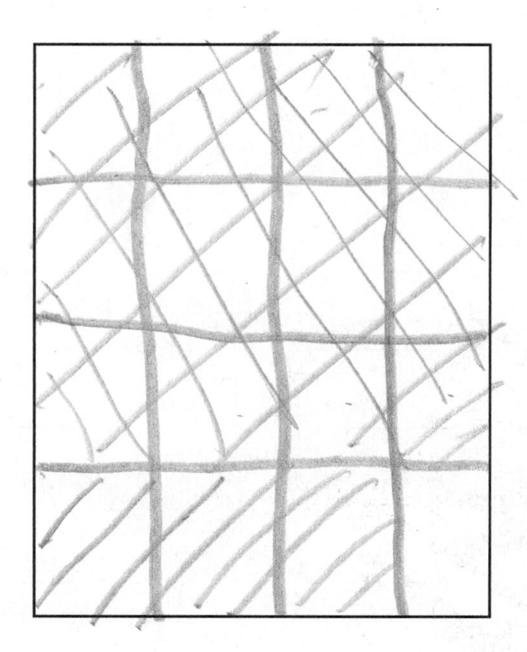

LECCIÓN 8•5

Giro de fracciones

Materiales ☐ página 471 de los *Originales para reproducción*
☐ clip grande

Jugadores 2

Instrucciones

1. Cada jugador escribe su nombre en una de las casillas que están a continuación.
2. Túrnense para hacer girar la rueda. Cuando sea tu turno, escribe la fracción que saques en uno de los espacios en blanco debajo de tu nombre.
3. El primer jugador que completa 10 oraciones verdaderas es el ganador.

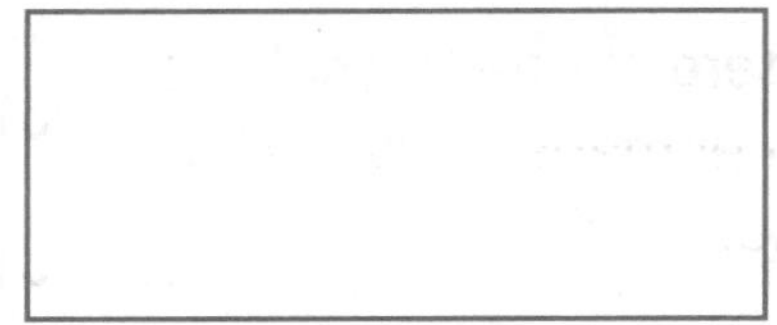

Nombre	Nombre
$\_\_\_\_ + \_\_\_\_ < 1$	$\_\_\_\_ + \_\_\_\_ < 1$
$\_\_\_\_ + \_\_\_\_ > 1$	$\_\_\_\_ + \_\_\_\_ > 1$
$\_\_\_\_ - \_\_\_\_ < \frac{1}{2}$	$\_\_\_\_ - \_\_\_\_ < \frac{1}{2}$
$\_\_\_\_ - \_\_\_\_ > \frac{1}{2}$	$\_\_\_\_ - \_\_\_\_ > \frac{1}{2}$
$\_\_\_\_ + \_\_\_\_ < 1$	$\_\_\_\_ + \_\_\_\_ < 1$
$\_\_\_\_ + \_\_\_\_ < \frac{1}{4}$	$\_\_\_\_ + \_\_\_\_ < \frac{1}{4}$
$\_\_\_\_ + \_\_\_\_ > \frac{1}{4}$	$\_\_\_\_ + \_\_\_\_ > \frac{1}{4}$
$\_\_\_\_ + \_\_\_\_ = 1$	$\_\_\_\_ + \_\_\_\_ = 1$
$\_\_\_\_ - \_\_\_\_ < \frac{1}{4}$	$\_\_\_\_ - \_\_\_\_ < \frac{1}{4}$
$\_\_\_\_ - \_\_\_\_ > \frac{1}{4}$	$\_\_\_\_ - \_\_\_\_ > \frac{1}{4}$
$\_\_\_\_ + \_\_\_\_ < \frac{3}{4}$	$\_\_\_\_ + \_\_\_\_ < \frac{3}{4}$
$\_\_\_\_ + \_\_\_\_ > \frac{3}{4}$	$\_\_\_\_ + \_\_\_\_ > \frac{3}{4}$

LECCIÓ 8•5

Cajas matemáticas

1. Co pleta.

a. = $\frac{\square}{24}$ = $\frac{\square}{36}$

b. = $\frac{\square}{24}$ = $\frac{\square}{32}$

c. = $\frac{\square}{25}$ = $\frac{12}{\square}$

d. = $\frac{3}{\square}$ = $\frac{4}{\square}$

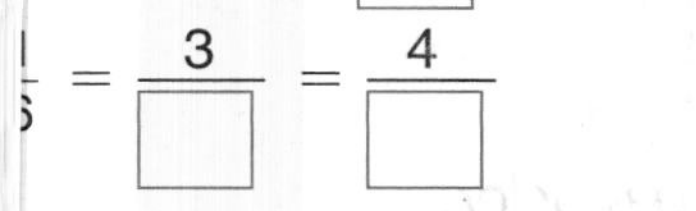

2. Escribe *verdadero* o *falso* junto a cada oración numérica.

a. $16 - (3 + 5) = 18$ ________

b. $(4 + 2) * 5 = 30$ ________

c. $100 \div (25 + 25) + 5 = 7$ ________

d. $15 - 4 * 3 + 2 = 35$ ________

e. $(40 - 2^2) \div 6 = 6$ ________

3. Us la cuadrícula de la derecha para localizar los iguientes objetos en el mapa. El primero est hecho como ejemplo.

a. studiante de quinto grado D4

b. ote ________

c. arro ________

d. asa ________

e. rbol ________

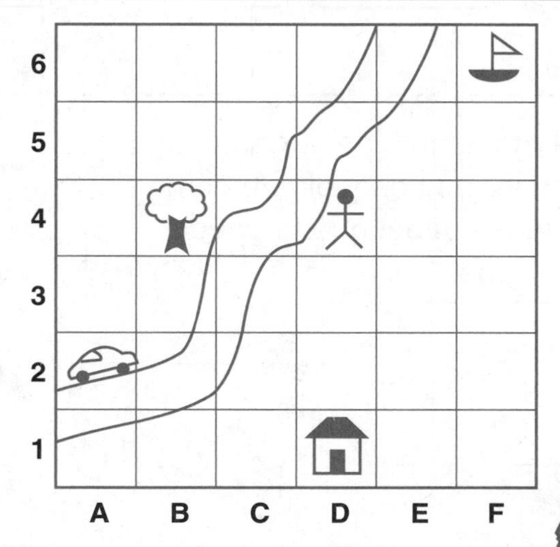

4. Enc ierra en un círculo los triángulos que par ecen equiláteros.

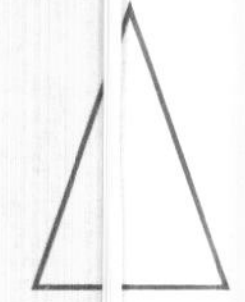
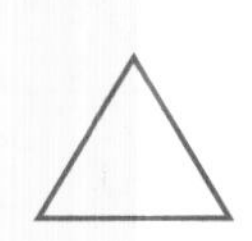

Esc ribe la definición de triángulo equ ilátero.

____

____

____

5. La lata de sopa y la caja de cereales que están a continuación representan cuerpos geométricos.
Nombra cada uno de estos cuerpos.

a. SOPA

b.

________________ ________________

LCE 147–149

LECCIÓN 8•6

Multiplicación de fracciones

Mensaje matemático

1. Usa el rectángulo de la derecha para hacer un bosquejo de cómo doblarías el papel que te ayude a hallar $\frac{1}{3}$ de $\frac{2}{3}$.

   ¿Cuánto es $\frac{1}{3}$ de $\frac{2}{3}$? $\frac{2}{9}$

2. Usa el rectángulo de la derecha para hacer un bosquejo de cómo doblarías el papel que te ayude a hallar $\frac{1}{4}$ de $\frac{3}{5}$.

   ¿Cuánto es $\frac{1}{4}$ de $\frac{3}{5}$? $\frac{3}{20}$

3. Escribe $\frac{2}{3}$ de $\frac{3}{4}$ usando el símbolo de multiplicación $*$. $\frac{2}{3} * \frac{3}{4}$

4. Escribe los siguientes problemas de fracciones usando el símbolo de multiplicación $*$.

   a. $\frac{1}{4}$ de $\frac{1}{3}$ $\frac{1}{4} * \frac{1}{3}$

   b. $\frac{4}{5}$ de $\frac{2}{3}$ $\frac{4}{5} * \frac{2}{3}$

   c. $\frac{1}{6}$ de $\frac{1}{4}$ $\frac{1}{6} * \frac{1}{4}$

   d. $\frac{3}{7}$ de $\frac{2}{5}$ $\frac{3}{7} * \frac{2}{5}$

Fecha ______________________________ Hora ______________________________

LECCIÓN 8·6

Modelo de área para la multiplicación de fracciones

1. Usa el rectángulo de la derecha para hallar $\frac{2}{3} * \frac{3}{4}$.

$\frac{2}{3} *$ ___ = $\frac{6}{12}$ ÷2/÷2 = $\frac{3}{6}$ ÷3/÷3 = $\frac{1}{2}$

Tu dibujo completo del Problema 1 se llama **modelo de área.**
Usa modelos de área para completar los problemas que faltan.

2.

$\frac{2}{3} *$ ___ = $\frac{2}{15}$

3.

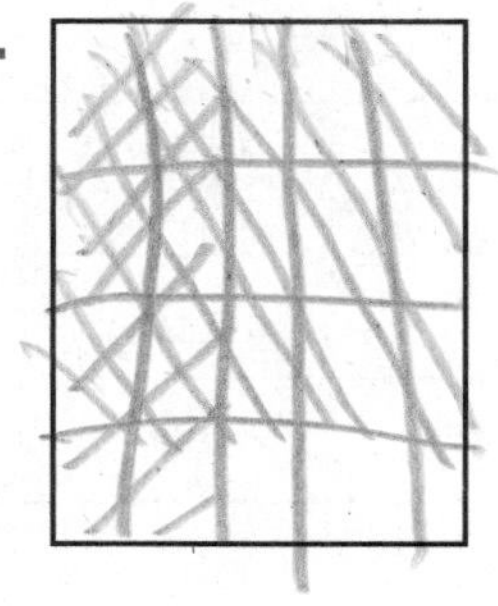

$\frac{3}{4} * \frac{2}{5}$ = $\frac{6}{20}$ ÷2/÷2 = $\frac{3}{10}$

4.

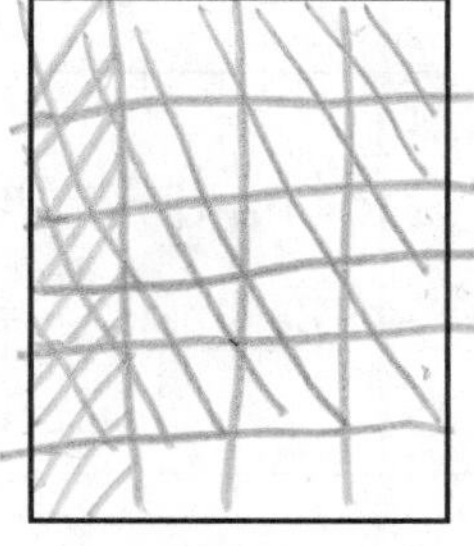

$\frac{1}{4} * \frac{5}{6}$ = $\frac{5}{24}$

5.

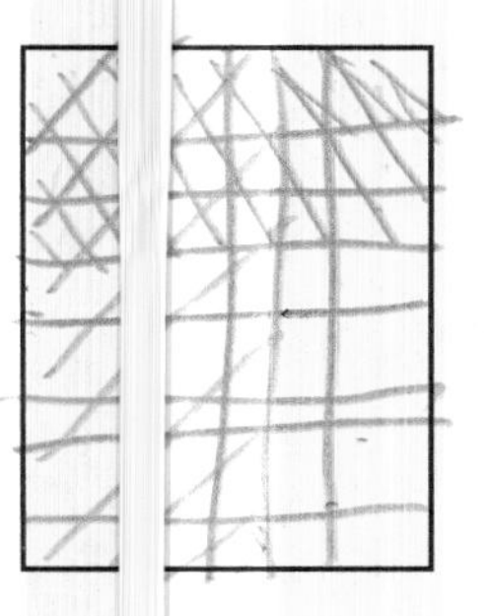

$\frac{3}{8} *$ ___ = $\frac{9}{40}$

6.

$\frac{1}{2} * \frac{5}{8}$ = $\frac{5}{16}$

7.

$\frac{5}{6} * \frac{4}{5}$ = $\frac{20}{30}$ ÷10/÷10 = $\frac{2}{3}$

Explica cómo hiciste el bosquejo y el sombreado del rectángulo para resolver el Problema 7.

Primero hice el modelo de área y despues dividí 20/30 ÷ 10 y me salio en 2/3

____

____

____

____

Fecha Hora

LECCIÓN 8·6

Algoritmo para la multiplicación de fracciones

1. Observa con cuidado las fracciones de la página 265 del diario. ¿Cuál es la relación entre los numeradores y los denominadores de las dos fracciones que se multiplican y el numerador y el denominador de su producto?

____

____

____

____

2. Describe una forma de multiplicar dos fracciones. Puedes hacer numerador por numerador y denominador por denominador o hacer el dibujo.

____

3. Multiplica las siguientes fracciones usando el algoritmo que se comentó en clase.

a. $\frac{1}{3} * \frac{1}{5} =$ ____________ **b.** $\frac{2}{3} * \frac{1}{3} =$ ____________

c. $\frac{3}{10} * \frac{7}{10} =$ ____________ **d.** $\frac{5}{8} * \frac{1}{4} =$ ____________

e. $\frac{3}{8} * \frac{5}{6} =$ ____________ **f.** $\frac{2}{5} * \frac{5}{12} =$ ____________

g. $\frac{4}{5} * \frac{2}{5} =$ ____________ **h.** $\frac{4}{9} * \frac{3}{7} =$ ____________

i. $\frac{2}{4} * \frac{4}{8} =$ ____________ **j.** $\frac{3}{7} * \frac{5}{9} =$ ____________

k. $\frac{7}{9} * \frac{2}{6} =$ ____________ **l.** $\frac{2}{7} * \frac{9}{10} =$ ____________

4. Las niñas son un medio de la clase de quinto grado. Dos décimos de ellas son pelirrojas. ¿Qué fracción representan las niñas pelirrojas del total de la clase de quinto grado?

____

Fecha Hora

LECCIÓN 8•6

Cajas matemáticas

1. El dígito en el lugar de las centenas es un número cuadrado y es impar.
El dígito en el lugar de las decenas es 1 más que la raíz cuadrada de 16.
El dígito en el lugar de las centésimas es 0.1 mayor que $\frac{1}{10}$ del dígito en el lugar de las centenas.
El dígito en el lugar de las milésimas es equivalente a $\frac{30}{5}$.
Los otros dígitos son todos 2. ___ ___ ___ . ___ ___ ___

Escribe el número en notación desarrollada.

____

2. Escribe 3 fracciones equivalentes para cada número.

a. $\frac{2}{5}$ = ____________

b. $\frac{4}{7}$ = ____________

c. $\frac{1}{2}$ = ____________

d. $\frac{40}{50}$ = ____________

e. $\frac{25}{75}$ = ____________

3. Jon leyó durante $24\frac{1}{4}$ horas en marzo y $15\frac{1}{2}$ horas en abril. ¿Cuántas horas más leyó en marzo?

Modelo numérico: ____________

Respuesta: ____________

4. Completa.

a. $\frac{10}{100} = \frac{\square}{10}$

b. $\frac{8}{100} = \frac{\square}{25}$

c. $\frac{5}{20} = \frac{1}{\square}$

d. $\frac{10}{12} = \frac{5}{\square}$

5. Usa tu Plantilla de geometría para trazar un trapecio.

¿En qué se diferencia el trapecio que trazaste de otros cuadrángulos de la Plantilla de geometría?

____

____

LCE 134–136

LECCIÓN 8•7

Una ráfaga del pasado

1. De *Matemáticas diarias de kindergarten:*

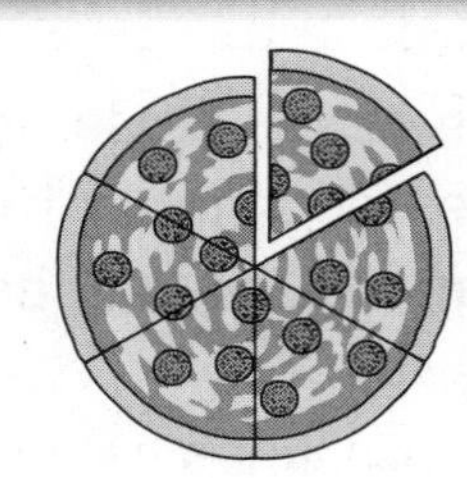

¿Qué fracción de la pizza entera es esta porción de pizza? 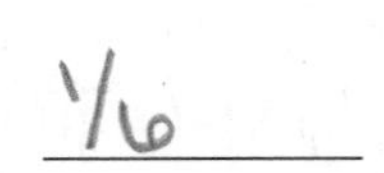

2. De *Matemáticas diarias de primer grado:*

Escribe una fracción en cada parte de los siguientes diagramas. Luego, colorea las figuras según las instrucciones.

a.

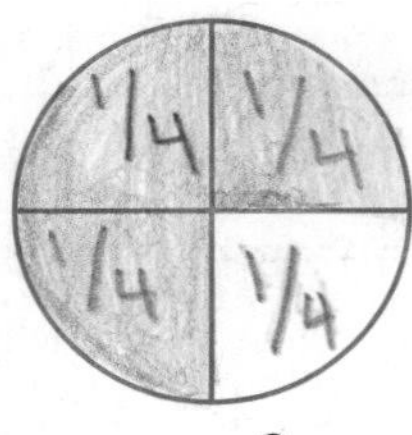

Colorea $\frac{3}{4}$.

b.

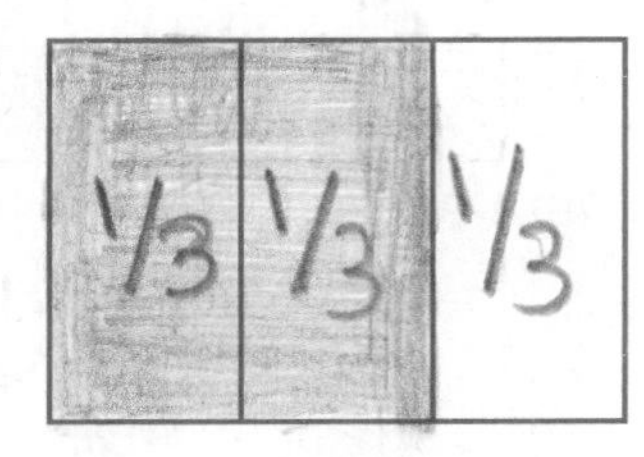

Colorea $\frac{2}{3}$.

c.

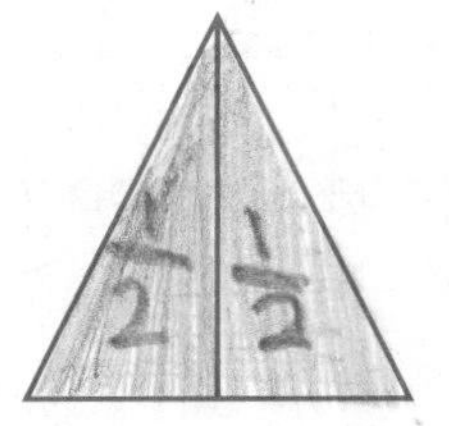

Colorea $\frac{2}{2}$.

3. De *Matemáticas diarias de segundo grado:*

a.

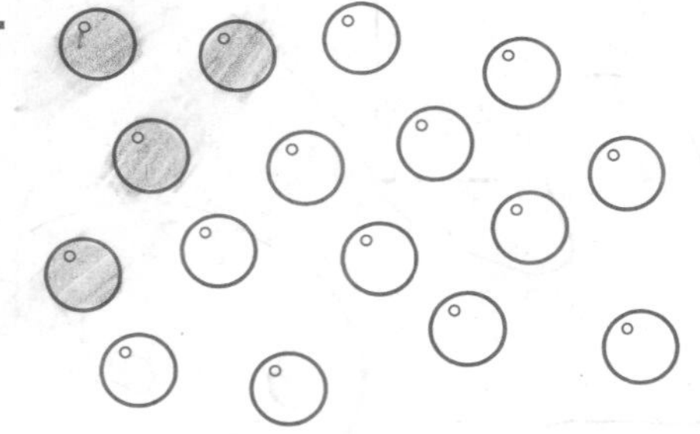

Colorea $\frac{1}{4}$ de las cuentas.

b.

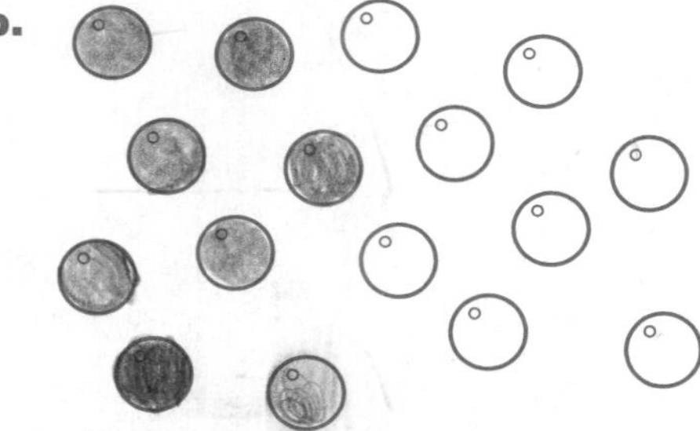

Colorea $\frac{1}{8}$ de las cuentas.

4. De *Matemáticas diarias de tercer grado:*

a. $\frac{1}{2}$ de $\frac{1}{4}$ = 1/8

b. $\frac{1}{8}$ de $\frac{1}{2}$ = 1/16

c. $\frac{1}{2}$ de $\frac{1}{8}$ = 1/16

5. De *Matemáticas diarias de cuarto grado:*

Tacha $\frac{5}{6}$ de los *dimes.*

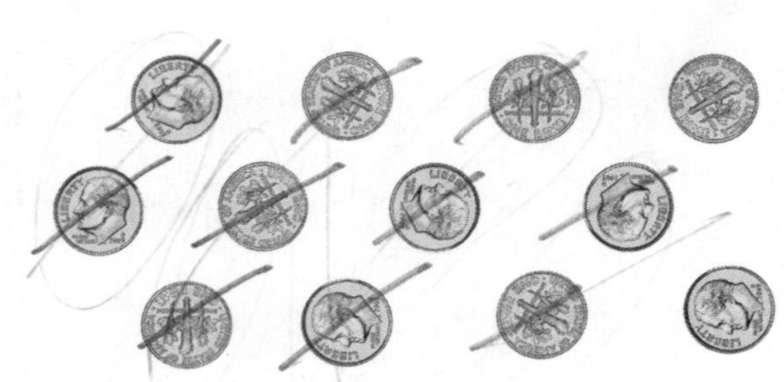

LECCIÓN 8•7

Modelos de área

Traza un modelo de área para cada producto. Luego, escribe el producto como fracción o como número mixto.

Ejemplo: $\frac{2}{3} * 2 =$ $\frac{4}{3}$ ó $1\frac{1}{3}$

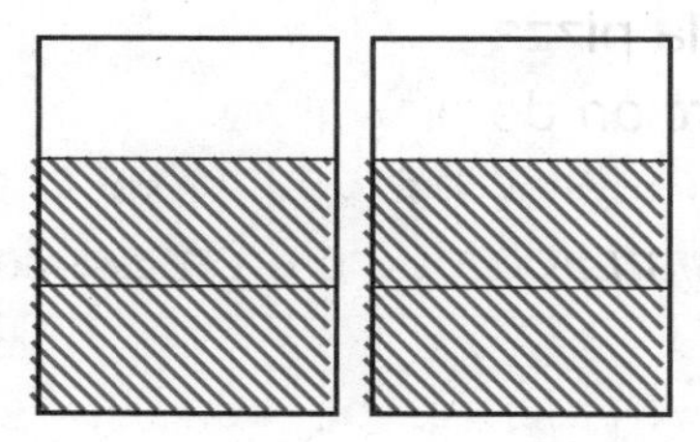

1. $\frac{1}{3} * 4 =$ 4/3 ó $1\frac{1}{3}$

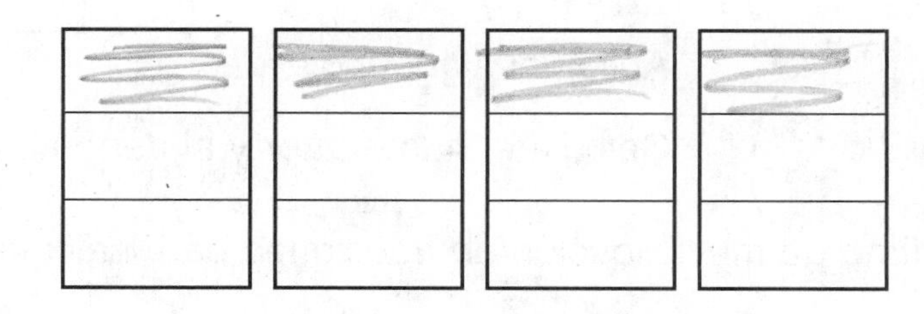

2. $\frac{1}{4} * 3 =$ 3/4 ó $1\frac{1}{4}$

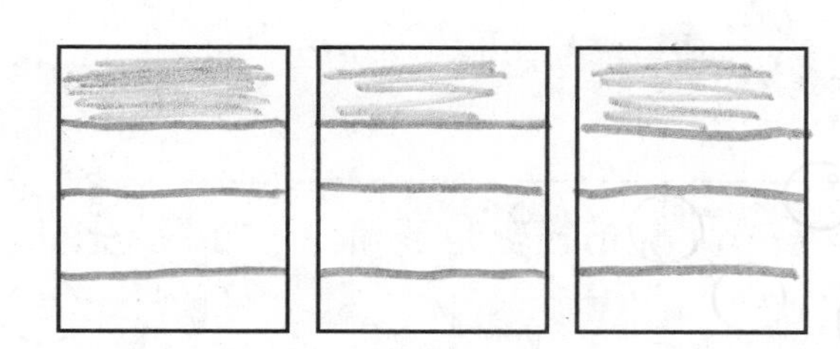

3. $2 * \frac{3}{5} =$ 6/5 ó 1 1/5

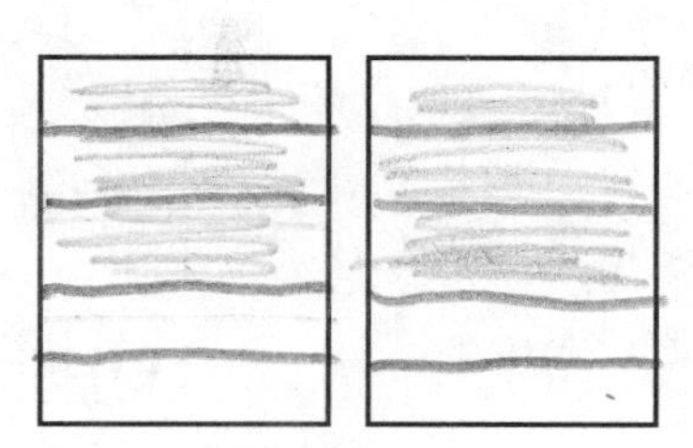

4. $\frac{3}{8} * 3 =$ ________

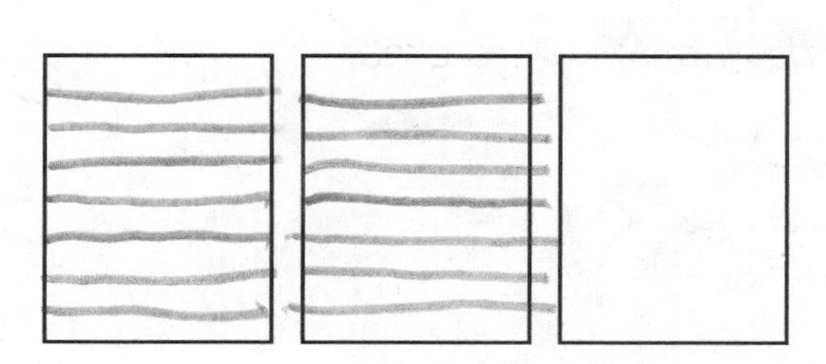

Fecha Hora

LECCIÓN 8•7

Usar el algoritmo de multiplicación de fracciones

Un algoritmo para la multiplicación de fracciones

$$\frac{a}{b} * \frac{c}{d} = \frac{a * c}{b * d}$$

El denominador del producto es el producto de los denominadores y el numerador del producto es el producto de los numeradores.

Ejemplo: $\frac{2}{3} * 2$

$\frac{2}{3} * 2 = \frac{2}{3} * \frac{2}{1}$ Piensa en 2 como $\frac{2}{1}$.

$= \frac{2 * 2}{3 * 1}$ Aplica el algoritmo.

$= \frac{4}{3}$ ó $1\frac{1}{3}$ Calcula el numerador y el denominador.

Usa el algoritmo de multiplicación de fracciones para calcular los siguientes productos.

1. $\frac{3}{4} * 6 =$ ______

2. $\frac{7}{8} * 3 =$ ______

3. $\frac{3}{10} * 5 =$ ______

4. $6 * \frac{4}{5} =$ ______

5. Usa la regla dada para completar la tabla.

$\triangle = \square * \frac{3}{5}$

entra (□)	sale (△)
$\frac{1}{2}$	
2	
$\frac{4}{5}$	
$\frac{3}{4}$	
3	

6. ¿Cuál es la regla para la siguiente tabla?

Regla

entra (□)	sale (△)
$\frac{2}{3}$	$\frac{2}{6}$
$\frac{3}{4}$	$\frac{3}{8}$
$\frac{7}{8}$	$\frac{7}{16}$
3	$1\frac{1}{2}$

Fecha Hora

LECCIÓN 8·7

Cajas matemáticas

1. Completa.

a. $\frac{1}{5} = \frac{4}{\square} = \frac{\square}{30}$

b. $\frac{2}{3} = \frac{\square}{9} = \frac{10}{\square}$

c. $\frac{5}{8} = \frac{\square}{24} = \frac{25}{\square}$

d. $\frac{4}{7} = \frac{\square}{42} = \frac{32}{\square}$

2. Escribe *verdadero* o *falso* para cada oración numérica.

a. $5 * (6 + 3) = (5 * 6) + (5 * 3)$ ________

b. $(2 * 10^2) + (1 * 10^1) + (6 * 10^0)$

$= 2{,}160$ ________

c. $\frac{1}{2} + \frac{5}{6} + \frac{1}{3} = \frac{1}{3} + \frac{1}{2} + \frac{5}{6}$ ________

d. $16 - (4 + 8 - 2) / 2 = 3$ ________

e. 10^6 = mil millones ________

3. En la cuadrícula, dibuja cada animal cuya ubicación se da a continuación.

a. Un pájaro en C2.

b. Un pez en D6.

c. Una tortuga en E3.

d. Una serpiente en F1.

e. Una rana en F4.

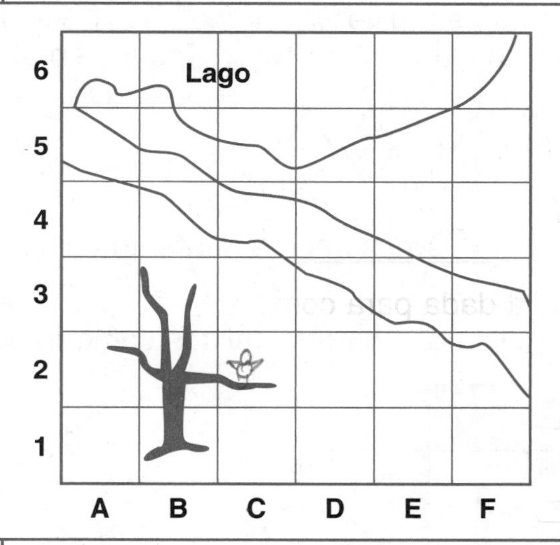

4. Dibuja un triángulo isósceles.

Escribe la definición de triángulo isósceles.

____

____

____

____

____

____

5. Las siguientes figuras representan cuerpos geométricos. Nombra estos cuerpos.

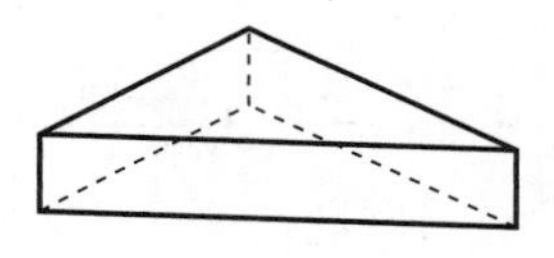

a. ____________ **b.** ____________

Fecha Hora

LECCIÓN 8•8 Repasar la conversión de fracciones a números mixtos

Mensaje matemático

Sabes que las fracciones mayores que 1 se pueden escribir de varias maneras.

Entero
hexágono

Ejemplo:

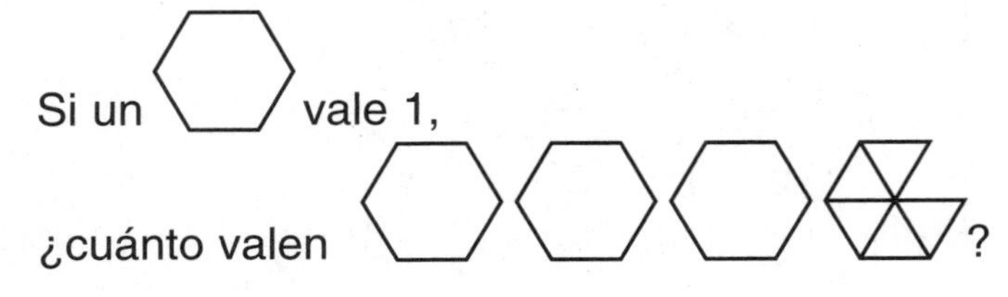

Si un (hexágono) vale 1,

¿cuánto valen (hexágonos)?

El nombre del número mixto es $3\frac{5}{6}$ ($3\frac{5}{6}$ significa $3 + \frac{5}{6}$).

El nombre de la fracción es $\frac{23}{6}$. Piensa en *sextos:*

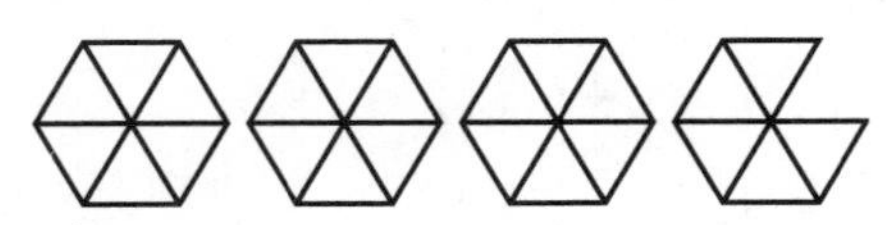

$3\frac{5}{6}$, $3 + \frac{5}{6}$ y $\frac{23}{6}$ son nombres diferentes para el mismo número.

Escribe los siguientes números mixtos como fracciones.

1. $2\frac{3}{5} = \frac{13}{5}$

2. $4\frac{7}{8} = \frac{39}{8}$

3. $1\frac{2}{3} = \frac{5}{3}$

4. $3\frac{6}{4} = \frac{18}{4}$

Escribe las siguientes fracciones como números mixtos o enteros.

5. $\frac{7}{3} = 2\frac{1}{3}$

6. $\frac{6}{1} = 6$

7. $\frac{18}{4} = 4\frac{2}{4}$

8. $\frac{9}{3} = 3$

Suma.

9. $\frac{2}{1} + \frac{7}{8} = 14/8$

10. $\frac{1}{1} + \frac{3}{4} = 3/4$

11. $\frac{3}{1} + \frac{3}{5} = 9/5$

12. $\frac{6}{1} + 2\frac{1}{3} = 42/3$

LECCIÓN 8•8

Multiplicar fracciones y números mixtos

Usar productos parciales

Ejemplo 1:	**Ejemplo 2:**
$2\frac{1}{3} * 2\frac{1}{2} = (2 + \frac{1}{3}) * (2 + \frac{1}{2})$	$3\frac{1}{4} * \frac{2}{5} = (3 + \frac{1}{4}) * \frac{2}{5}$
$2 * 2 = \quad 4$	$3 * \frac{2}{5} = \frac{6}{5} = \quad 1\frac{1}{5}$
$2 * \frac{1}{2} = \quad 1$	$\frac{1}{4} * \frac{2}{5} = \frac{2}{20} = \quad +\frac{1}{10}$
$\frac{1}{3} * 2 = \quad \frac{2}{3}$	$1\frac{3}{10}$
$\frac{1}{3} * \frac{1}{2} = \quad +\frac{1}{6}$	
$5\frac{5}{6}$	

Convertir números mixtos en fracciones

Ejemplo 3:	**Ejemplo 4:**
$2\frac{1}{3} * 2\frac{1}{2} = \frac{7}{3} * \frac{5}{2}$	$3\frac{1}{4} * \frac{2}{5} = \frac{13}{4} * \frac{2}{5}$
$= \frac{35}{6} = 5\frac{5}{6}$	$= \frac{26}{20} = 1\frac{6}{20} = 1\frac{3}{10}$

Resuelve los siguientes problemas de multiplicación de fracciones y números mixtos.

1. $3\frac{1}{2} * 2\frac{1}{5} =$ ______________

2. $10\frac{3}{4} * \frac{1}{2} =$ ______________

3. La cara posterior de una calculadora tiene un área de alrededor de

 pulg²

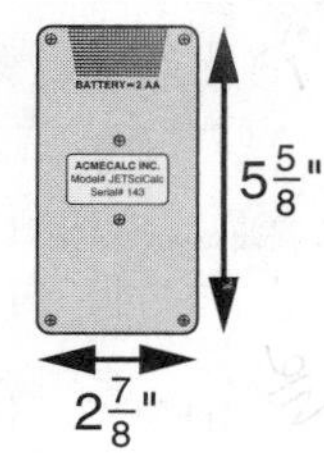

4. El área de esta hoja de cuaderno tiene alrededor de

______________ pulg²

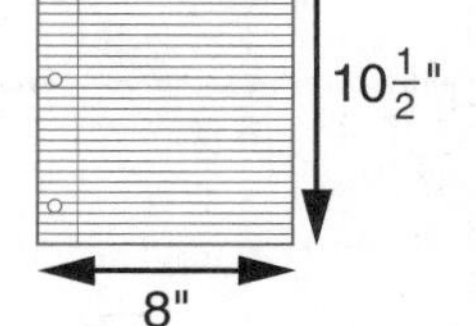

5. El área del disco de computadora tiene alrededor de

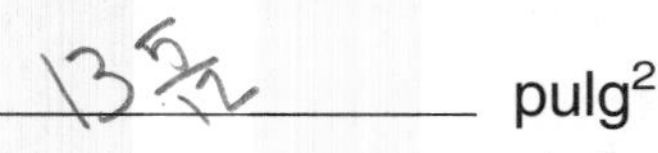 pulg²

$3\frac{5}{6}$"

$3\frac{1}{2}$"

6. El área de esta bandera tiene alrededor de

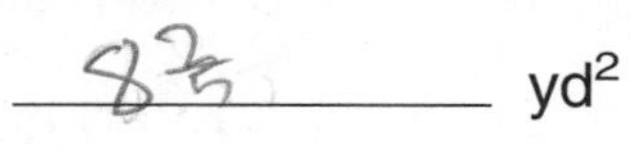 yd²

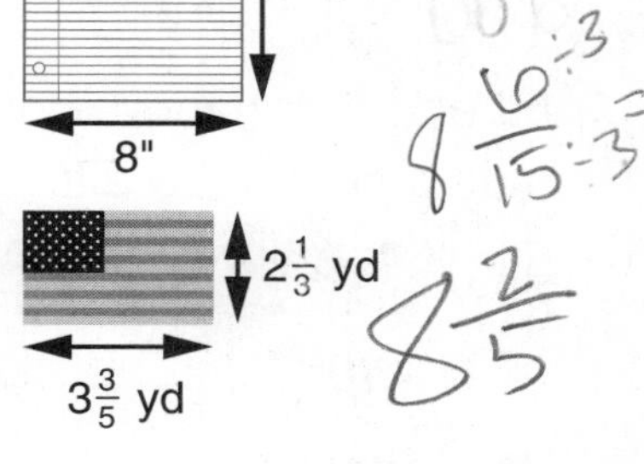

7. ¿El área de la bandera es mayor o menor que el área de tu escritorio?

____

Fecha ____________________ Hora ____________________

LECCIÓN 8•8 Récords de carreras atléticas en la Luna y los planetas

Toda luna y planeta de nuestro sistema solar atrae objetos con una fuerza llamada **gravedad.**

En unos juegos olímpicos recientes, el salto alto ganador fue de 7 pies 8 pulgadas, o sea, $7\frac{2}{3}$ pies. El salto de pértiga ganador fue de 19 pies. Imagina que las Olimpiadas tuvieran lugar en la luna de la Tierra o en Júpiter, Marte o Venus. ¿Qué altura podríamos esperar que tuviera un salto alto ganador o un salto de pértiga ganador?

1. En la Luna se podría saltar alrededor de 6 veces más alto que en la Tierra. ¿Cuál sería la altura del salto . . .

alto ganador? Alrededor de __46__ pies

de pértiga ganador? Alrededor de __114__ pies

2. En Júpiter se podría saltar alrededor de $\frac{3}{8}$ de lo que se puede saltar en la Tierra. ¿Cuál sería la altura del salto . . .

alto ganador? Alrededor de ____________ pies

de pértiga ganador? Alrededor de ____________ pies

3. En Marte se podría saltar alrededor de $2\frac{2}{3}$ de veces más alto que en la Tierra. ¿Cuál sería la altura del salto . . .

alto ganador? Alrededor de ____________ pies

de pértiga ganador? Alrededor de ____________ pies

4. En Venus se podría saltar alrededor de $1\frac{1}{7}$ de veces más alto que en la Tierra. ¿Cuál sería la altura del salto . . .

alto ganador? Alrededor de ____________ pies

de pértiga ganador? Alrededor de ____________ pies

5. La fuerza de gravedad de Júpiter, ¿es más fuerte o más débil que la de la Tierra? Explica tu razonamiento.

____

____

____

Inténtalo

6. La altura ganadora del salto de pértiga mencionado se redondeó al número entero más cercano. La altura ganadora real fue de 19 pies y $\frac{1}{4}$ de pulgada. Si usaras esta medida, ¿alrededor de qué altura tendría el salto ganador . . .

en la Luna? ____________ en Júpiter? ____________

en Marte? ____________ en Venus? ____________

Fecha Hora

LECCIÓN 8·8

Hallar fracciones de un número

Una manera de hallar la fracción de un número es usar una **fracción integrante.** Una fracción integrante es una fracción con 1 en el numerador. También puedes usar un diagrama como ayuda para entender el problema.

Ejemplo: ¿Cuánto es $\frac{7}{8}$ de 32?

$\frac{1}{8}$ de 32 es 4. Entonces, $\frac{7}{8}$ de 32 es $7 * 4 = 28$.

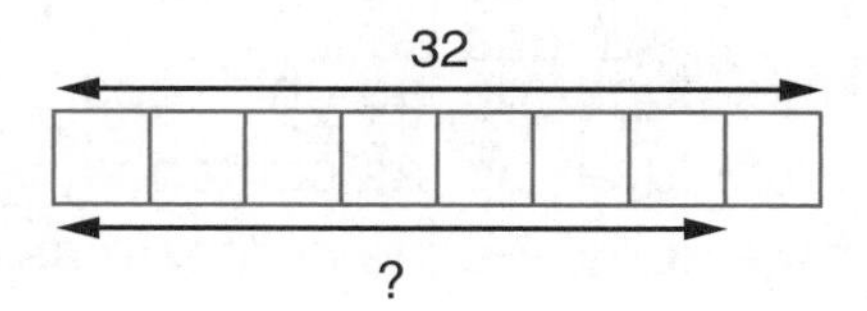

Resuelve.

1. $\frac{1}{5}$ de 75 = ________
2. $\frac{2}{5}$ de 75 = ________
3. $\frac{4}{5}$ de 75 = ________
4. $\frac{1}{8}$ de 120 = ________
5. $\frac{3}{8}$ de 120 = ________
6. $\frac{5}{8}$ de 120 = ________

Resuelve los Problemas 7 a 18. Son de un libro de matemáticas que se publicó en 1904.

Primero piensa en $\frac{1}{3}$ de cada uno de estos números y luego escribe cuánto es $\frac{2}{3}$ de cada uno.

7. 9 ________
8. 6 ________
9. 12 ________
10. 3 ________
11. 21 ________
12. 30 ________

Primero piensa en $\frac{1}{4}$ de cada uno de estos números y luego escribe cuánto es $\frac{3}{4}$ de cada uno.

13. 32 ________
14. 40 ________
15. 12 ________
16. 24 ________
17. 20 ________
18. 28 ________

19. Lydia tiene memorizadas 7 páginas de una canción de 12 páginas.
    ¿Ha memorizado más de $\frac{2}{3}$ de la canción? ________

20. Un CD que normalmente se vende a $15 está en oferta con una rebaja de $\frac{1}{3}$.
    ¿Cuál es el precio de oferta? ________

21. Christine compró un abrigo con una rebaja de $\frac{1}{4}$ del precio normal. Ahorró $20. ¿Cuánto pagó por el abrigo? ________

22. Seri compró 12 aguacates en oferta por $8.28. ¿Cuál es el precio por unidad, el costo de 1 aguacate? ________

Fecha Hora

LECCIÓN 8•8

Cajas matemáticas

1. a. Escribe un número de 7 dígitos que tenga

5 en el lugar de las decenas de millar,
6 en el lugar de las decenas,
9 en el lugar de las unidades,
7 en el lugar de las centenas,
3 en el lugar de las centésimas y
2 en todos los demás lugares. ______________________

b. Escribe este número en notación desarrollada.

____

2. Escribe 3 fracciones equivalentes para cada número.

a. $\frac{2}{7}$ ______________________

b. $\frac{3}{5}$ ______________________

c. $\frac{5}{8}$ ______________________

d. $\frac{20}{30}$ ______________________

e. $\frac{25}{50}$ ______________________

3. Ellen tocó la guitarra durante $2\frac{1}{3}$ horas el sábado y durante $1\frac{1}{4}$ horas el domingo. ¿Cuánto tiempo más tocó el sábado?

Modelo numérico: ______________________

Respuesta: ______________________

4. Completa.

a. $\frac{8}{20} = \frac{\square}{5}$

b. $\frac{4}{50} = \frac{\square}{25}$

c. $\frac{6}{20} = \frac{3}{\square}$

d. $\frac{2}{18} = \frac{1}{\square}$

5. Usa tu Plantilla de geometría para dibujar un triángulo escaleno.

¿En qué difiere el triángulo escaleno de otros triángulos de la Plantilla de geometría?

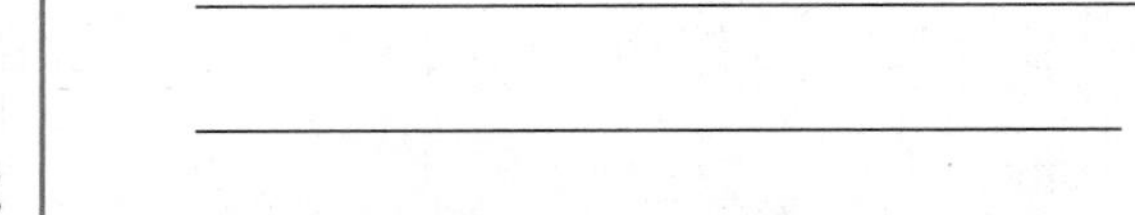

____

____

LECCIÓN 8•9

Hallar el porcentaje de un número

1. El equipo de baloncesto de varones de la Escuela Madison jugó 5 partidos. La tabla de la derecha muestra el número de tiros que hizo cada jugador y el porcentaje de los tiros que fueron canastas. Estudia el ejemplo. Luego, calcula el número de canastas que hizo cada jugador.

Ejemplo:

Bill hizo 15 tiros.
40% de ellos fueron canastas.

$40\% = \frac{40}{100}$ ó $\frac{4}{10}$

$\frac{4}{10}$ de $15 = \frac{4}{10} * \frac{15}{1} = \frac{4 * 15}{10 * 1} = \frac{60}{10} = 6$

Bill hizo 6 canastas.

Jugador	Tiros hechos	Porcentaje encestado	Canastas
Bill	15	40%	6
Amit	40	30% (.3)	12
Josh	25	60% (.6)	15
Kevin	8	75% (.75)	6
Mike	60	25% (.25)	15
Zheng	44	25% (.25)	11
André	50	10% (.1)	5
David	25	20% (.2)	5
Bob	18	50% (.5)	9
Lars	15	20% (.2)	3
Justin	28	25% (.25)	7

2. Tomando en cuenta la capacidad de tirar, ¿a qué cinco jugadores elegirías para formar la alineación inicial para el próximo juego de baloncesto?

Yo elegiría a, Amit, Josh, Mike, Zheng, Bob.

Explica tus elecciones.

Yo escogí estos jugadores porque son los que echan más canastas.

3. ¿A qué jugador(es) alentarías para que hicieran tiros más frecuentemente?

________ ¿Por qué? ________

4. ¿A qué jugador(es) alentarías para que pasaran más seguido?

________ ¿Por qué? ________

Fecha Hora

LECCIÓN **8•9**

Calcular un descuento

Ejemplo: El precio de lista de una tostadora es $45. La tostadora se vende con un 12% de descuento (12% menos del precio de lista). ¿Cuánto es el ahorro? (***Recordatorio:*** 12% = $\frac{12}{100}$ = 0.12)

Papel y lápiz:

$$12\% \text{ de } \$45 = \frac{12}{100} * 45 = \frac{12}{100} * \frac{45}{1}$$

$$= \frac{12 * 45}{100 * 1} = \frac{540}{100}$$

$$= \$5.40$$

Calculadora A: Marca 0.12 [×] 45 [Enter] e interpreta la respuesta de 5.4 como $5.40.

Calculadora B: Marca 0.12 [×] 45 [=] e interpreta la respuesta de 5.4 como $5.40.

Primero, usa tu sentido de porcentaje para estimar el descuento en cada artículo de la siguiente tabla. El **descuento** es la cantidad en que se reduce el precio de lista de un artículo. Es la cantidad que el cliente ahorra.

Luego, usa la calculadora o papel y lápiz para calcular el descuento. (Si hace falta, redondea al centavo más cercano.)

Artículo	Precio de lista	Porcentaje del descuento	Descuento estimado	Descuento calculado
radio reloj	$33.00	20%	$6.60	$6.60
calculadora	$60.00	7%	$4.20	
suéter	$20.00	42%		
tienda de campaña	$180.00	30%		
bicicleta	$200.00	17%		
computadora	$980.00	25%		
esquís	$325.00	18%		
CD doble	$29.99	15%		
chaqueta	$110.00	55%		

Fecha Hora

LECCIÓN 8•9 Cajas matemáticas

1. Da otro nombre a cada fracción como número mixto o número entero.

a. $\frac{79}{8}$ = ____________

b. $\frac{45}{9}$ = ____________

c. $\frac{111}{3}$ = ____________

d. $\frac{126}{6}$ = ____________

e. $\frac{108}{5}$ = ____________

2. Halla el área del rectángulo.

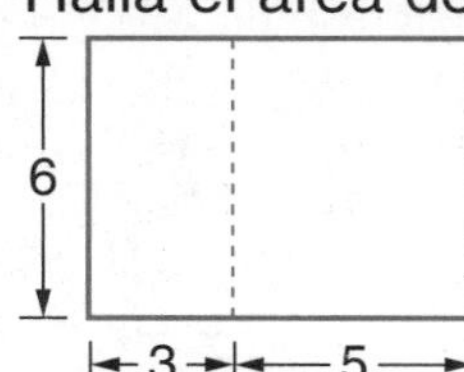

Modelo numérico: ____________

____

____

Respuesta: ____________

3. Sam tiene 8 libras de avena. Una taza de avena equivale a alrededor de $\frac{1}{2}$ libra. ¿Cuántas tazas de avena tiene Sam?

____

4. Julie gana $4.00 por semana lavando los platos. Le paga a su hermana Amy $0.75 cada vez que Amy lava los platos por ella. ¿Es un precio justo? Explica.

____

____

____

____

5. a. Traza los siguientes puntos en la cuadrícula: (4,2); (2,4); (2,7); (6,7)

b. Conecta los puntos con segmentos de recta en el orden que se da arriba. Luego, conecta (6,7) y (4,2). ¿Qué figura has trazado?

____

____

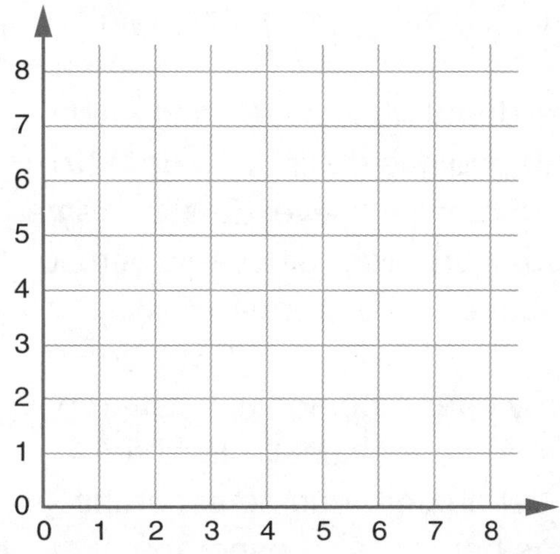

LECCIÓN 8•10

Fracciones integrantes y porcentajes unitarios

Mensaje matemático

1.

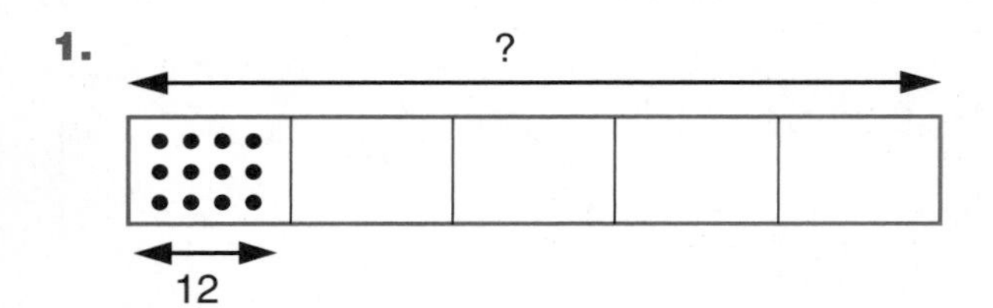

Si 12 fichas son $\frac{1}{5}$ de un conjunto, ¿cuántas fichas hay en el conjunto? ________ fichas

2. Si 15 fichas son $\frac{1}{7}$ de un conjunto, ¿cuántas fichas hay en el conjunto? ________ fichas

3. Completa el diagrama del Problema 1 para mostrar tu respuesta.

4. Si 31 páginas son $\frac{1}{8}$ de un libro, ¿cuántas páginas hay en el libro?

Modelo numérico: ________________

Respuesta: ________ páginas

5. Si 13 canicas son el 1% de las canicas que hay en un frasco, ¿cuántas canicas hay en el frasco?

Modelo numérico: ________________

Respuesta: ________ canicas

6. Si $5.43 es el 1% del precio de un televisor, ¿cuánto cuesta el televisor?

Modelo numérico: ________________

Respuesta: ________ dólares

7. Si 84 fichas son el 10% de un conjunto, ¿cuántas fichas hay en el conjunto?

Modelo numérico: ________________

Respuesta: ________ fichas

8. Después de 80 minutos, Dorothy había leído 120 páginas de un libro de 300 páginas. Si continúa leyendo a la misma velocidad, ¿alrededor de cuánto tiempo le tomará leer el libro entero?

Modelo numérico: ________________

Respuesta: ________ min

9. Ochenta y cuatro personas asistieron al concierto de la escuela. Esto fue el 70% del número que se esperaba. ¿Cuántas personas se esperaba que asistieran?

Modelo numérico: ________________

Respuesta: ________ personas

Fecha Hora

LECCIÓN 8•10

Usar unidades para hallar el entero

1. Hay seis frascos llenos de galletas. No se sabe el número de galletas que hay en cada uno. Para cada pista que se da a continuación, halla el número de galletas en el frasco.

Pista	Número de galletas en el frasco
a. $\frac{1}{2}$ frasco contiene 31 galletas.	
b. $\frac{3}{5}$ de frasco contiene 36 galletas.	
c. $\frac{2}{8}$ de frasco contiene 10 galletas.	
d. $\frac{3}{8}$ de frasco contiene 21 galletas.	
e. $\frac{4}{7}$ de frasco contiene 64 galletas.	
f. $\frac{3}{11}$ de frasco contiene 45 galletas.	

2. Usa tu sentido de porcentaje para estimar el precio de lista de cada artículo. Luego, calcula el precio de lista.

Precio de oferta	Porcentaje del precio de lista	Precio de lista estimado	Precio de lista calculado
$120.00	60%	$180.00	$200.00
$100.00	50%		
$255.00	85%		
$450.00	90%		

3. Usa la regla dada para completar la tabla.

Regla

sale = 25% de entra

entra	sale
44	
	25
64	
	31
304	
116	

4. Halla la regla. Luego, completa la tabla.

Regla

sale = ____% de entra

entra	sale
100	40
45	18
60	24
	32
	16
125	

LECCIÓN 8•10

Usar unidades para hallar el entero, *cont.*

5. Alan camina a la casa de un amigo. Cubrió $\frac{6}{10}$ de la distancia en 48 minutos. Si continúa a la misma velocidad, ¿cuánto tiempo tardará en hacer el recorrido entero? ______________

6. ¿27 es $\frac{3}{4}$ de qué número? ______________

7. ¿$\frac{3}{8}$ es $\frac{3}{4}$ de qué número? ______________

8. ¿16 es el 25% de qué número? ______________

9. ¿40 es el 80% de qué número? ______________

Los siguientes problemas son de un libro de aritmética publicado en 1906. Resuelve los problemas.

10. Si el minero de carbón promedio trabaja $\frac{2}{3}$ de un mes de 30 días, ¿cuántos días al mes trabaja? ______________ días

11. Una receta de *fudge* lleva $\frac{1}{4}$ de un pastel de chocolate. Si un pastel cuesta 20¢, halla el costo del pastel de chocolate que se necesita para la receta. ______________ ¢

12. Un cartero tardaba 6 horas en recolectar el correo con una carreta y un caballo; lo mismo se hizo en carro en $\frac{5}{12}$ de ese tiempo. ¿Cuánto tardó el carro? ______________ horas

13. ¿Cuántos corchos al día hace una máquina en España de la corteza del árbol de corcho, si hace $\frac{1}{3}$ de una bolsa de 15,000 corchos en ese tiempo? ______________ corchos

Fuente: *Milne's Progressive Arithmetic*

14. Alice cocinó una tanda de galletas. 24 galletas son el 40% de la tanda entera. Completa la siguiente tabla con el número de galletas correspondiente a cada porcentaje.

%	10%	20%	30%	40%	50%	60%	70%	80%	90%	100%
Galletas				24						

15. Explica cómo hallaste el 100% o el número total de galletas que Alice horneó.

____

____

____

____

Fecha Hora

LECCIÓN 8•10

Cajas matemáticas

1. Resuelve los siguientes problemas.

a. Si hay 6 fichas en $\frac{1}{2}$ de un conjunto, ¿cuántas hay en el conjunto entero?

_______ fichas

b. Si hay 9 fichas en $\frac{3}{4}$ de un conjunto, ¿cuántas hay en el conjunto entero?

_______ fichas

c. Si hay 15 fichas en el conjunto entero, ¿cuántas hay en $\frac{2}{3}$ del conjunto?

_______ fichas

LCE 74 75

2. Completa la tabla.

Fracción	Decimal	Porcentaje
$\frac{3}{5}$		
		5%
	0.70	
$\frac{1}{3}$		
	0.625	

3. Suma.

a. $3\frac{1}{8} + 2\frac{1}{4} =$ _______

b. _______ $= 5\frac{3}{5} + 4\frac{3}{5}$

c. _______ $= 1\frac{7}{8} + 2\frac{1}{2}$

d. _______ $= \frac{8}{10} + 3\frac{5}{4}$

e. _______ $= \frac{7}{8} + \frac{1}{5}$

4. Grace corrió 40 m en 8 segundos. A esa velocidad, ¿cuánto corrió en 1 segundo?

____

5. Completa.

a. $\frac{1}{2}$ hora = _______ minutos

b. $\frac{2}{6}$ hora = _______ minutos

c. $1\frac{1}{2}$ horas = _______ minutos

d. $3\frac{1}{2}$ días = _______ horas

e. 2 años = _______ semanas

6. Mide el siguiente segmento de recta *IT* a la décima de centímetro más cercana.

I *T*

IT mide alrededor de _______ cm.

LCE 183

LECCIÓN 8•11

Encuesta de la clase

1. ¿Cuántas personas viven en tu casa?

   ◯ 1 a 2 personas ◯ 3 a 5 personas ◯ 6 personas o más

2. ¿Qué idioma hablas en casa?

   ◯ inglés ◯ español ◯ otros: ____________________

3. ¿Eres diestro o zurdo?

   ◯ diestro ◯ zurdo

4. ¿Cuánto tiempo has vivido en tu dirección actual? (Redondea al año más cercano.)

   ____________________ años

5. Elige una de las preguntas anteriores. Di por qué alguien que no conoces podría estar interesado en tu respuesta a la pregunta elegida.

   ____

   ____

   ____

   ____

   ____

---

6. El quince por ciento de los 20 estudiantes de la clase de la señora Swanson eran zurdos. ¿Cuántos estudiantes eran zurdos? ________ estudiantes

7. Alrededor del 85% de los 600 estudiantes de la Escuela Emerson habla inglés en su casa. El 10% habla español y el 5% habla otros idiomas. ¿Alrededor de cuántos estudiantes hablan cada uno de estos idiomas en su casa?

   Inglés: ________ estudiantes

   Español: ________ estudiantes

   Otros: ________ estudiantes

8. El gobierno informó que el 5% de 148,000,000 de trabajadores no tenía trabajo. ¿Cuántos trabajadores estaban desempleados? ______________ trabajadores

LECCIÓN 8•11

Poblaciones rurales y urbanas

El Censo de EE.UU. clasifica el lugar donde vive la gente de acuerdo con la siguiente regla: Las áreas **rurales** son comunidades con menos de 2,500 personas. Las áreas **urbanas** son comunidades con 2,500 personas o más.

1. De acuerdo con la definición del Censo, ¿vives en un área rural o urbana?

   ____

   ¿Cómo lo decidiste? ______________________________

   ____

   ____

   ____

   Hoy en día, más de tres de cada cuatro habitantes de EE.UU. viven en áreas que el Censo define como urbanas. Esto no siempre fue así. Cuando EE.UU. se formó, era una nación rural.

   Trabaja con tus compañeros y compañeras de clase y usa la información de las páginas 350, 351 y 376 del *Libro de consulta del estudiante* para examinar la transformación de EE.UU. de una nación rural en una nación urbana.

2. Mi grupo tiene que estimar el número de personas que vivían en áreas

   ______________ en ______________.
   (rurales o urbanas) (1790, 1850, 1900 ó 2000)

3. La población total de EE.UU. en ______________ era de ______________.
   (1790, 1850, 1900 ó 2000)

4. Estimación: El número de personas que vivían en áreas ______________ en
   (rurales o urbanas)

   ______________ era de alrededor de ______________________________.
   (1790, 1850, 1900 ó 2000)

   Asegúrate de que tu respuesta esté redondeada a los 100,000 más cercanos.

5. Nuestra estrategia de estimación fue ______________________________

   ____

   ____

   ______________________________.

Poblaciones rurales y urbanas, *cont.*

6. Usa las estimaciones de los grupos de tu clase para completar la siguiente tabla.

Poblaciones rurales y urbanas estimadas, 1790 a 2000

Año	Población rural estimada	Población urbana estimada
1790		
1850		
1900		
2000		

7. ¿Es correcto decir que durante más de la mitad de la historia de nuestra nación, la **mayoría** de la población vivió en áreas rurales?

Explica tu respuesta.

Vocabulario

mayoría significa *más de la mitad de un conteo*

____

____

____

____

8. ¿Alrededor de cuántas veces más grande era la población rural en 2000 que en 1790?

____

9. ¿Alrededor de cuántas veces más grande era la población urbana en 2000 que en 1790?

____

10. ¿En qué década piensas que la población urbana se volvió más grande que la población rural?

____

____

LECCIÓN 8•11

Cajas matemáticas

1. Da otro nombre a cada fracción como número mixto o número entero.

a. $\frac{36}{8} =$ ________

b. $\frac{36}{7} =$ ________

c. $\frac{99}{13} =$ ________

d. $\frac{13}{7} =$ ________

e. $\frac{18}{6} =$ ________

2. Halla el área del rectángulo.

Modelo numérico: ________________

____

____

Respuesta: ________________

3. Rico pedirá 12 pizzas. ¿A cuántas personas les puede servir pizza si cada una come $\frac{1}{4}$ de pizza?

____

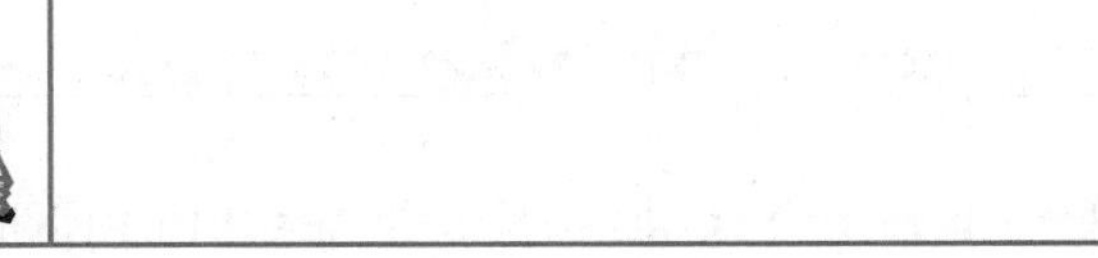

4. Fran tiene $6.48. Compra una hamburguesa por $2.83. ¿Cuánto dinero le queda?

____

Modelo numérico: ________________

Explica tu respuesta.

____

____

____

5. Traza los siguientes puntos en la cuadrícula:

(0,1); (1,3); (4,3); (5,1)

Conecta los puntos con segmentos de recta en el orden dado. Luego, conecta (5,1) y (0,1). ¿Qué figura has trazado?

____

____

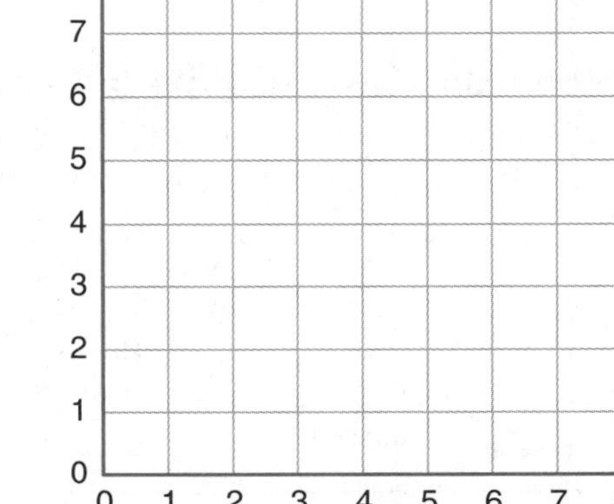

LECCIÓN 8•12

División

Mensaje matemático

1. ¿Cuántas cajas de 2 libras de caramelos se pueden hacer con 10 libras de caramelos?

   _______ cajas

2. ¿Cuántas cajas de $\frac{1}{2}$ libra de caramelos se pueden hacer con 6 libras de caramelos?

   _______ cajas

3. Sam tiene 5 libras de dulce de cacahuates. Quiere empacarlas en paquetes de $\frac{3}{4}$ de libra.

   ¿Cuántos paquetes completos podrá hacer? _______ paquetes completos

   ¿Sobrará algo del dulce de cacahuates? _______ ¿Cuánto? _______ libra

4. 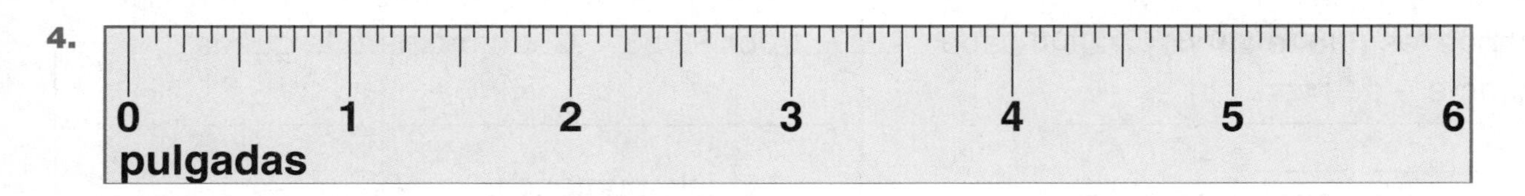

   a. ¿Cuántos segmentos de recta de 2 pulgadas hay en 6 pulgadas? _______ segmentos

   b. ¿Cuántos segmentos de recta de $\frac{1}{2}$ pulgada hay en 6 pulgadas? _______ segmentos

   c. ¿Cuántos segmentos de recta de $\frac{1}{8}$ de pulgada hay en $\frac{3}{4}$ de pulgada? _______ segmentos

División con denominador común

Un método para dividir fracciones usa denominadores comunes:

Paso 1 Da otro nombre a las fracciones usando un denominador común.
Paso 2 Divide los numeradores.

Este método también se puede usar para números enteros o mixtos divididos entre fracciones.

Ejemplos:

$3 \div \frac{3}{4} = ?$ $3 \div \frac{3}{4} = \frac{12}{4} \div \frac{3}{4}$ $= 12 \div 3 = 4$	$\frac{1}{3} \div \frac{1}{6} = ?$ $\frac{1}{3} \div \frac{1}{6} = \frac{2}{6} \div \frac{1}{6}$ $= 2 \div 1 = 2$	$3\frac{3}{5} \div \frac{3}{5} = \frac{18}{5} \div \frac{3}{5}$ $= 18 \div 3 = 6$

LECCIÓN 8•12

División con denominador común, *cont.*

Resuelve.

1. $4 \div \frac{4}{5} =$ ______

2. $\frac{5}{6} \div \frac{1}{18} =$ ______

3. $3\frac{1}{3} \div \frac{5}{6} =$ ______

4. $6\frac{3}{5} \div 2\frac{2}{10} =$ ______

5. $2 \div \frac{2}{5} =$ ______

6. $2 \div \frac{2}{3} =$ ______

7. $6 \div \frac{3}{5} =$ ______

8. $\frac{1}{2} \div \frac{1}{8} =$ ______

9. $\frac{3}{5} \div \frac{1}{10} =$ ______

10. $\frac{6}{5} \div \frac{3}{10} =$ ______

11. $1\frac{1}{2} \div \frac{3}{4} =$ ______

12. $4\frac{1}{5} \div \frac{3}{5} =$ ______

13. Explica cómo resolviste el Problema 12. ______________________________

____

____

____

____

14. Chase está haciendo paquetes de galletas de $\frac{1}{2}$ libra. Tiene 10 libras de galletas.

    ¿Cuántos paquetes puede hacer? ______ paquetes

15. Regina está cortando hilo para hacer pulseras. Tiene 15 pies de hilo y necesita $1\frac{1}{2}$ pies para cada pulsera. ¿Cuántas pulseras puede hacer?

    ______ pulseras

16. Eric está planeando una fiesta de pizza. Tiene 3 pizzas grandes. Él calcula que cada persona comerá $\frac{3}{8}$ de una pizza. ¿Cuántas personas podrán asistir a la fiesta, contándolo a él?

    ______ personas

Fecha Hora

LECCIÓN 8•12

Cajas matemáticas

1. Halla el conjunto entero.

a. 10 es $\frac{1}{5}$ del conjunto. ________

b. 12 es $\frac{3}{4}$ del conjunto. ________

c. 8 es $\frac{2}{7}$ del conjunto. ________

d. 15 es $\frac{5}{8}$ del conjunto. ________

e. 9 es $\frac{3}{5}$ del conjunto. ________

LCE 74 75

2. Completa la tabla.

Fracción	Decimal	Porcentaje
$\frac{4}{5}$		
	0.125	
$\frac{11}{20}$		
		$66\frac{2}{3}\%$
	0.857	

3. Suma.

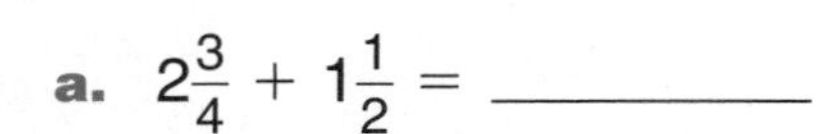

a. $2\frac{3}{4} + 1\frac{1}{2} =$ ________

b. ________ $= \frac{3}{8} + \frac{5}{6}$

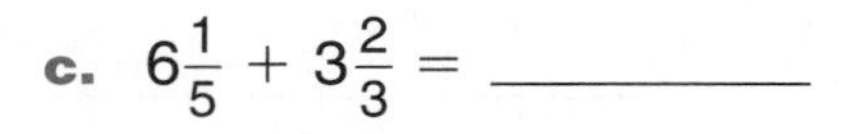

c. $6\frac{1}{5} + 3\frac{2}{3} =$ ________

d. ________ $= 5\frac{1}{8} + \frac{14}{8}$

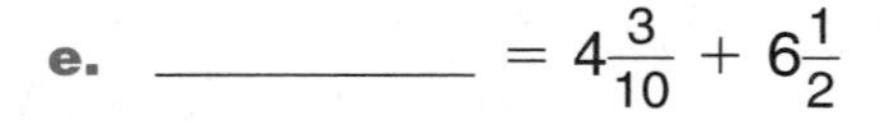

e. ________ $= 4\frac{3}{10} + 6\frac{1}{2}$

4. Una trabajadora puede llenar 145 cajas de galletas en 15 minutos. A ese ritmo, ¿cuántas puede llenar en una hora?

____

5. Escribe una fracción o un número mixto para cada uno de los siguientes espacios en blanco:

a. 15 minutos = ________ hora

b. 40 minutos = ________ hora

c. 45 minutos = ________ hora

d. 25 minutos = ________ hora

e. 12 minutos = ________ hora

6. Mide el siguiente segmento de recta al $\frac{1}{4}$ de pulgada más cercano.

________ pulg

LCE 183

LECCIÓN 8•13 Cajas matemáticas

1. Halla el área del rectángulo.

Área = $b * h$

5 yd

8 yd

Área: ____________

2. Dibuja un cuadrángulo con dos pares de lados paralelos.

¿Qué tipo de cuadrángulo es?

____

3. Mide las dimensiones de tu calculadora al $\frac{1}{4}$ de pulgada más cercano. Anota tus medidas en el dibujo de abajo.

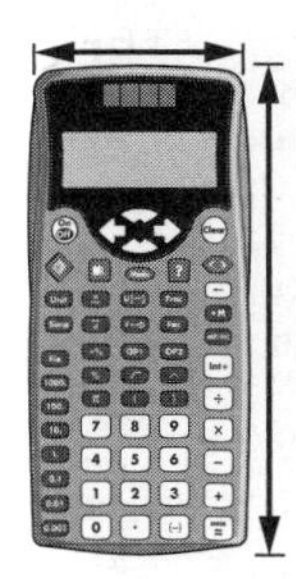

4. Se usó una máquina copiadora para copiar el trapecio *ABCD*.
¿Son congruentes los trapecios? ________

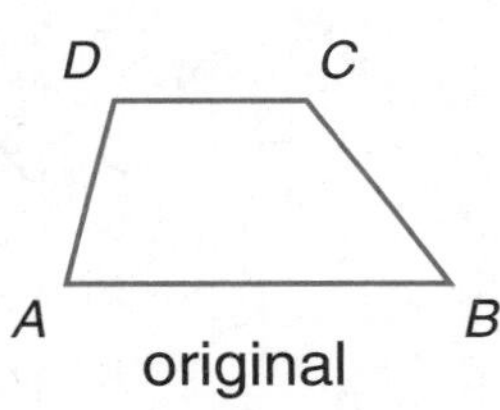

original

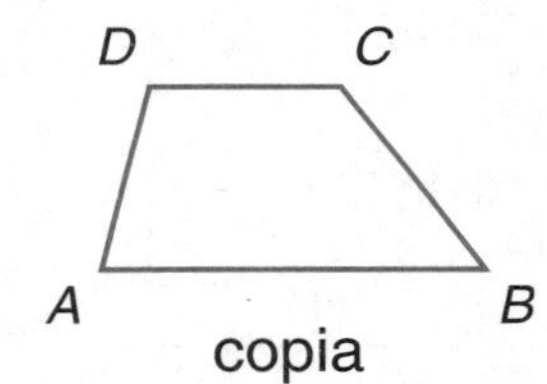

copia

Explica. ____________

____

____

____

5. a. Traza los siguientes puntos en la cuadrícula:
(2,5); (4,7); (6,5); (4,1)

b. Conecta los puntos con segmentos de recta en el orden dado anteriormente. Luego, conecta (4,1) y (2,5). ¿Qué figura has trazado?

____

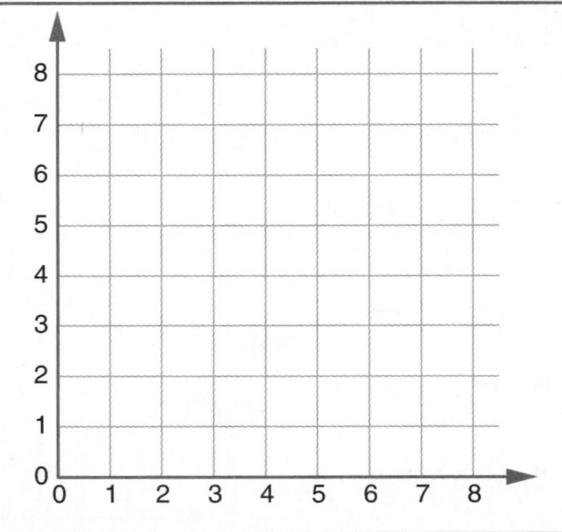

LECCIÓN 9•1

Trazar una tortuga

Los puntos en una cuadrícula de coordenadas se nombran con pares ordenados de números. El primer número en un par ordenado de números ubica el punto sobre el eje horizontal. El segundo número ubica el punto sobre el eje vertical. Para marcar un punto en una cuadrícula de coordenadas, primero hay que ir hacia la derecha o la izquierda en el eje horizontal y luego, a partir de allí, hacia arriba o hacia abajo.

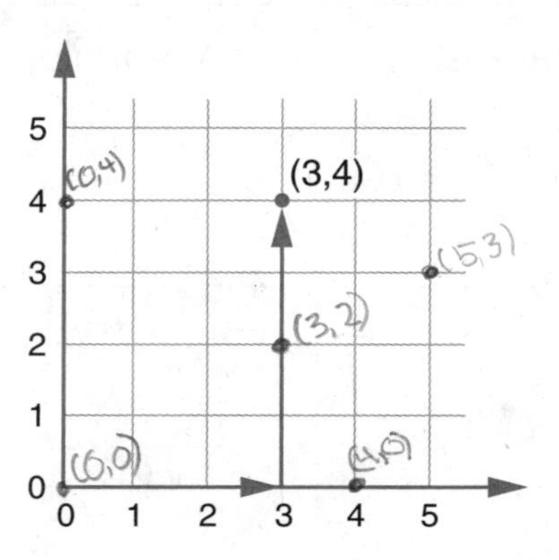

Traza un bosquejo de la tortuga en la siguiente gráfica. Empieza con la nariz, en el punto (8,12).

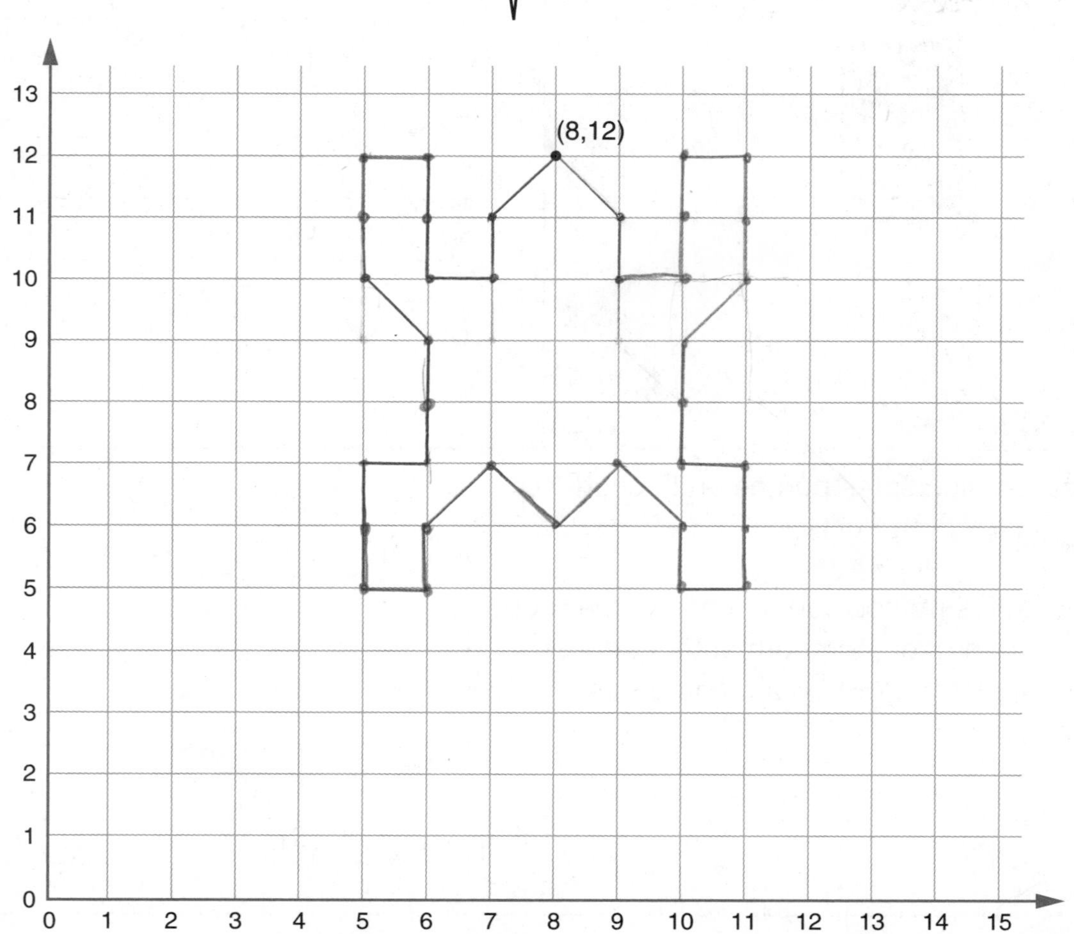

Fecha Hora

LECCIÓN 9•1 Tableros de *Tesoro escondido* 1

Cada jugador usa las cuadrículas 1 y 2.

Cuadrícula 1: Esconde tu punto aquí.

Cuadrícula 1

Cuadrícula 2: Adivina el punto del otro jugador aquí.

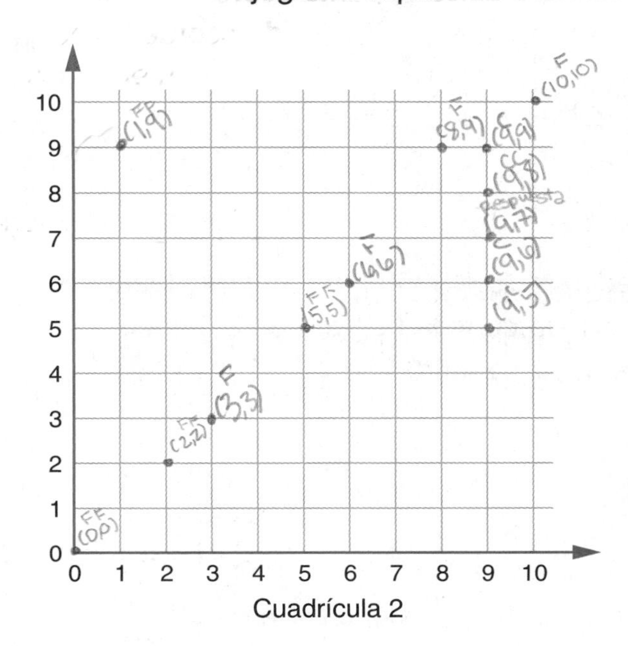

Cuadrícula 2

Usa este conjunto de cuadrículas para jugar de nuevo.

Cuadrícula 1: Esconde tu punto aquí.

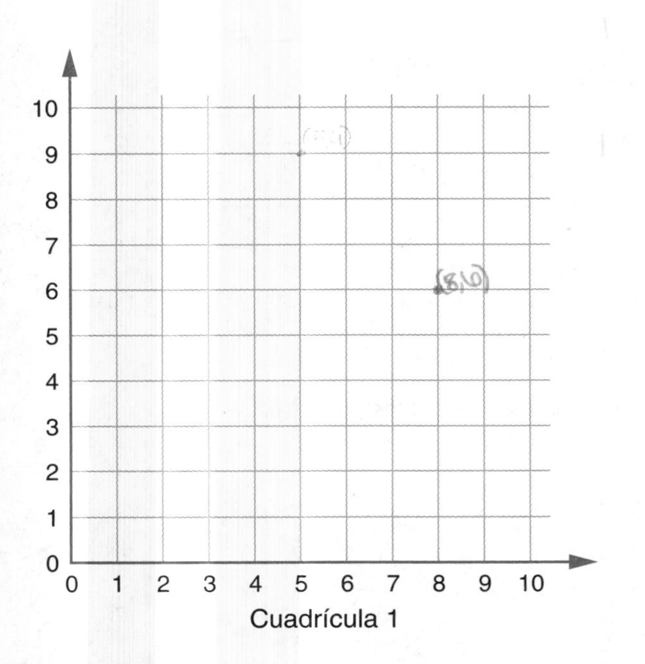

Cuadrícula 1

Cuadrícula 2: Adivina el punto del otro jugador aquí.

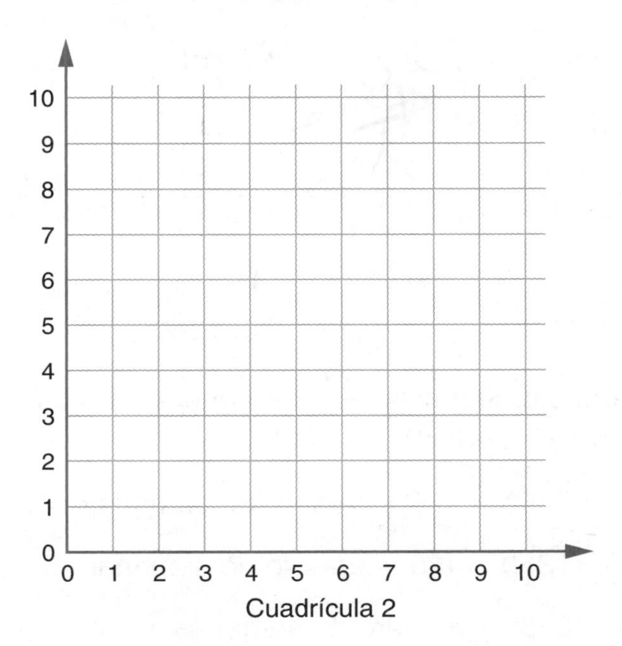

Cuadrícula 2

Fecha Hora

LECCIÓN 9•1

Unir gráficas a historias de números

1. Traza una línea para unir cada gráfica con la historia de números que mejor le corresponda.

a. 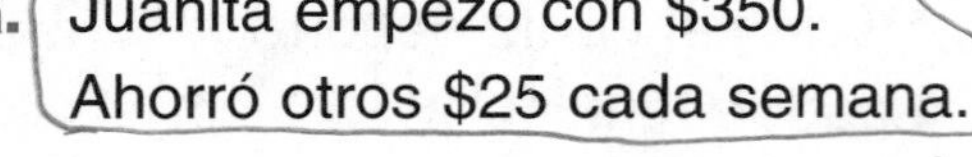
Juanita empezó con $350.
Ahorró otros $25 cada semana.

b. Meredith recibió $350 para su cumpleaños.
Depositó la cantidad entera en el banco.
Cada semana retiró $50.

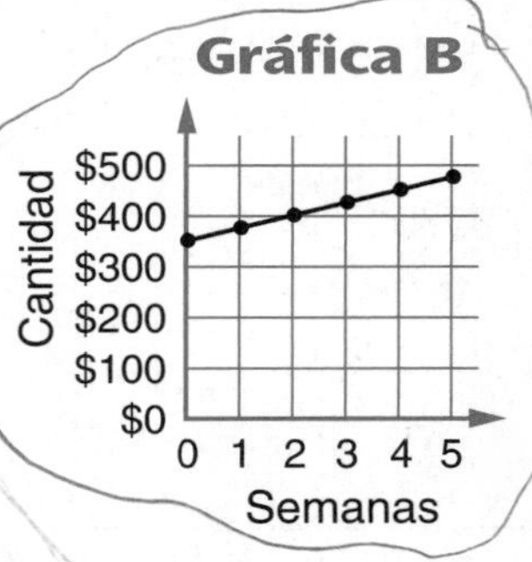

c. Julian abrió una nueva cuenta de ahorros con $50. Después de abrir la cuenta, depositó $75 cada semana.

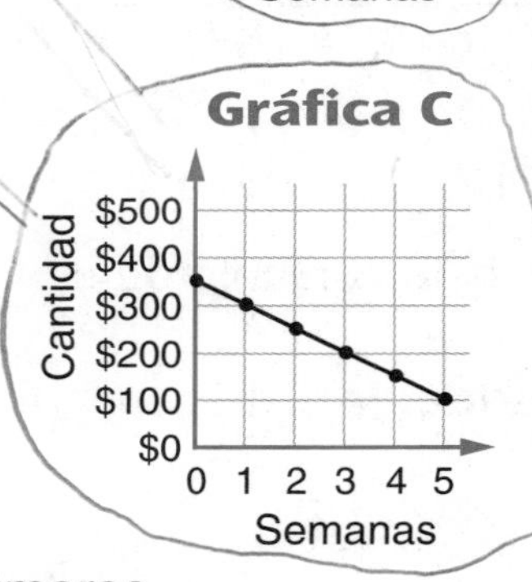

2. Explica cómo decidiste qué gráfica corresponde a cada historia de números.

Primero vi el número más chiquito

3. Encierra en un círculo la regla que mejor se ajuste a la historia de números del Problema 1a anterior.

Ahorros = $350 + (25 ∗ número de semanas)

Ahorros = $350 − (25 ∗ número de semanas)

Ahorros = $350 ∗ número de semanas

Fecha Hora

LECCIÓN 9•1

Cajas matemáticas

1. Dibuja un círculo con un radio de 2 centímetros.

¿Cuál es el diámetro del círculo? ________ (unidad)

LCE 153 162

2. Multiplica.

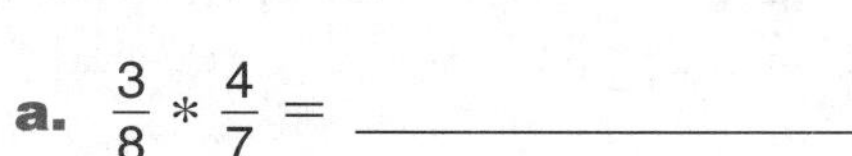

a. $\frac{3}{8} * \frac{4}{7} =$ ______________

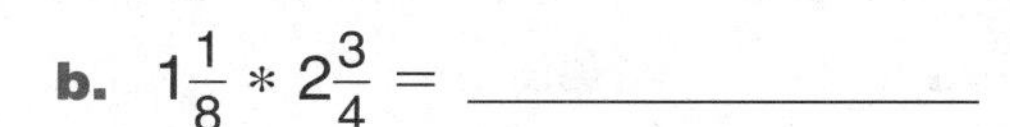

b. $1\frac{1}{8} * 2\frac{3}{4} =$ ______________

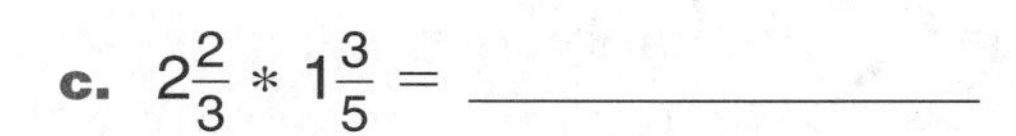

c. $2\frac{2}{3} * 1\frac{3}{5} =$ ______________

d. $2\frac{1}{6} * 3\frac{1}{4} =$ ______________

3. ¿Cuál es el volumen del prisma rectangular? Encierra en un círculo la mejor respuesta.

A 32 unidades^3

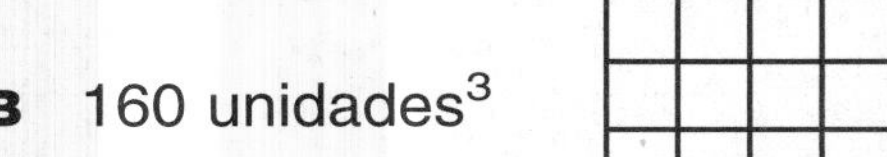

B 160 unidades^3

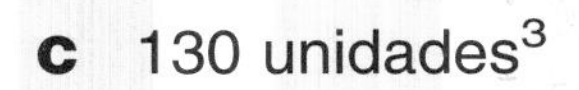

C 130 unidades^3

D 80 unidades^3

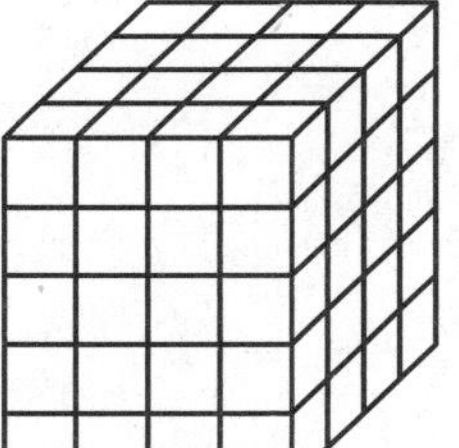

4. Si eligieras un número de la siguiente cuadrícula al azar, ¿cuál es la probabilidad de que fuera un número impar?

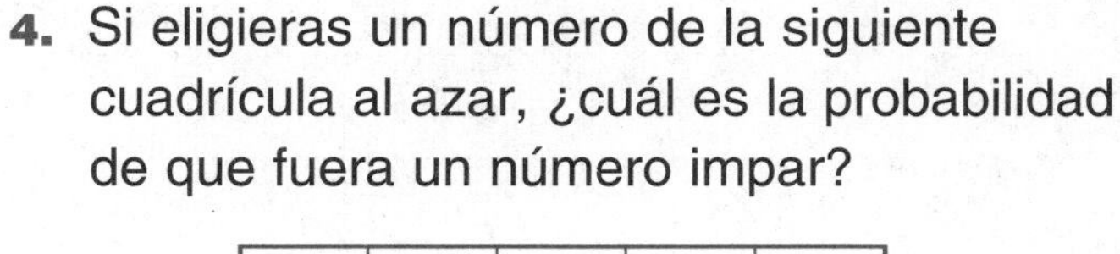

1	2	3	4	5
6	7	8	9	10
11	12	13	14	15

Fracción ______________

Porcentaje ______________

5. Escribe una oración numérica para representar la historia. Luego, resuelve.

Alex gana $8.00 por hora cuando cuida niños. ¿Cuánto gana en $4\frac{1}{2}$ horas?

Oración numérica:

____

Solución: ______________

6. Escribe la descomposición en factores primos de cada número.

a. 38 = ______________________________

b. 92 = ______________________________

c. 56 = ______________________________

d. 72 = ______________________________

e. 125 = ______________________________

Fecha Hora

LECCIÓN 9•2

Gráficas de veleros

1. a. Usa los pares ordenados de números de la columna titulada "Velero original" de la tabla que está a continuación para trazar los pares ordenados de números en la cuadrícula titulada "Velero original" de la siguiente página.

   b. Conecta los puntos en el mismo orden en que los trazaste. Debes ver el bosquejo de un velero.

2. Escribe las coordenadas que faltan en las tres últimas columnas de la tabla. Usa la regla que se da en cada columna para calcular los pares ordenados de números.

Velero original	Nuevo velero 1 Regla: Duplica cada número del par original.	Nuevo velero 2 Regla: Duplica el primer número del par original.	Nuevo velero 3 Regla: Duplica el segundo número del par original.
(8,1)	(16,2)	(16,1)	(8,2)
(5,1)	(10,2)	(10,1)	(5,2)
(5,7)	(10,14)	(10,7)	(5,14)
(1,2)	(2, 4)	(2, 2)	(1, 4)
(5,1)	(10, 2)	(10, 1)	(5, 2)
(0,1)	(0, 2)	(0, 1)	(0, 2)
(2,0)	(4, 0)	(4, 0)	(2, 0)
(7,0)	(14, 0)	(14, 0)	(7, 0)
(8,1)	(16, 2)	(16, 1)	(8, 2)

3. a. Traza los pares ordenados de números para el Nuevo velero 1 en la siguiente página. Conecta los puntos en el mismo orden en que los trazaste.

   b. Luego, traza los pares ordenados de números para el Nuevo velero 2 y conecta los puntos.

   c. Por último, traza los pares ordenados de números para el Nuevo velero 3 y conecta los puntos.

LECCIÓN 9•2

Gráficas de veleros, *cont.*

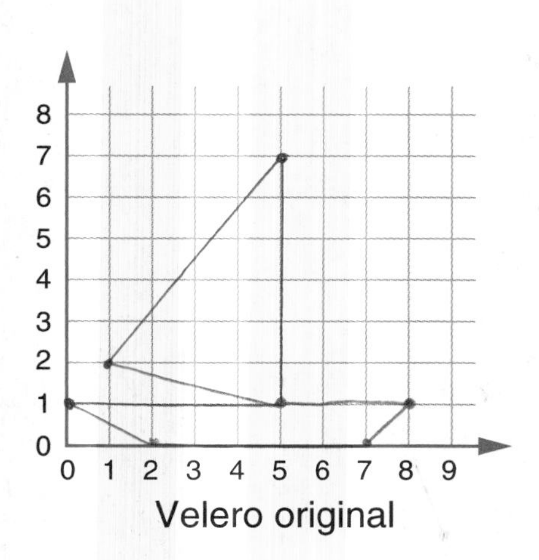

Velero original

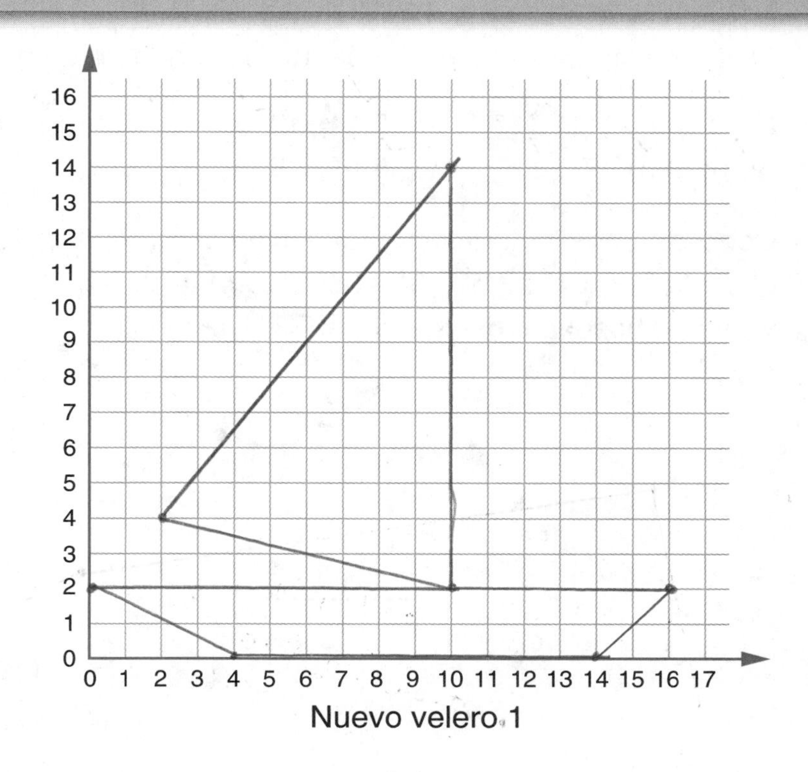

Nuevo velero 1

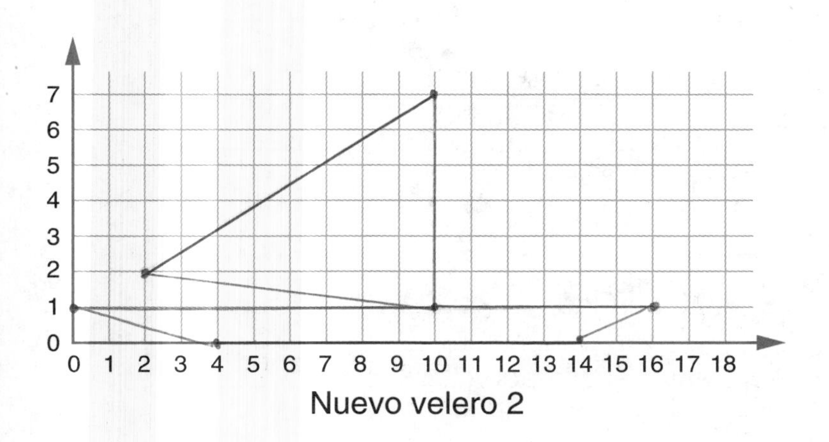

Nuevo velero 2

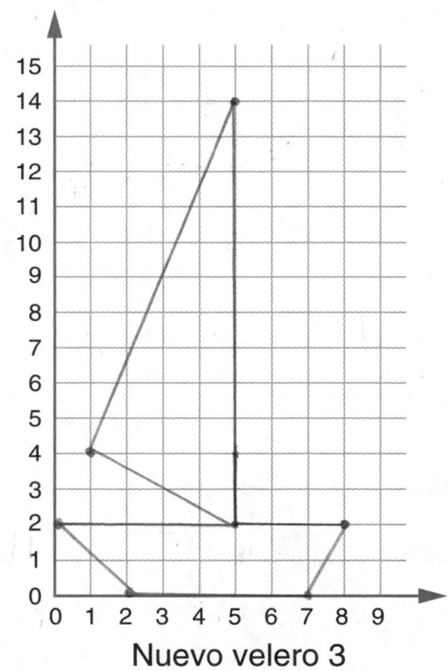

Nuevo velero 3

Fecha Hora

LECCIÓN 9•2

Trazar un mapa

1. a. Traza los siguientes pares ordenados de números en la cuadrícula:

   (21,14); (17,11); (17,13); (15,14); (2,16); (1,11);
   (2,8); (3,6); (7.5,5.5); (11,2.5); (12.5,4)

   b. Conecta todos los puntos en el mismo orden en que los trazaste. También conecta (12.5,4) a (17.5,5) y (21.5,15.5) a (21,14). Cuando hayas terminado, verás un bosquejo del mapa de EE.UU. continental.

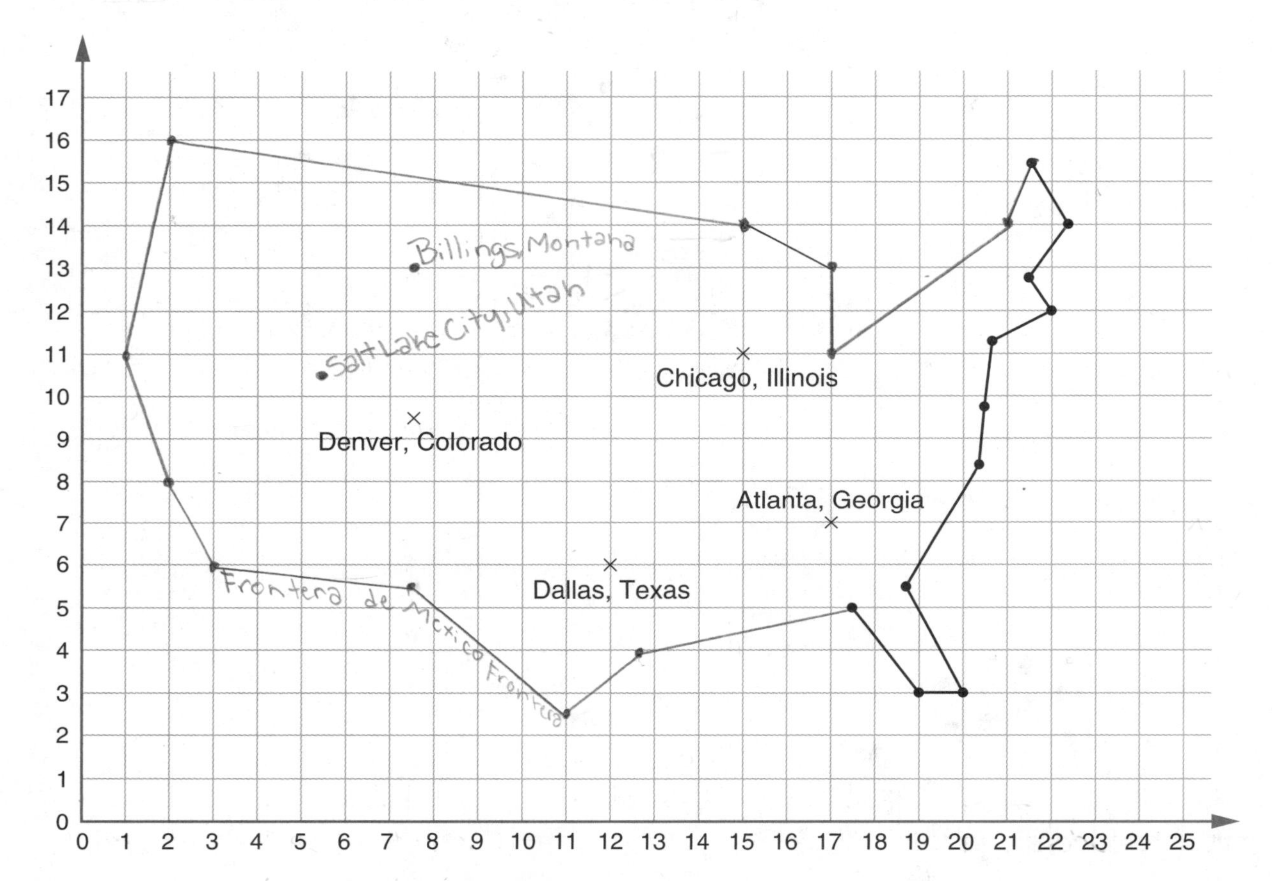

2. Escribe las coordenadas de cada ciudad.

   a. Chicago, Illinois (15, 11)

   b. Atlanta, Georgia (17, 7)

   c. Dallas, Texas (12, 6)

   d. Denver, Colorado (7.5, 9.5)

3. Traza cada ciudad en la cuadrícula y escribe su nombre.

   a. Billings, Montana (7.5,13)

   b. Salt Lake City, Utah (5.5,10.5)

4. La frontera entre EE.UU. y México se muestra con segmentos de recta desde (3,6) a (7.5,5.5) y desde (7.5,5.5) a (11,2.5). Rotula la frontera en la cuadrícula.

Fecha Hora

LECCIÓN 9•2

Cajas matemáticas

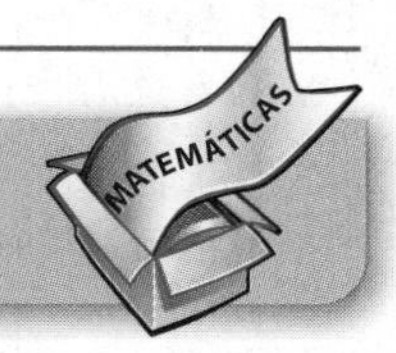

1. Escribe cinco nombres para el número 23.

a. ____________

b. ____________

c. ____________

d. ____________

e. ____________

2. ¿Cuál es el volumen del siguiente cubo? Encierra en un círculo la mejor respuesta.

⊂⊃ 32 $unidades^3$

⊂⊃ 526 $unidades^3$

⊂⊃ 64 $unidades^3$

⊂⊃ 256 $unidades^3$

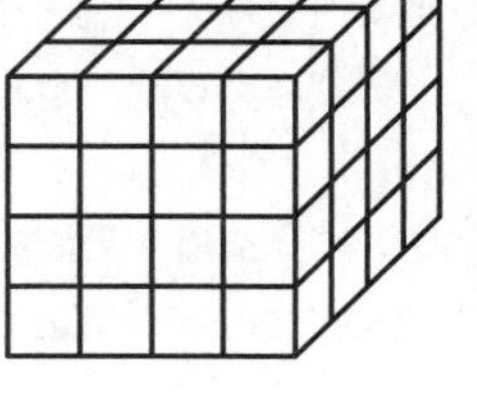

3. Compara. Usa <, > ó =.

a. 3 millones ________ 300 mil

b. 5^4 ________ 4^5

c. 2,000 ________ $2 * 10^3$

d. $9 * 10^3$ ________ 90,000

e. 10^3 ________ 10 mil

4. Resuelve.

a. 75 * 88

b. 425 * 68

c. 759 * 13

d. 422 * 185

5. Escribe *verdadero* o *falso.*

a. 45,678 es divisible entre 2. ____________

b. 34,215 es divisible entre 3. ____________

c. 455 es divisible entre 5. ____________

d. 4,561 es divisible entre 9. ____________

6. Completa la tabla de "¿Cuál es mi regla?" y enuncia la regla.

Regla: ____________

entra	sale
5	
3	−2
	5
0	
	−7

LECCIÓN 9•3

Más gráficas de veleros

1. a. Usa los pares ordenados de números de la columna titulada "Velero original" de la tabla que está a continuación para trazar los pares ordenados de números en la cuadrícula de la siguiente página.

   b. Conecta los puntos en el mismo orden en que los trazaste. Debes ver el bosquejo de un velero. Escribe *original* en la vela.

2. Escribe las coordenadas que faltan en las tres últimas columnas de la tabla. Usa la regla que se da en cada columna para calcular los pares ordenados de números.

Velero original	**Nuevo velero 1** Regla: Suma 10 al primer número del par original.	**Nuevo velero 2** Regla: Cambia el primer número del par original por el número opuesto.	**Nuevo velero 3** Regla: Cambia el segundo número del par original por el número opuesto.
(9,3)	(19,3)	(−9,3)	(9,−3)
(6,3)	(16,3)	(−6,3)	(6,−3)
(6,9)	(16,9)	(−6,9)	(6,−9)
(2,4)	(12, 4)	(−2, 4)	(2, −4)
(6,3)	(16, 3)	(−6, 3)	(6, −3)
(1,3)	(11, 3)	(−1, 3)	(1, −3)
(3,2)	(13, 2)	(−3, 2)	(3, −2)
(8,2)	(18, 2)	(−8, 2)	(8, −2)
(9,3)	(19, 3)	(−9, 3)	(9, −3)

3. a. Traza los pares ordenados de números para el Nuevo velero 1 en la página siguiente. Conecta los puntos en el mismo orden en que los trazaste. Escribe el número 1 en la vela.

   b. Luego, traza los pares ordenados de números para el Nuevo velero 2 y conecta los puntos. Escribe el número 2 en la vela.

   c. Por último, traza los pares ordenados de números para el Nuevo velero 3 y conecta los puntos. Escribe el número 3 en la vela.

LECCIÓN 9•3

Más gráficas de veleros, *cont.*

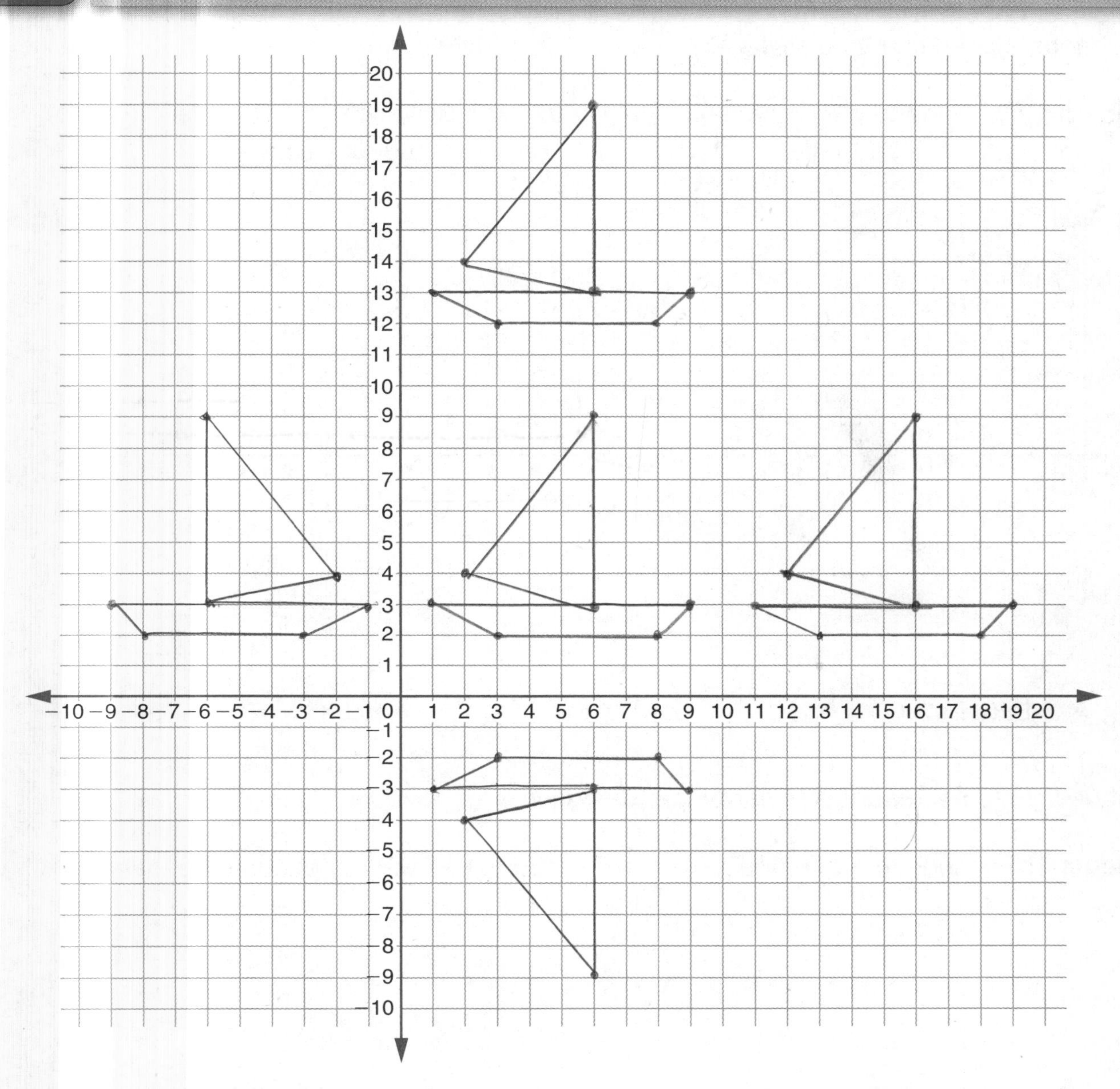

4. Usa la siguiente regla para crear una nueva figura de un velero en la cuadrícula de coordenadas anterior:

Regla: Suma 10 al segundo número del par original. No cambies el primer número.

Trata de trazar las nuevas coordenadas sin enumerarlas. Escribe el número 4 en la vela.

LECCIÓN 9•3

Tableros de *Tesoro escondido* 2

Cada jugador usa las cuadrículas 1 y 2.

Cuadrícula 1: Esconde tu punto aquí.

Cuadrícula 1

Cuadrícula 2: Adivina el punto del otro jugador aquí.

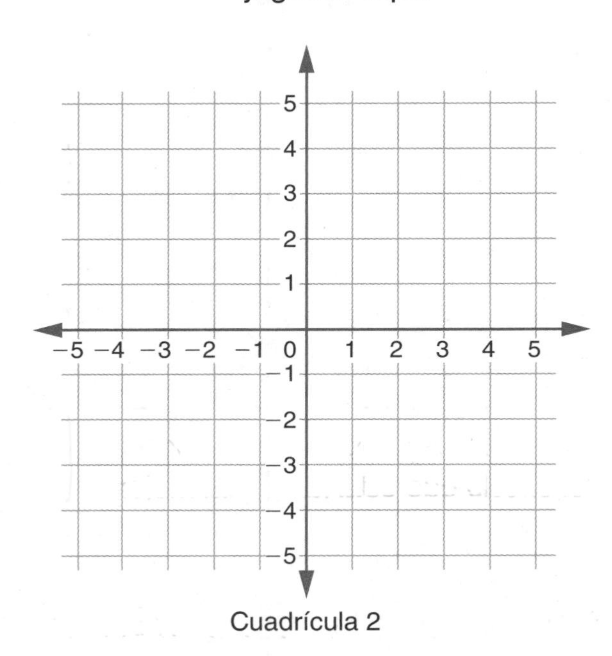

Cuadrícula 2

Usa este conjunto de cuadrículas para jugar de nuevo.

Cuadrícula 1: Esconde tu punto aquí.

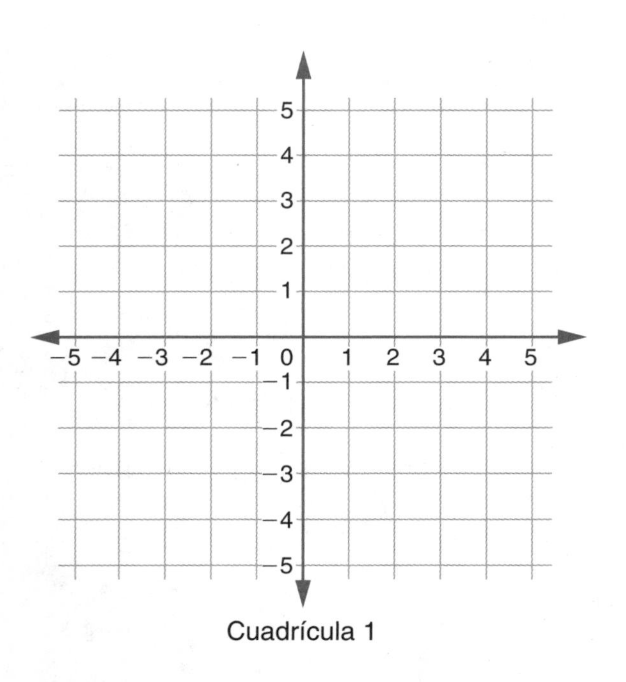

Cuadrícula 1

Cuadrícula 2: Adivina el punto del otro jugador aquí.

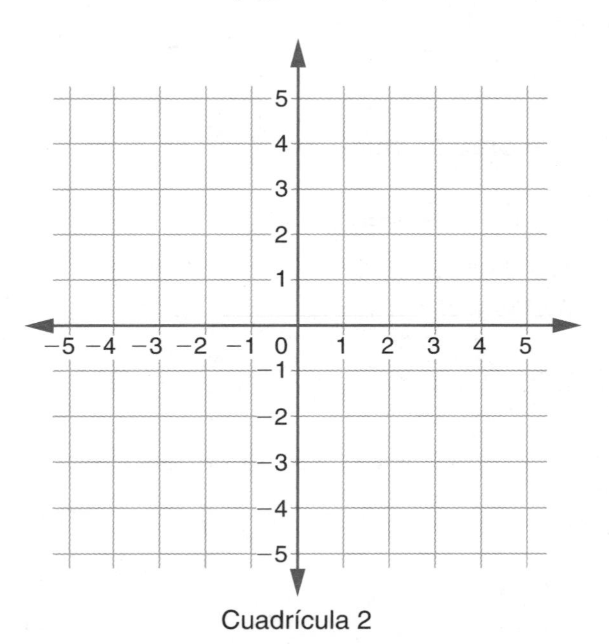

Cuadrícula 2

Fecha Hora

LECCIÓN 9•3

Cajas matemáticas

1. Dibuja un círculo con un radio de 1 pulgada. ¿Cuál es el diámetro de este círculo?

______________ (unidad)

2. Multiplica.

a. $1\frac{2}{3} * 2\frac{4}{7} =$ __________

b. $1\frac{5}{6} * 4\frac{1}{5} =$ __________

c. __________ $= \frac{7}{8} * \frac{5}{4}$

3. ¿Cuál es el volumen del prisma rectangular? Rellena el círculo que está junto a la mejor respuesta.

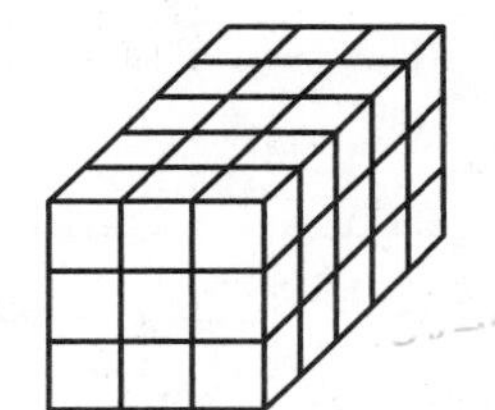

○ **A.** 39 unidades^3

○ **B.** 15 unidades^3

○ **C.** 45 unidades^3

○ **D.** 40 unidades^3

LCE 197

4. Si lanzas un dado 60 veces, ¿cuál es la probabilidad de que salga 1?

Fracción __________

Porcentaje __________

¿Cuál es la probabilidad de que salga 1 ó 6?

Fracción __________

Porcentaje __________

5. Escribe una oración numérica para representar la historia. Luego, resuelve.

Carrie mide 61 pulgadas de altura. Jeff mide $3\frac{1}{2}$ pulgadas menos. ¿Cuánto mide Jeff?

Oración numérica: ______________________________

Solución: ______________

LCE 219

Fecha Hora

LECCIÓN 9•4 Áreas de rectángulos

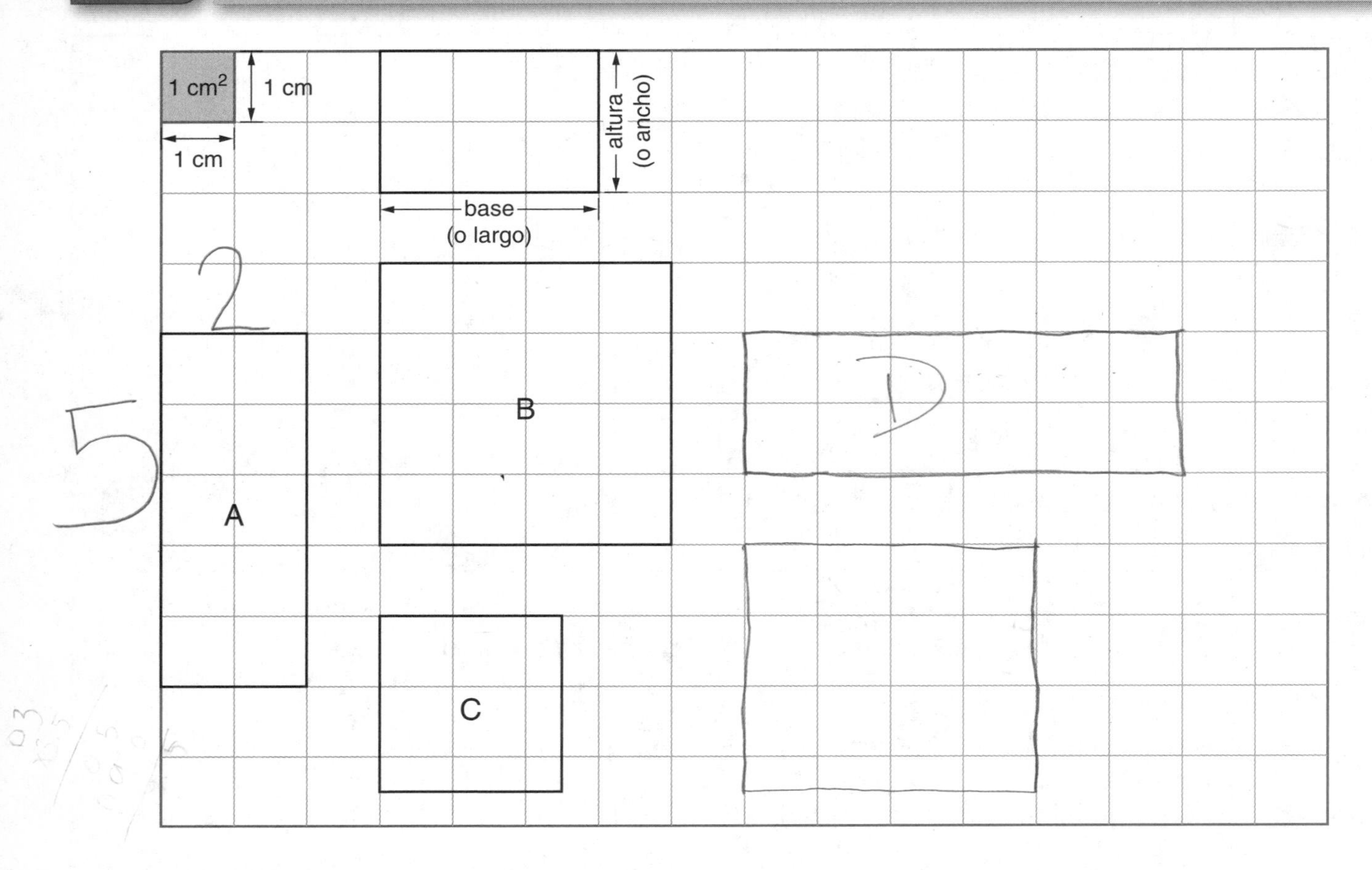

1. Completa la tabla. Dibuja los rectángulos D, E y F en la cuadrícula.

Rectángulo	Base (o largo)	Altura (o ancho)	Área
A	2 cm	5 cm	10 cm^2
B	4 cm	4 cm	16 cm^2
C	2.5 cm	2.5 cm	6.25 cm^2
D	6 cm	2 cm	12 cm^2
E	3.5 cm	4 cm	14 cm^2
F	3 cm	3.5 cm	10.5 cm^2

2. Escribe una fórmula para hallar el área de un rectángulo.

Área = Area x altura = respuesta

LECCIÓN 9•4 Problemas de área

1. El piso de un dormitorio mide 12 pies por 15 pies (4 yardas por 5 yardas).

   Área del piso = 180 pies cuadrados

   Área del piso = 20 yardas cuadradas

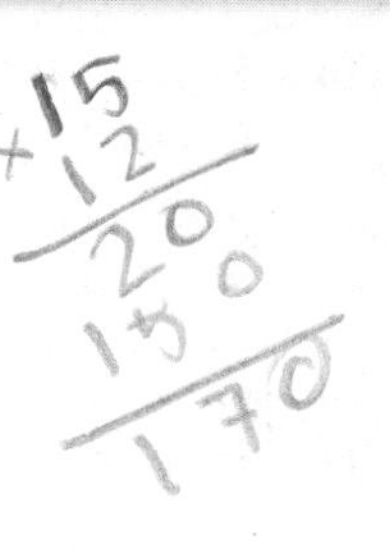

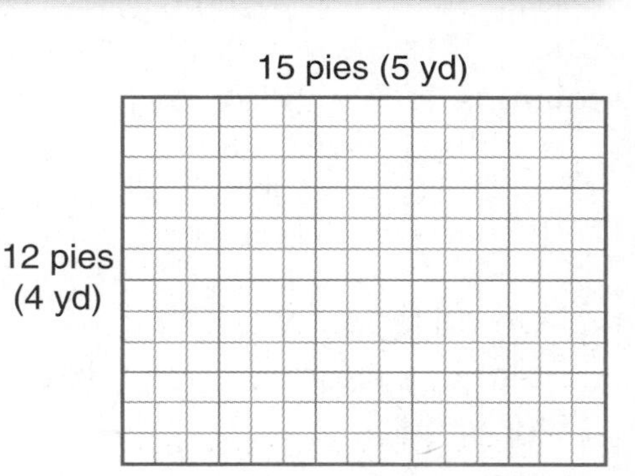

2. Imagina que quieres alfombrar el dormitorio del Problema 1. La alfombra viene en un rollo de 6 pies (2 yardas) de ancho. El vendedor de alfombras desenrolla el largo que quieres y corta el trozo. ¿Qué largo deberá tener el trozo que se necesita para cubrir el piso del dormitorio? 18 yardas

3. Calcula el área de las siguientes figuras.

   a.

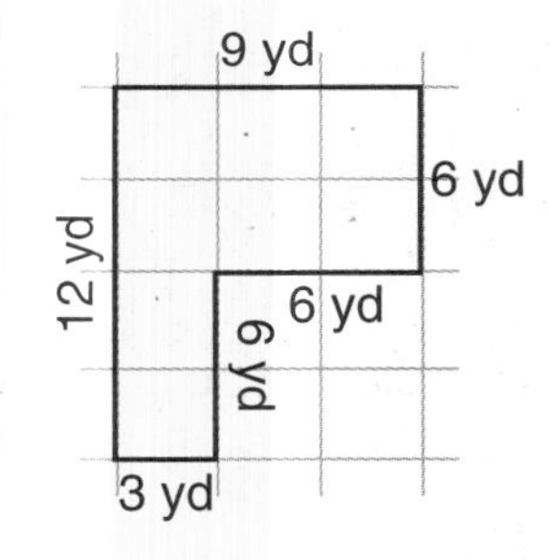

   Área = 6 561 yd²

   b.

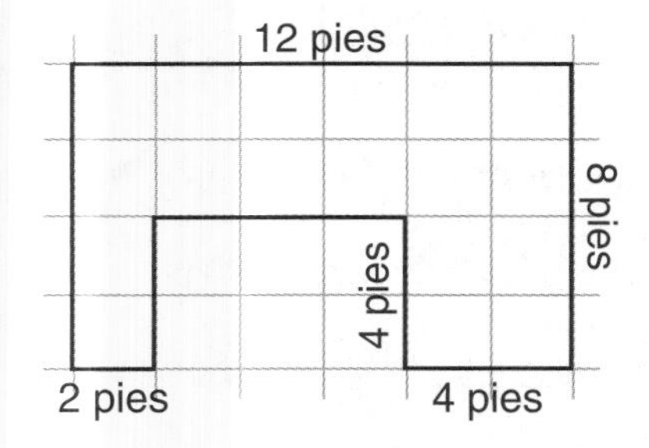

   Área = 30 pies²

4. Escribe las longitudes que faltan en las siguientes figuras.

   a.

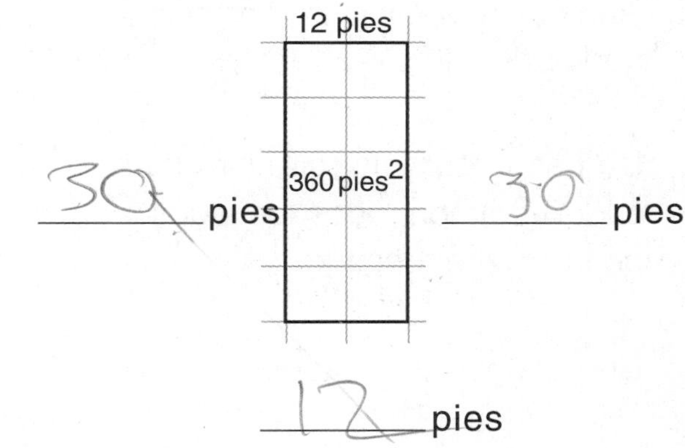

   30 pies 30 pies

   12 pies

   b. 15 yd

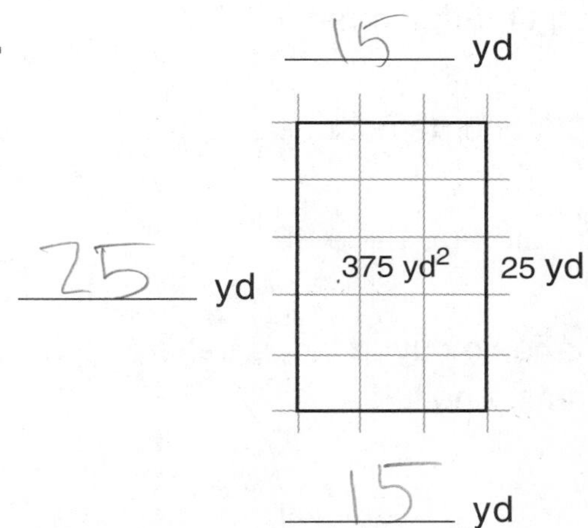

   25 yd

   15 yd

LECCIÓN 9•4 Repaso de figuras bidimensionales

Une cada descripción de las figuras geométricas de la columna A con su nombre en la columna B. No todos los nombres de la columna B tienen una figura correspondiente.

A

a. Un polígono con 4 ángulos rectos y 4 lados de la misma longitud

b. Un polígono de 4 lados en el que no es necesario que ningún par de lados tenga el mismo tamaño

c. Un cuadrilátero con exactamente un par de lados opuestos que son paralelos

d. Rectas en el mismo plano que nunca se intersecan

e. Un paralelogramo (que no es un cuadrado) con todos los lados de la misma longitud

f. Un polígono de 8 lados

g. Dos rectas que se intersecan y forman un ángulo recto

h. Un polígono de 5 lados

i. Un ángulo que mide 90°

j. Un triángulo cuyos lados tienen la misma longitud

B

______ octágono

__e__ rombo

__i__ ángulo recto

______ ángulo agudo

__e__ trapecio

__c__ hexágono

__A__ cuadrado

______ triángulo equilátero

__g__ rectas perpendiculares

__d__ rectas paralelas

__h__ pentágono

__j__ triángulo isósceles

__b__ cuadrilátero

Fecha Hora

LECCIÓN 9•4 Cajas matemáticas

1. Escribe cinco nombres para el número 2.25.

a. $2\frac{1}{4}$

b. 18/8

c. $2\frac{2}{8}$

d. 9/4

e. 25/9

2. ¿Cuál es el volumen del prisma? Elige la mejor respuesta.

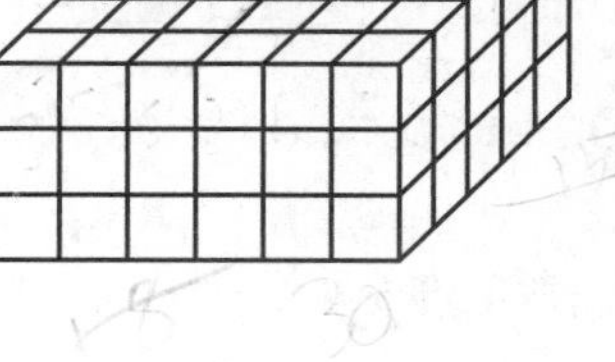

- 240 unidades^3
- 90 unidades^2
- 30 unidades^3
- 90 unidades^3

3. Compara. Usa <, > ó =.

a. $8 * 10^5$ ______ 80,000

b. 12.4 millones ______ 12,400,000

c. 7,000,000 ______ $7 * 10^5$

d. 8^2 ______ 2^8

e. $5.4 * 10^2$ ______ 5,400

4. Resuelve.

a. 429 * 15

b. 134 * 82

c. 706 * 189

5. Escribe *verdadero* o *falso.*

a. 5,278 es divisible entre 3. ______

b. 79,002 es divisible entre 6. ______

c. 86,076 es divisible entre 9. ______

d. 908,321 es divisible entre 2. ______

6. Completa la tabla de "¿Cuál es mi regla?" y enuncia la regla.

Regla: ______

entra	sale
4	9
7	15
11	23
	19
6	

Fecha Hora

Referencias personales

Mensaje matemático

Las referencias personales son objetos familiares cuyos tamaños se aproximan a medidas estándar. Por ejemplo, el ancho de la punta del dedo meñique de mucha gente mide alrededor de 1 centímetro. Identificaste referencias personales para longitud, peso y capacidad en *Matemáticas diarias de cuarto grado.*

Observa tu espacio de trabajo o el salón de clases para hallar objetos comunes con áreas de 1 pulgada cuadrada, 1 pie cuadrado, 1 yarda cuadrada, 1 centímetro cuadrado y 1 metro cuadrado. Las áreas no tienen que ser exactas, pero deben ser estimaciones razonables. Trabaja con tu grupo. Trata de hallar más de una referencia para cada medida.

Unidad	Mis referencias personales
1 pulgada cuadrada (1 $pulg^2$)	
1 pie cuadrado (1 pie^2)	
1 yarda cuadrada (1 yd^2)	
1 centímetro cuadrado (1 cm^2)	
1 metro cuadrado (1 m^2)	

Fecha   Hora

LECCIÓN 9•5 Hallar áreas de figuras que no son rectangulares

En la lección anterior calculaste el área de figuras rectangulares usando dos métodos diferentes.

- Contaste el número total de unidades cuadradas y partes de unidades cuadradas que cabe exactamente dentro de esta figura.

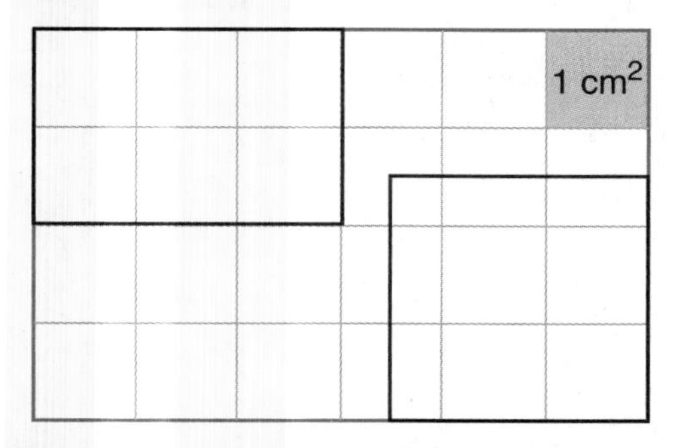

- Usaste la fórmula $A = b * h$, donde la letra A representa el área, la letra b, la longitud de la base y la letra h, la altura.

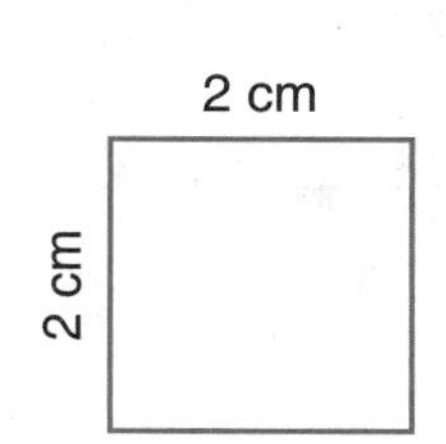

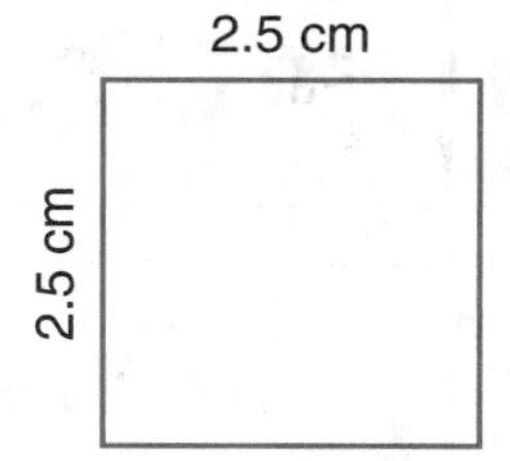

De todas maneras, muchas veces tendrás que hallar el área de una figura que no es un rectángulo. Las unidades cuadradas no cabrán exactamente dentro de la figura y no podrás usar la fórmula del área de un rectángulo.

Con un compañero, piensa en una manera de hallar el área de cada una de las siguientes figuras.

1. ¿Cuál es el área del triángulo *ABC*?

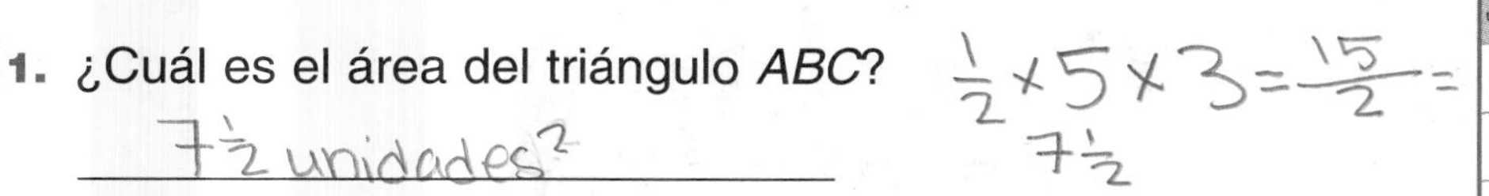

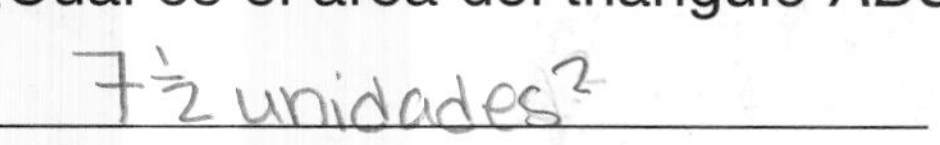

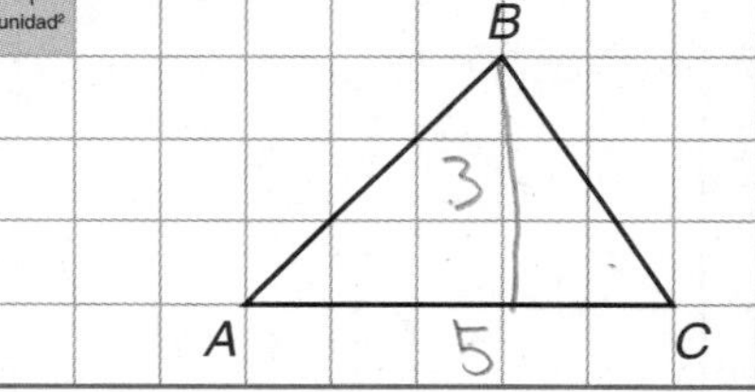

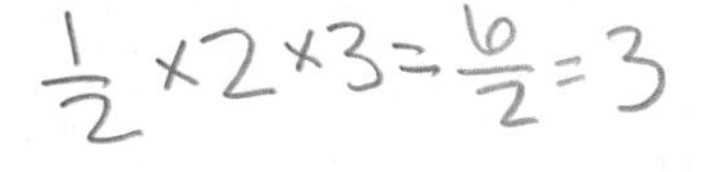

2. ¿Cuál es el área del triángulo *XYZ*?

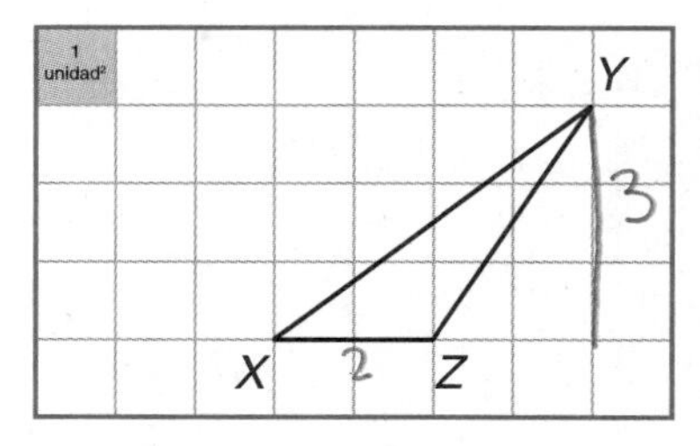

3. ¿Cuál es el área del paralelogramo *GRAM*? 5×3=15

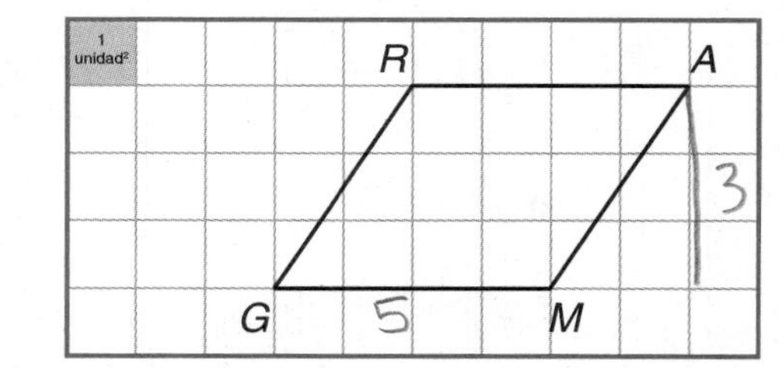

LECCIÓN 9•5

Áreas de triángulos y paralelogramos

Usa el método del rectángulo para hallar el área de cada uno de los siguientes triángulos y paralelogramos.

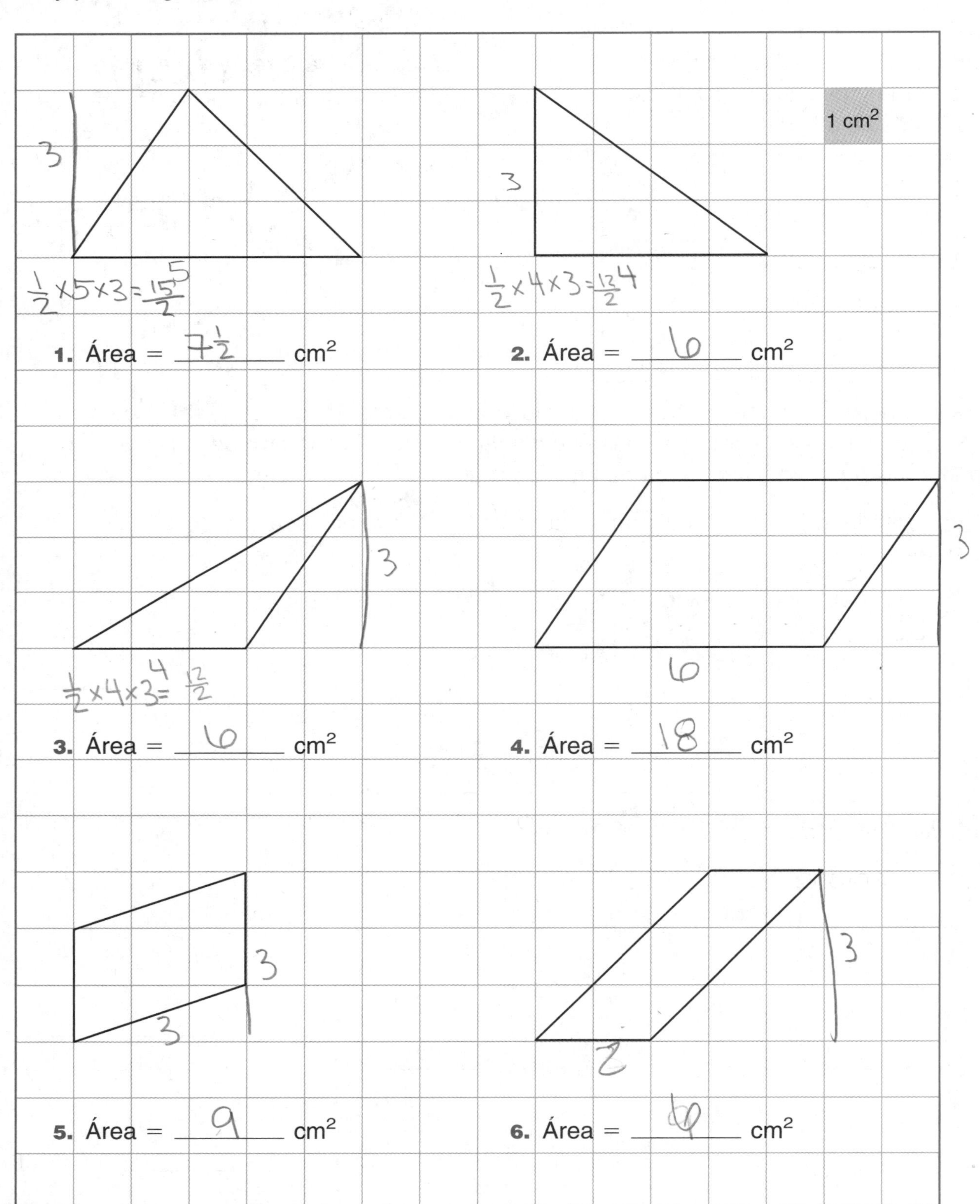

Fecha Hora

LECCIÓN 9•5

Cajas matemáticas

1. Escribe el par ordenado para cada punto de la cuadrícula de coordenadas.

a. *A:* (3, 2)

b. *B:* (5, 4)

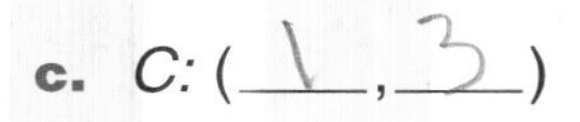

c. *C:* (1, 3)

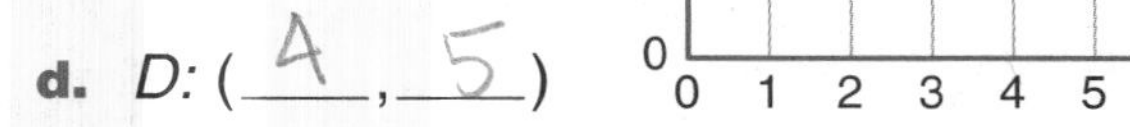

d. *D:* (4, 5)

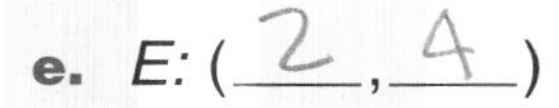

e. *E:* (2, 4)

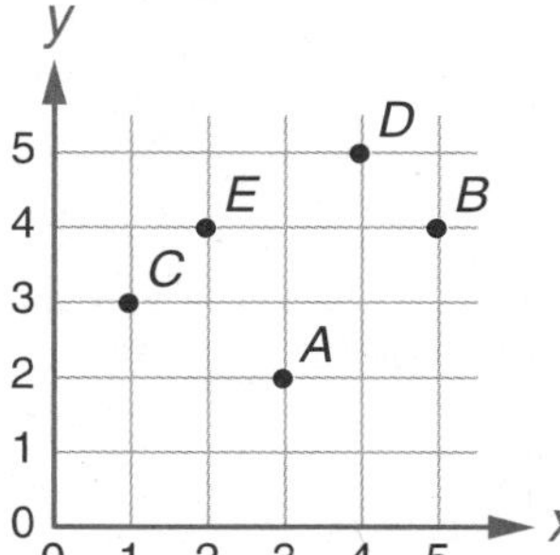

2. Traza un segmento de recta que sea congruente con el segmento de recta *AB.*

A ——— *B*   A ——— B

Explica por qué los segmentos de recta son congruentes.

____

____

3. Completa.

a. 60 pulgadas = ________ pies

b. 3 yardas = ________ pulgadas

c. 1 metro = ________ cm

d. 3,520 yardas = ________ millas

e. 16 mm = ________ cm

4. Escribe los siguientes números en orden de menor a mayor.

$\frac{9}{2}$ 4.75 $\frac{13}{4}$ 4.8 $4\frac{7}{8}$

______, ______, ______, ______, ______

5. Escribe un modelo numérico que describa cada uno de los rectángulos sombreados.

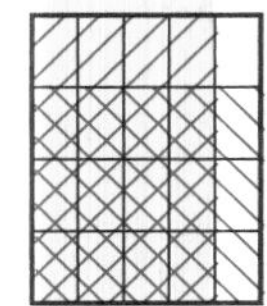

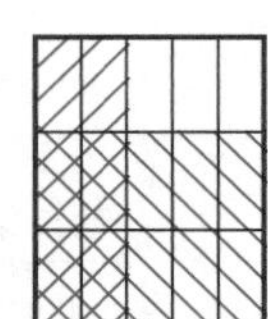

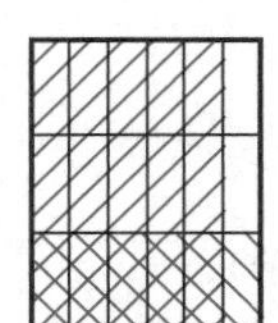

________________________   ________________________   ________________________

LCE 219

Fecha Hora

LECCIÓN 9•6 Definir la *base* y la *altura*

Mensaje matemático

Observa las siguientes figuras. Luego, escribe definiciones para las palabras ***base (b)*** y ***altura (h).***

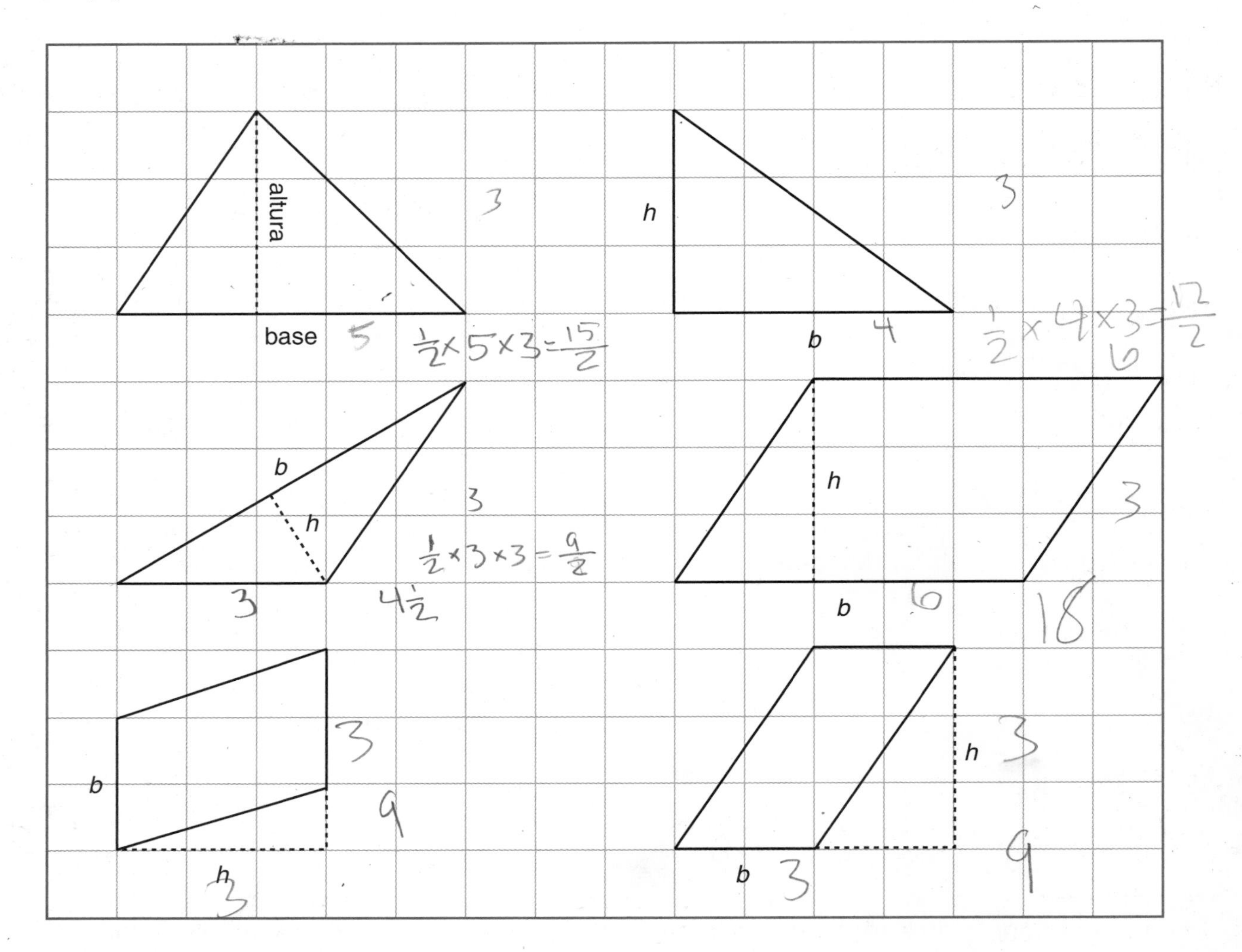

1. Define *base.*

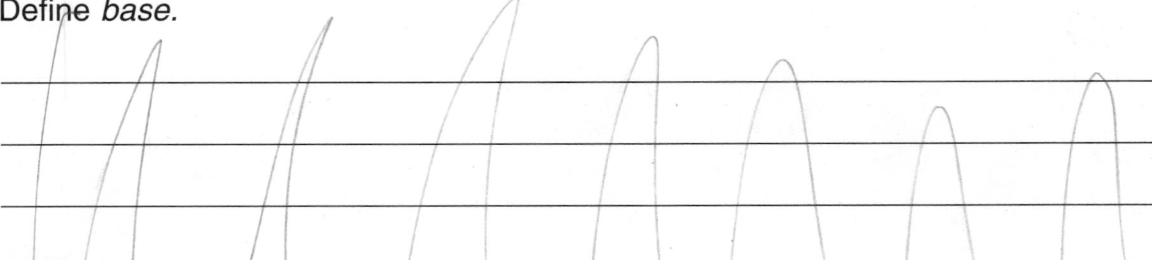

2. Define *altura.*

Fecha Hora

LECCIÓN 9•6

El método del rectángulo

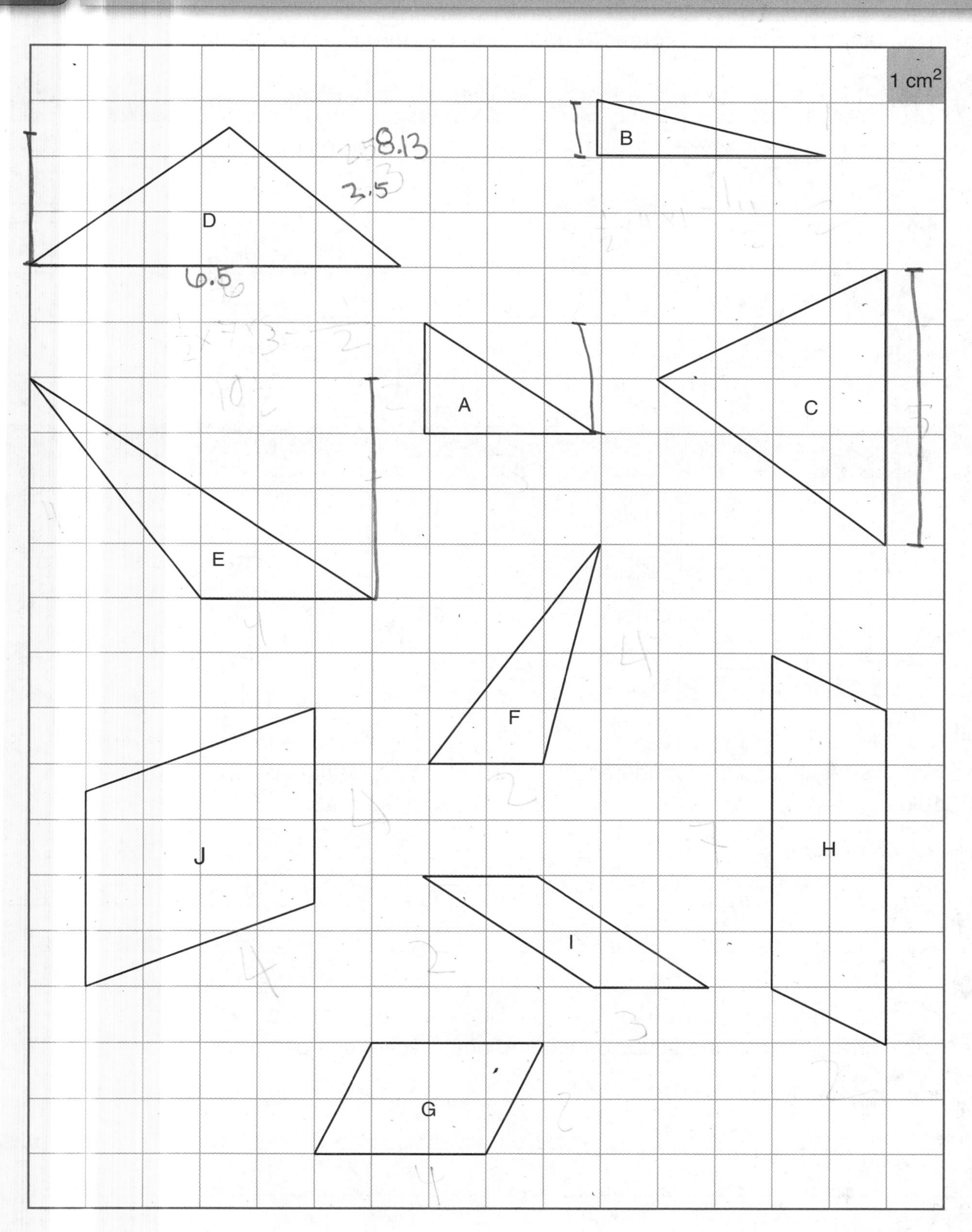

Fecha Hora

LECCIÓN 9•6

Hallar áreas de triángulos y paralelogramos

1. Completa la tabla. Todas las figuras se muestran en la página 313 del diario.

Triángulos	Área	base	altura	base * altura
A	3 cm^2	3 cm	2 cm	6 cm^2
B	2 cm^2	4 cm	1 cm	4 cm^2
C	____ cm^2	____ cm	____ cm	____ cm^2
D	____ cm^2	____ cm	____ cm	____ cm^2
E	____ cm^2	3 cm	4 cm	____ cm^2
F	____ cm^2	____ cm	____ cm	____ cm^2
Paralelogramos	**Área**	**base**	**altura**	**base * altura**
G	6 cm^2	3 cm	2 cm	6 cm^2
H	____ cm^2	____ cm	____ cm	____ cm^2
I	____ cm^2	____ cm	2 cm	____ cm^2
J	____ cm^2	____ cm	____ cm	____ cm^2

2. Examina los resultados de las figuras A a F. Sugiere una fórmula para el área de un triángulo como una ecuación y como una oración con palabras.

Área de un triángulo = ______________________________

____

____

3. Examina los resultados de las figuras G a J. Sugiere una fórmula para el área de un paralelogramo como una ecuación y como una oración con palabras.

Área de un paralelogramo = ______________________________

____

____

Fecha Hora

LECCIÓN 9·6

Cajas matemáticas

1. a. Traza los siguientes puntos en la cuadrícula:

   (−3,−3); (1,1); (4,1); (0,−3)

   b. Conecta los puntos con segmentos de recta en el orden que se da en el ejercicio anterior. Luego, conecta (−3,−3) y (0,−3).

   ¿Qué figura has trazado?

   ____

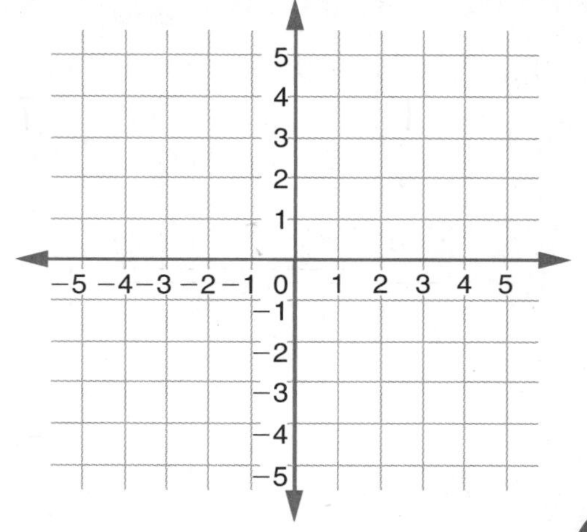

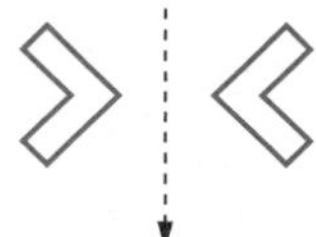

2. Halla el diámetro del círculo. Elige la mejor respuesta.

   ⬭ 4.5 unidades

   ⬭ 5 unidades

   ⬭ 25 unidades

   ⬭ 6 unidades

3. ¿Qué transformación muestra la siguiente figura? Encierra en un círculo la mejor respuesta.

   preimagen imagen

   A reflexión

   B traslación

   C rotación

   D dilatación

4. a. ¿Cuál es el perímetro del rectángulo?

   ____

   12 unidades

   8 unidades

   b. ¿Cuál es el área del rectángulo?

   ____

   ____

5. Completa la tabla de "¿Cuál es mi regla?" y escribe la regla.

   Regla: ____________________

entra	sale
5	20
4	
6	24
8	

Fecha Hora

LECCIÓN 9•7

La superficie de agua de la Tierra

Mensaje matemático

1. a. ¿Qué porcentaje de la superficie de la Tierra crees que está cubierta de agua?

Mi estimación: ____________________

b. Explica cómo hiciste la estimación.

____

____

____

Un experimento de muestra

2. a. Mi ubicación está en la latitud ________________ y longitud ________________.

b. Encierra una de las palabras en un círculo.

Mi ubicación es en: tierra agua

c. ¿Qué fracción de la clase está ubicada en agua? ____________________

d. Porcentaje de la superficie de la Tierra que está cubierta de agua:

La estimación de la clase: ____________________

Seguimiento

3. a. Porcentaje de la superficie de la Tierra que está cubierta de agua:

Cifra real: ____________________

b. ¿Cómo se relaciona la estimación de la clase con la cifra real?

____

____

____

Fecha ______ Hora ______

LECCIÓN 9·7

El problema de los cuatro 4

Usa sólo cuatro 4 y cualquier operación en tu calculadora para crear expresiones para valores de 1 a 100. No uses números que no estén enumerados en las siguientes reglas. No necesitas hallar una expresión para cada número. Algunas son bastante difíciles. Trata de hallar todas las que puedas hoy, pero continúa trabajando cuando tengas tiempo. A continuación, se enumeran las reglas:

- Debes usar cuatro 4 en cada expresión.
- Puedes usar dos 4 para crear 44 ó $\frac{4}{4}$.
- Puedes usar 4^0 ($4^0 = 1$).
- Puedes usar $\sqrt{4}$ ($\sqrt{4} = 2$).
- Puedes usar 4! (cuatro factorial). ($4! = 4 * 3 * 2 * 1 = 24$)
- Puedes usar el decimal 0.4.

Usa los paréntesis que sean necesarios para que quede claro lo que hay que hacer y en qué orden. A continuación se muestran ejemplos de expresiones para algunos números.

1 = ______

2 = ______

3 = ______

4 = ______

5 = ______

6 = ______

7 = ______

8 = ______

$9 = 4 + \sqrt{4} + \sqrt{4} + 4^0$

10 = ______

11 = ______

12 = ______

13 = ______

14 = ______

15 = ______

16 = ______

17 = ______

18 = ______

19 = ______

20 = ______

21 = ______

22 = ______

23 = ______

24 = ______

25 = ______

$26 = (4! + \sqrt{4}) * \frac{4}{4}$

27 = ______

28 = ______

29 = ______

30 = ______

Fecha Hora

LECCIÓN 9•7

El problema de los cuatro 4, *cont.*

31 = ______

32 = ______

33 = ______

34 = ______

35 = ______

36 = ______

37 = ______

38 = ______

39 = ______

40 = ______

41 = ______

42 = ______

43 = ______

44 = ______

45 = ______

46 = ______

47 = ______

48 = ______

49 = ______

50 = ______

51 = ______

52 = ______

53 = ______

54 = ______

55 = ______

56 = ______

57 = ______

58 = $(\sqrt{4} * (4! + 4)) + \sqrt{4}$

59 = ______

60 = ______

61 = ______

62 = ______

63 = ______

64 = ______

65 = ______

66 = ______

67 = ______

68 = ______

69 = ______

70 = ______

71 = ______

72 = ______

73 = ______

74 = ______

75 = ______

76 = ______

77 = ______

78 = ______

79 = ______

80 = ______

81 = ______

82 = ______

Fecha ______________________ Hora ______________________

LECCIÓN 9·7 El problema de los cuatro 4, *cont.*

83 = ______________________

84 = ______________________

85 = ______________________

86 = ______________________

87 = ______________________

88 = ______________________

89 = ______________________

90 = ______________________

91 = ______________________

92 = ______________________

93 = ______________________

94 = ______________________

95 = ______________________

96 = ______________________

97 = ______________________

98 = ______________________

99 = ______________________

100 = ______________________

Inténtalo

Usa sólo seis 6 y cualquier operación en tu calculadora para crear expresiones para valores de 1 a 25.

1 = ______________________

2 = ______________________

3 = ______________________

4 = $(6 + 6) \div ((6 + 6 + 6) \div 6)$

5 = ______________________

6 = ______________________

7 = ______________________

8 = ______________________

9 = ______________________

10 = ______________________

11 = ______________________

12 = ______________________

13 = ______________________

14 = ______________________

15 = ______________________

16 = ______________________

17 = ______________________

18 = ______________________

19 = ______________________

20 = ______________________

21 = ______________________

22 = ______________________

23 = ______________________

24 = ______________________

25 = ______________________

Fecha Hora

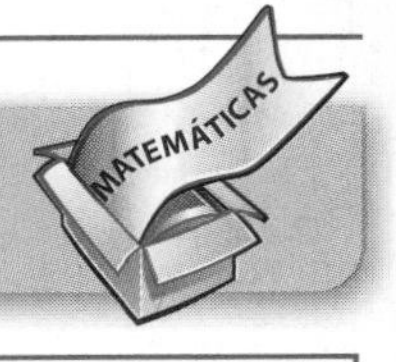

LECCIÓN 9•7

Cajas matemáticas

1. Escribe los pares ordenados para cada punto de la cuadrícula de coordenadas.

a. *A:* (___,___)

b. *B:* (___,___)

c. *C:* (___,___)

d. *D:* (___,___)

e. *E:* (___,___)

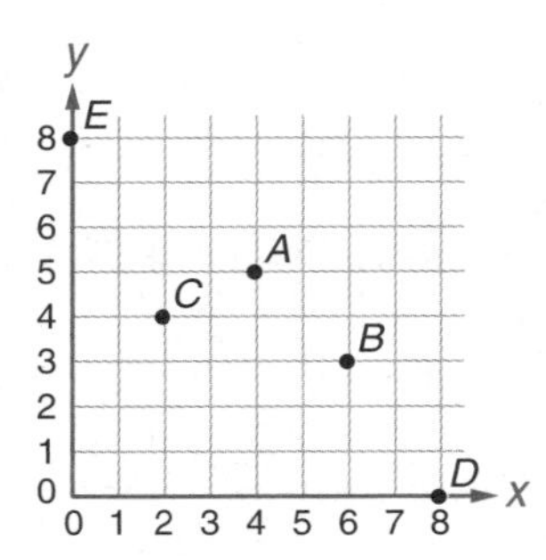

2. Dibuja una figura que sea congruente con la figura *A.*

Figura A

3. Completa.

a. 1.5 km = __________ m

b. 40 pulg = _____ yd _____ pulg

c. 3 m = __________ mm

d. 5 dm = __________ cm

e. 6 yd = __________ pies

4. Escribe los siguientes números en orden de menor a mayor.

5.03 $\quad 4\frac{7}{4} \quad$ 5.3 $\quad \frac{3}{15} \quad 5\frac{2}{5}$

_____, _____, _____, _____, _____

5. Escribe un modelo numérico que describa cada uno de los rectángulos sombreados.

a.

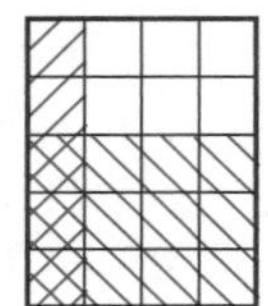

b.

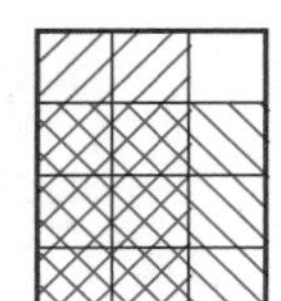

c.

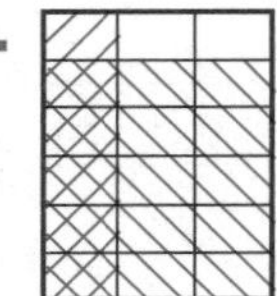

____________ ____________ ____________

LCE 219

LECCIÓN 9·8

Prismas rectangulares

Un **prisma rectangular** es un cuerpo geométrico delineado por seis superficies planas formadas por rectángulos. Si cada uno de los seis rectángulos es también un cuadrado, entonces el prisma es un **cubo.** Las superficies planas se llaman **caras** del prisma.

Los ladrillos, los libros en rústica y la mayoría de las cajas son prismas rectangulares. Los dados y los cubos de azúcar son ejemplos de cubos.

A continuación hay tres vistas diferentes del mismo prisma rectangular.

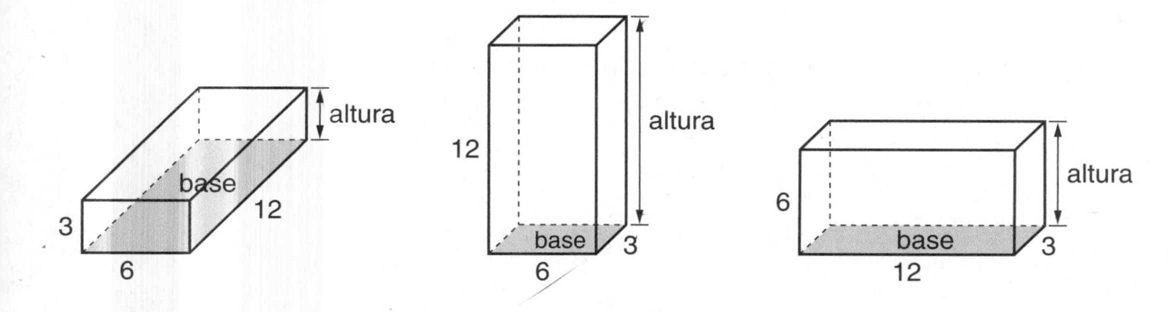

1. Analiza las figuras anteriores. Escribe tus propias definiciones de **base** y **altura.**

   Base de un prisma rectangular: Base es la parte de abajo que esta en una figura.

   Altura de un prisma rectangular: Altura es el alto de una figura. Dentro la base y el punto mas alto.

Examina los patrones de la Hoja de actividades 6. Estos patrones se usarán para construir cajas abiertas (cajas que no tienen tapa). Trata de hallar cuántos cubos de un centímetro se necesitan para llenar cada caja hasta el borde. Aún no recortes los patrones.

2. Pienso que se necesitan 24 cubos de un centímetro para llenar la caja A hasta el borde.

3. Pienso que se necesitan 45 cubos de un centímetro para llenar la caja B hasta el borde.

Fecha ____________________ Hora ____________________

LECCIÓN 9•8

Volúmenes de prismas rectangulares

Escribe la fórmula del volumen de un prisma rectangular.

V=b×h

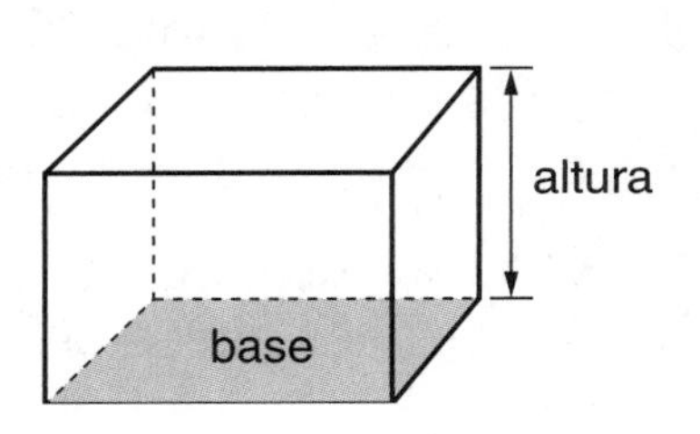

B es el área de la base.

h es la altura desde esa base.

V es el volumen del prisma.

Halla el volumen de cada prisma rectangular que está a continuación.

1.

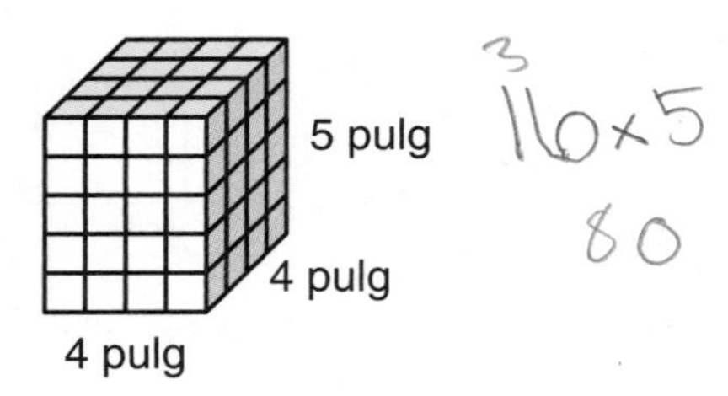

16×5
80

V = 80 pulg³ (unidad)

2.

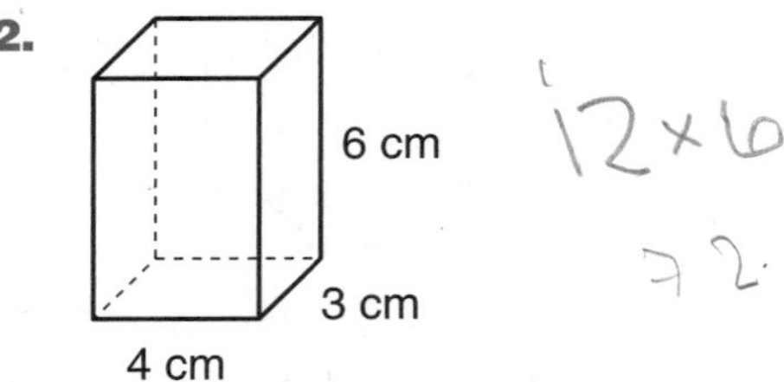

12×6
72

V = 72 cm³ (unidad)

3.

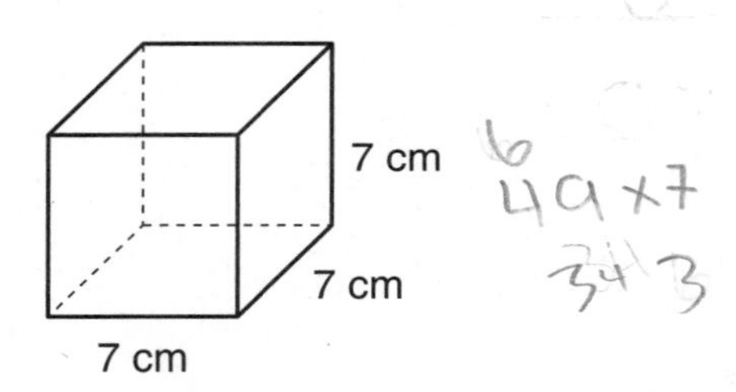

49×7
343

V = 343 cm³ (unidad)

4.

4 pulg
6 pulg
8 pulg

48×4
192

V = 192 pulg³ (unidad)

5.

5 pies
3 pies
6 pies

18×5
90

V = 90 pies³ (unidad)

6.

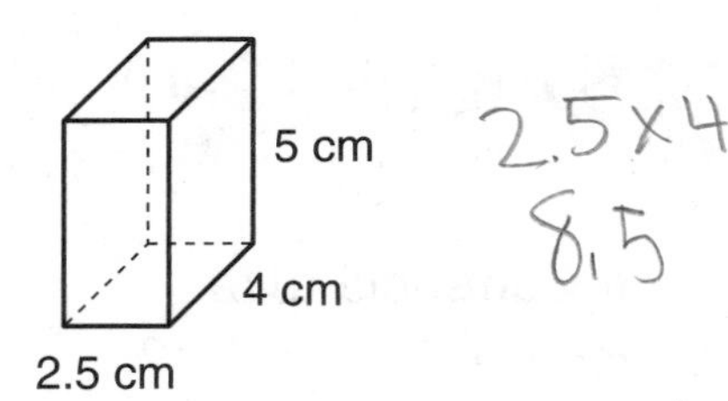

2.5×4
8.5

V = 40.5 cm³ (unidad)

Fecha Hora

LECCIÓN 9•8

Cajas matemáticas

1. Resuelve.

a. $\begin{array}{r} 128.07 \\ -\ 85.25 \\ \hline \end{array}$

b. $\begin{array}{r} 306.85 \\ +\ 216.96 \\ \hline \end{array}$

c. $\begin{array}{r} 18.95 \\ -\ 6.07 \\ \hline \end{array}$

d. $\begin{array}{r} 215.29 \\ +\ 38.75 \\ \hline \end{array}$

2. Completa la tabla de "¿Cuál es mi regla?" y enuncia la regla.

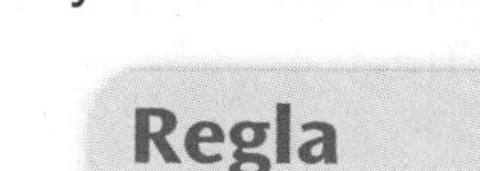

LCE 231 232

entra	sale
240	8
600	20
	12
	50
2,100	
1,200	

3. Halla el mínimo común denominador para los pares de fracciones.

a. $\frac{2}{7}$ y $\frac{1}{3}$ ______

b. $\frac{5}{8}$ y $\frac{4}{16}$ ______

c. $\frac{3}{8}$ y $\frac{4}{12}$ ______

d. $\frac{2}{5}$ y $\frac{2}{3}$ ______

e. $\frac{4}{16}$ y $\frac{6}{12}$ ______

f. $\frac{5}{15}$ y $\frac{2}{8}$ ______

4. Elena obtuvo las siguientes calificaciones en exámenes de matemáticas: 80, 85, 76, 70, 87, 80, 90, 80 y 90.

Halla los siguientes hitos:

máximo: 90

mínimo: 70

rango: ______

moda: ______

media: ______

5. Usa la gráfica para responder las preguntas.

a. ¿Qué día hubo mayor concurrencia? 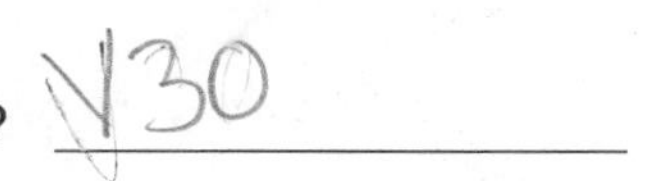

b. ¿Cuál fue la concurrencia total durante el período de cinco días? ______

LCE 124

Fecha Hora

LECCIÓN 9•9

Volúmenes de prismas

Se puede hallar el volumen V de un prisma con la fórmula $V = B * h$, donde B es el área de la base del prisma y h es la altura del prisma desde esa base.

Halla el volumen de cada prisma.

1.

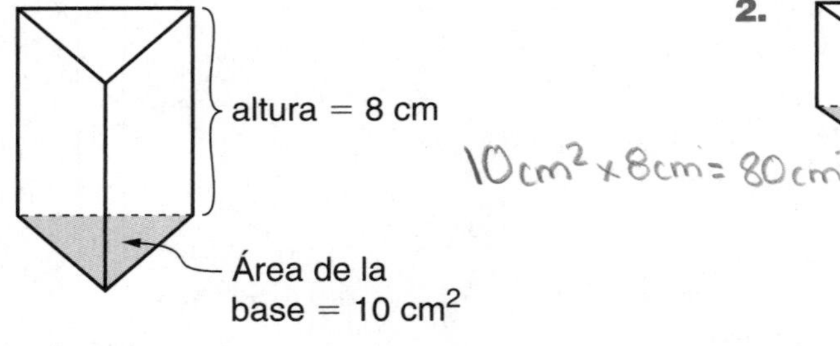

Volumen = 80 cm^3

2.

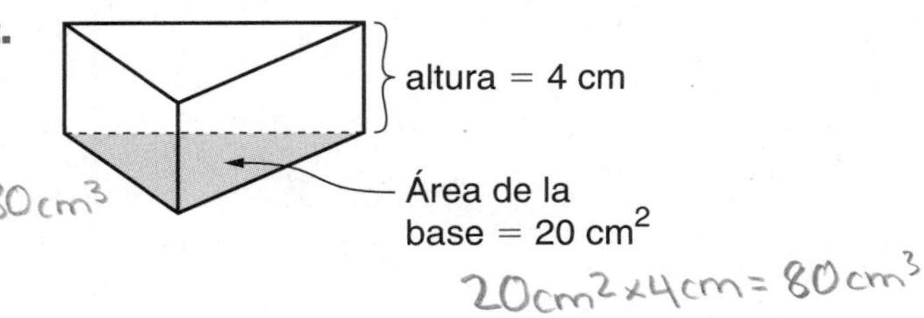

Volumen = 80 cm^3

3.

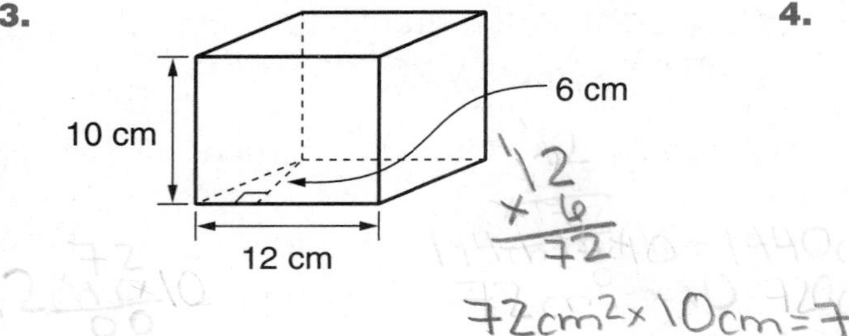

Volumen = 720 cm^3

4.

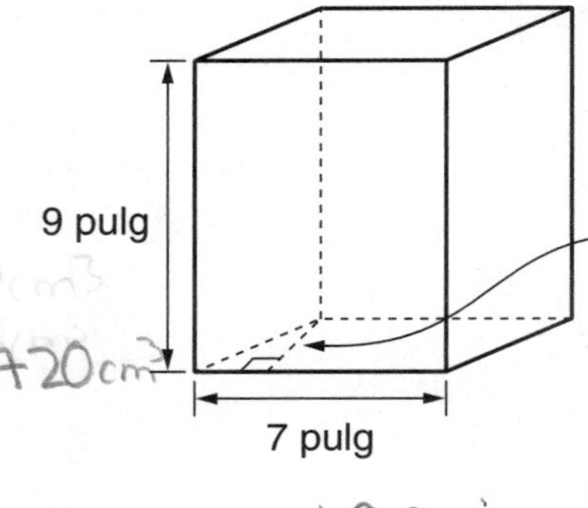

Volumen = 189 $pulg^3$

5.

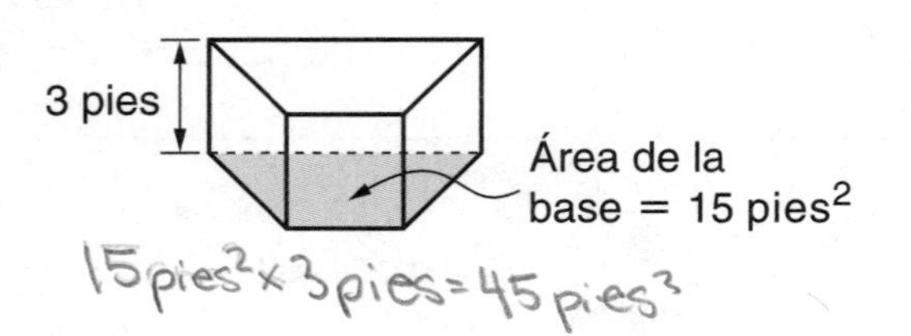

Volumen = 45 $pies^3$

6.

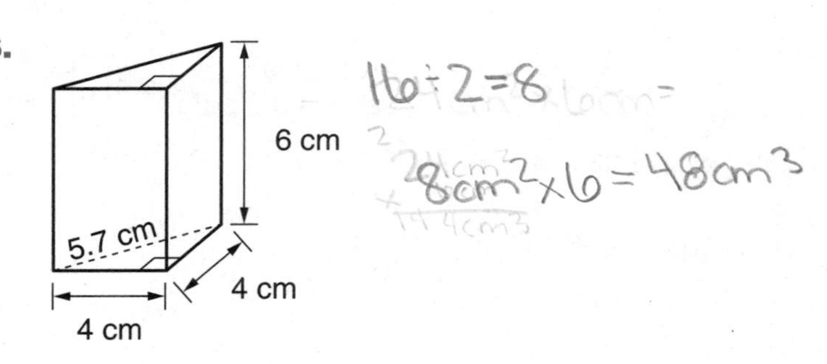

Volumen = 48 cm^3

Fecha Hora

LECCIÓN 9•9

Volúmenes de prismas, *cont.*

7.

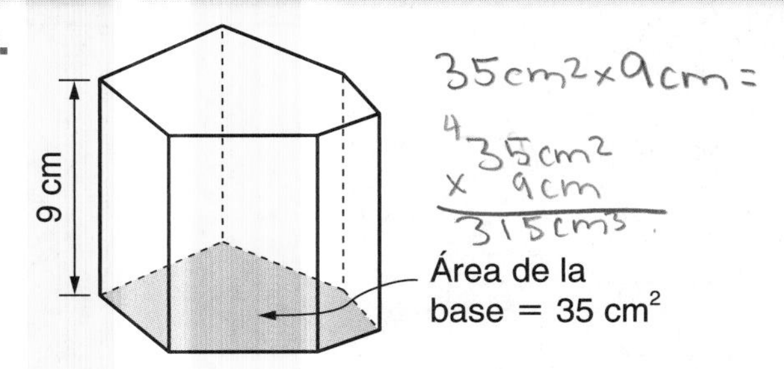

Volumen = 315 cm³

8.

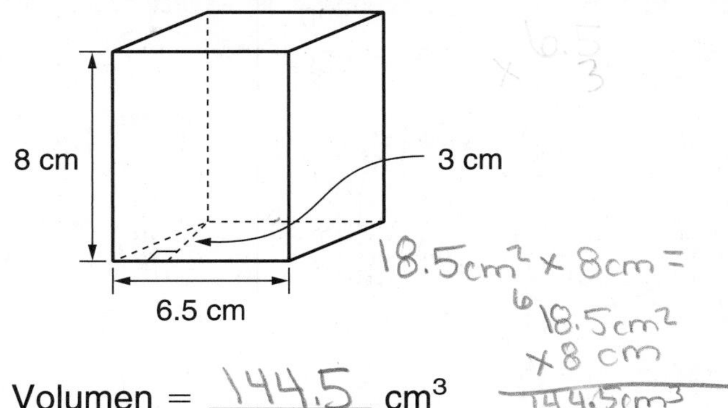

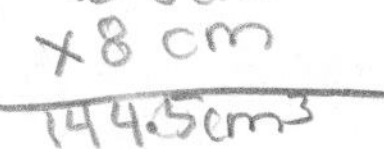

Volumen = 144.5 cm³

9.

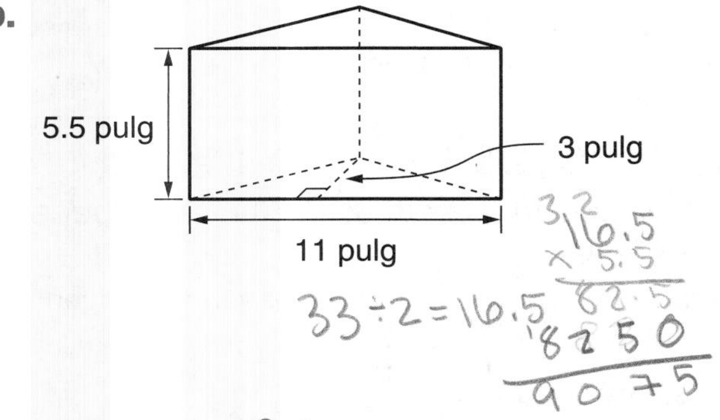

Volumen = 90.75 pulg³

10.

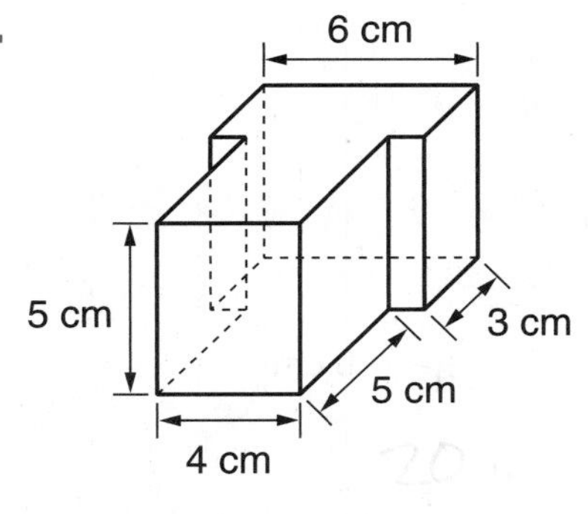

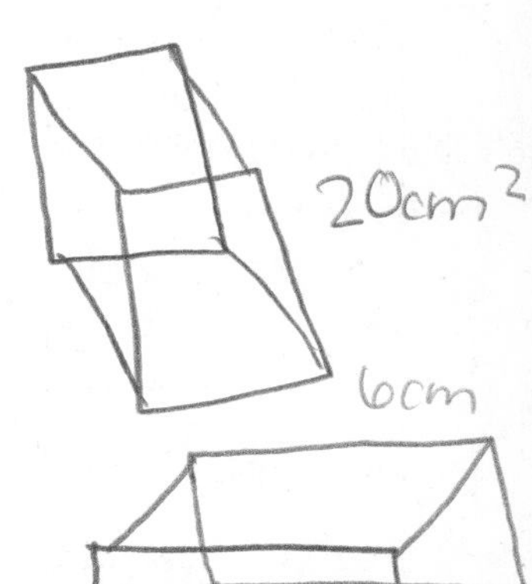

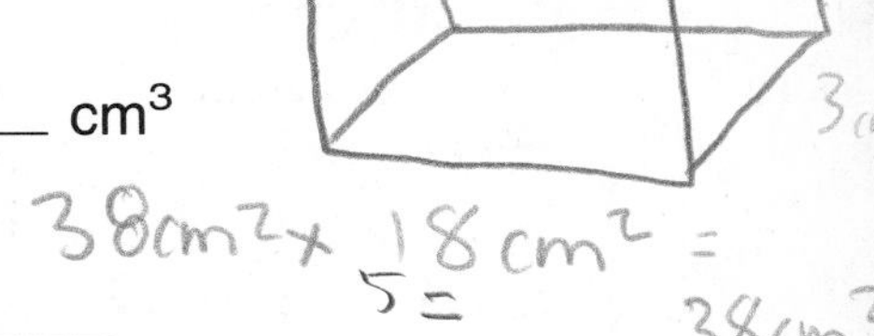

Volumen = 190 cm³

11.

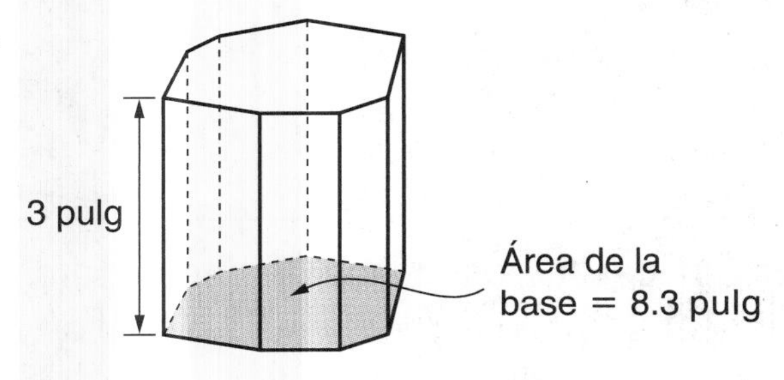

Volumen = 24.9 pulg³

12.

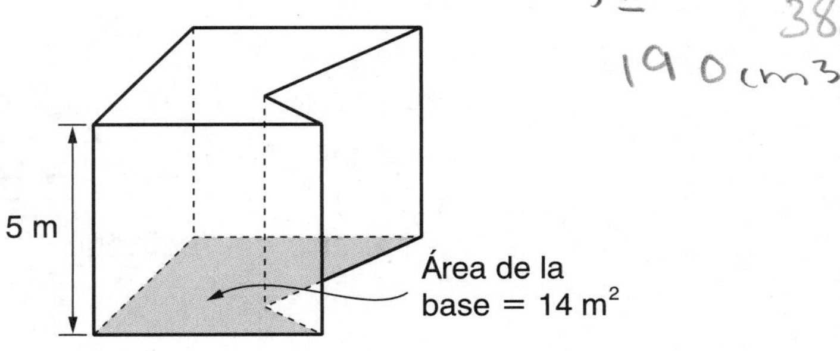

Volumen = 80 m³

LECCIÓN 9•9

Cajas matemáticas

1. a. Traza los siguientes puntos en la cuadrícula:

(−4,−1); (−3,1); (1,3); (2,1); (−2,−1)

b. Conecta los puntos con segmentos de recta en el orden que se da arriba. Luego, conecta (–4,–1) y (–2,–1).

¿Qué figura has trazado?

____

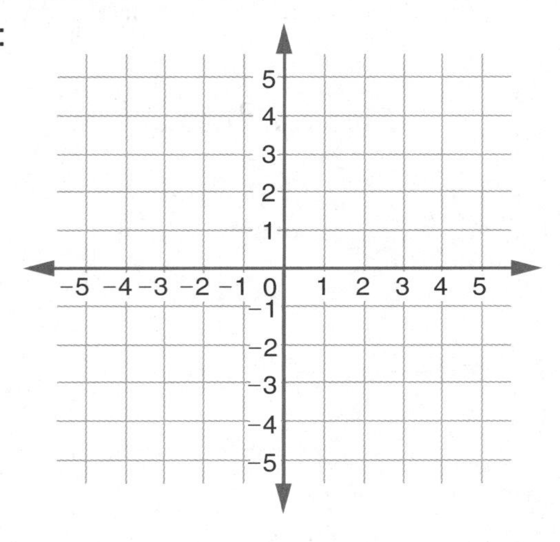

2. Halla el diámetro del círculo. Elige la mejor respuesta.

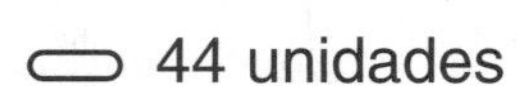

⬭ 48 unidades

⬭ 66 unidades

⬭ 44 unidades

⬭ 11 unidades

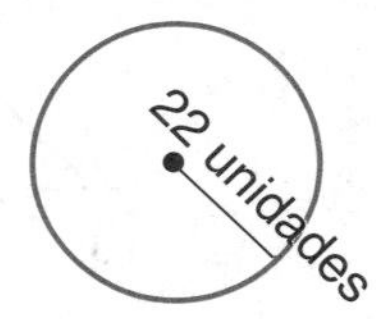

3. ¿Qué transformación muestra la figura? Encierra en un círculo la mejor respuesta.

A traslación

B reflexión

C rotación

D dilatación

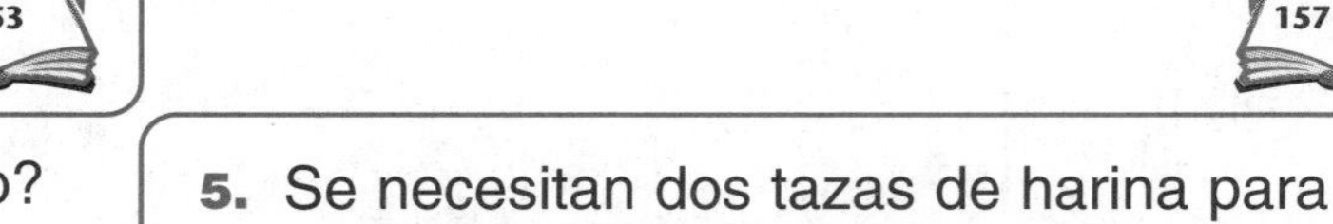

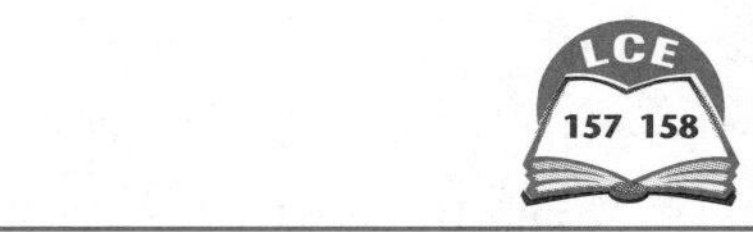

4. a. ¿Cuál es el perímetro del rectángulo?

____

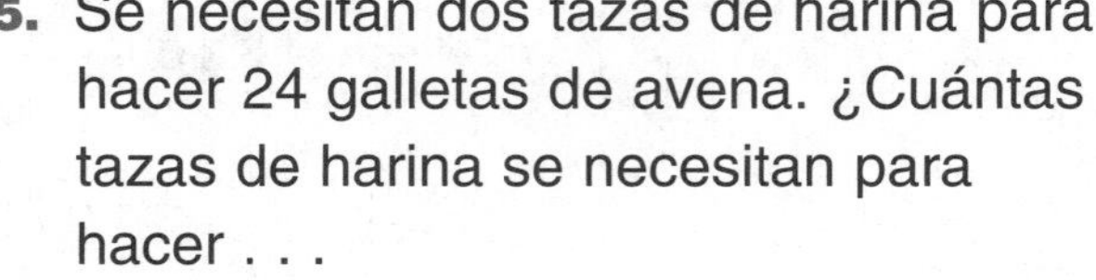

b. ¿Cuál es el área?

____

5. Se necesitan dos tazas de harina para hacer 24 galletas de avena. ¿Cuántas tazas de harina se necesitan para hacer . . .

a. 4 docenas de galletas? ______ tazas

b. 6 docenas de galletas? ______ tazas

c. 120 galletas? ______ tazas

Fecha Hora

LECCIÓN 9·10

Unidades de volumen y capacidad

En el sistema métrico decimal, las unidades de longitud, volumen, capacidad y peso están relacionadas.

- El **centímetro cúbico (cm^3)** es una unidad métrica de volumen.
- El **litro (L)** y el **mililitro (mL)** son unidades de capacidad.

1. Completa.

a. 1 litro (L) = ________ mililitros (mL).

b. Hay ________ centímetros cúbicos (cm^3) en 1 litro.

c. Entonces, 1 cm^3 = ________ mL.

2. El cubo del diagrama tiene lados de 5 cm de longitud.

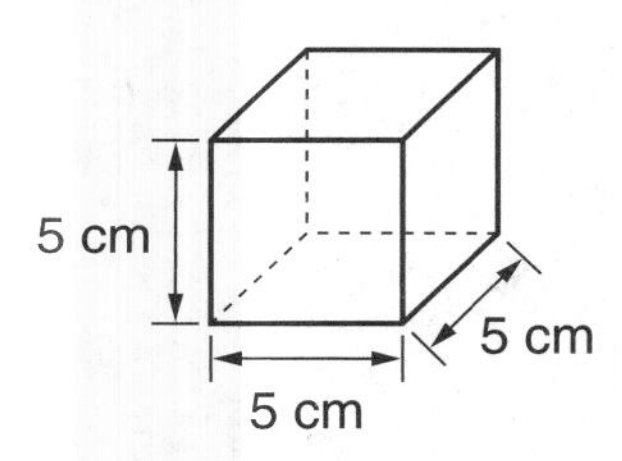

a. ¿Cuál es el volumen del cubo?

________ cm^3

b. Si el cubo estuviera lleno de agua, ¿cuántos mililitros contendría?

________ mL

3. a. ¿Cuál es el volumen del prisma rectangular del dibujo?

________ cm^3

10 cm
5 cm
10 cm

b. Si el prisma estuviera lleno de agua, ¿cuántos mililitros contendría?

________ mL

c. ¿Qué fracción de un litro es esto?

________ L

Completa.

4. 2 L = ________ mL **5.** 350 cm^3 = ________ mL **6.** 1,500 mL = ________ L

LECCIÓN 9•10 Unidades de volumen y capacidad, *cont.*

7. Un litro de agua pesa alrededor de 1 kilogramo (kg).

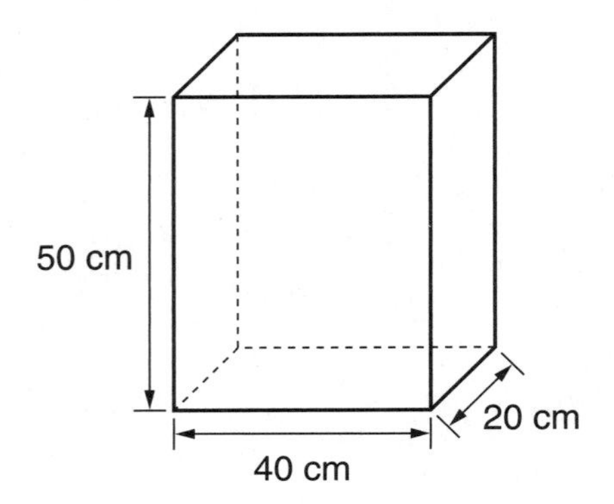

Si el tanque del diagrama anterior estuviera lleno de agua, ¿alrededor de cuánto pesaría el agua? Alrededor de ________ kg

En el sistema tradicional de EE.UU., las unidades de longitud y capacidad no están íntimamente relacionadas. Las unidades de capacidad mayores son múltiplos de las unidades menores.

- 1 taza (tz) = 8 onzas líquidas (oz líq)
- 1 pinta (pt) = 2 tazas (tz)
- 1 cuarto (ct) = 2 pintas (pt)
- 1 galón (gal) = 4 cuartos (ct)

8. a. 1 galón = ________ cuartos

b. 1 galón = ________ pintas

9. a. 2 cuartos = ________ pintas

b. 2 cuartos = ________ onzas líquidas

10. A veces ayuda saber que 1 litro es un poco más que 1 cuarto. En EE.UU., la gasolina se vende por galones. Si viajas a otras partes del mundo, verás que la gasolina se vende por litros. ¿1 galón de gasolina es más o menos que 4 litros de gasolina?

____

Fecha Hora

LECCIÓN 9•10

Cajas abiertas

¿Cuáles son las dimensiones de una caja abierta, tomando en cuenta el mayor volumen posible, que se puede hacer con una sola hoja de papel cuadriculado en centímetros?

1. Usa papel cuadriculado en centímetros para experimentar hasta que descubras un patrón. Anota tus resultados en la siguiente tabla.

Altura de la caja	Largo de la base	Ancho de la base	Volumen de la caja
1 cm	20 cm	14 cm	
2 cm			
3 cm			

2. ¿Cuáles son las dimensiones de la caja con el mayor volumen?

Altura de la caja = ________ cm Largo de la base = ________ cm

Ancho de la base = ________ cm Volumen de la caja = ________ cm^3

LECCIÓN 9•10

Más práctica con el método del rectángulo

Usa el método del rectángulo para hallar el área de cada uno de los siguientes triángulos y paralelogramos.

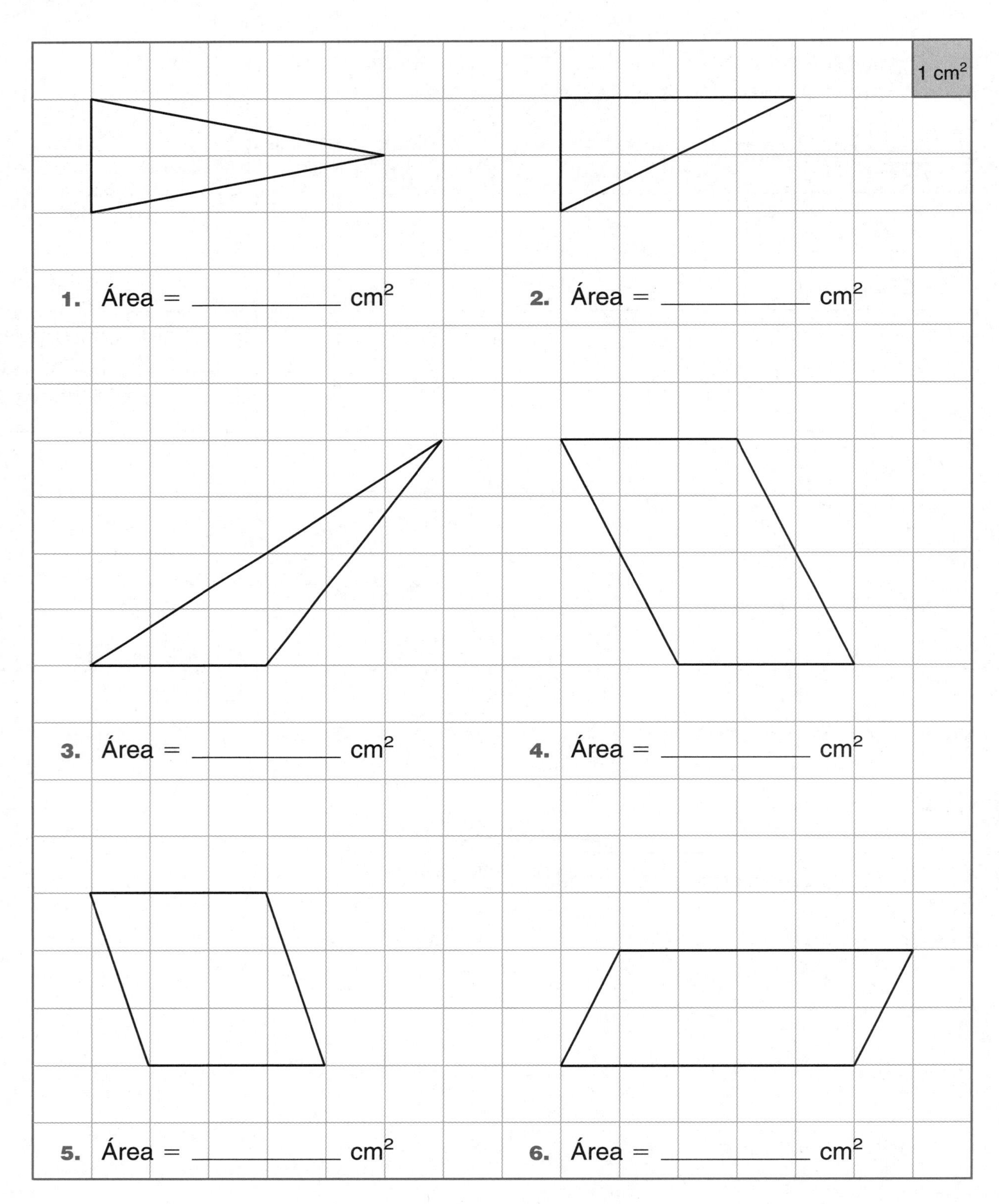

LECCIÓN 9•10

Cajas matemáticas

1. Resuelve.

a. $40.017 + 269.000 =$

b. $24.303 + 5.700 =$

c. $402.03 - 24.70 =$

d. $590.32 - 465.75 =$

2. Completa la tabla de "¿Cuál es mi regla?" y enuncia la regla.

Regla

entra	sale
40	
80	10
	9
	8
56	7

3. Monroe dijo que el mínimo común denominador de $\frac{5}{20}$ y $\frac{2}{3}$ era 60.

¿Es eso correcto? ________

Da otro nombre a las fracciones usando el mínimo común denominador.

________ y ________

4. La siguiente tabla muestra la concurrencia de los estudiantes de la Escuela Primaria Lincoln a los clubes escolares después de la escuela.

lun	mar	mié	jue	vie
35	25	30	24	24

Halla los siguientes hitos para estos datos.

mínimo: ________ moda: ________

máximo: ________ mediana: ________

rango: ________ media: ________

5. Usa la gráfica para responder las preguntas.

a. ¿Qué mes tuvo más días de recreo? ____________________

b. ¿Cuál fue el número total de días de recreo? ____________________

Cajas matemáticas

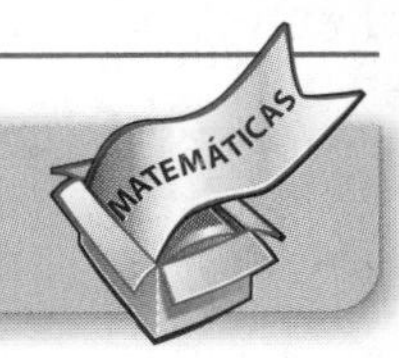

1. El prisma de la derecha está hecho con cubos de un centímetro.

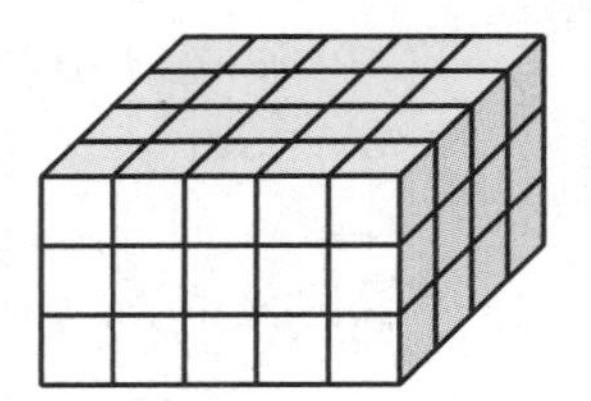

¿Cuál es el área de la base?

____

¿Cuál es el volumen del prisma?

____

LCE 189 197

2. Una persona respira en promedio de 12 a 15 veces por minuto. A este ritmo, ¿alrededor de cuántas veces respira por día?

____

Explica cómo obtuviste la respuesta.

____

____

____

3. Usa la gráfica para responder las preguntas.

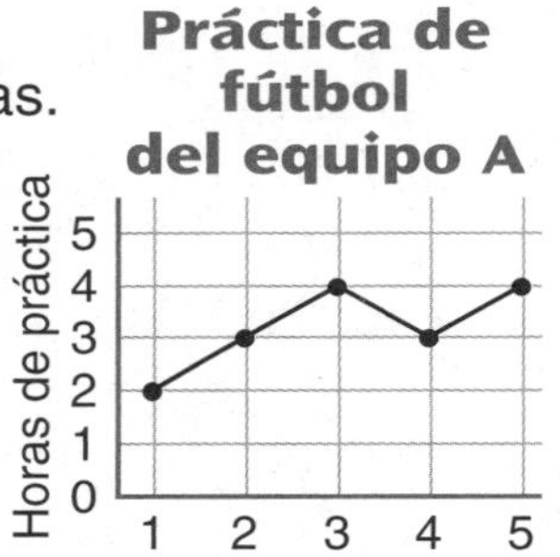

a. ¿Cuántas horas practicó el equipo A la primera semana?

____

b. ¿Cuántas horas practicó en el período de 5 semanas?

____

4. Si el radio de un círculo mide 2.5 pulgadas, ¿cuál es el diámetro?

____

Explica. _______________

____

____

____

5. Explica cómo hallarías el área del siguiente rectángulo.

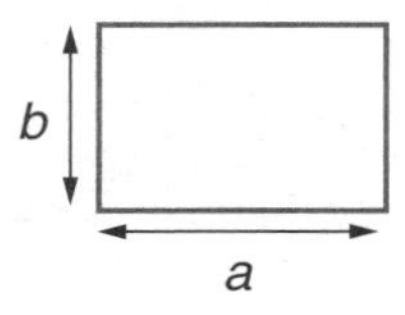

____

____

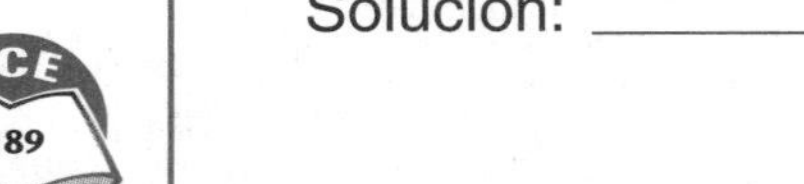

LCE 189

6. Escribe una oración numérica abierta para la historia. Luego, resuelve.

Kashawn nada 680 vueltas de piscina cada semana. ¿Cuántas vueltas nada en 5 semanas?

Oración numérica abierta:

____

Solución: _______________

Fecha Hora

LECCIÓN 10•1

Problemas de báscula de platillos

Mensaje matemático

1. Explica cómo usarías una báscula de platillos para pesar un objeto.

____

____

____

____

____

Resuelve estos problemas de báscula de platillos. En cada figura los dos platillos están en perfecto equilibrio.

2. Un cubo pesa tanto como

   ________ canicas.

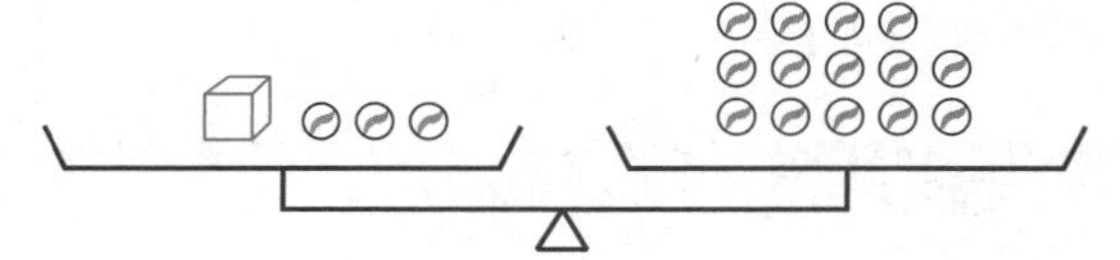

3. Un cubo pesa tanto como

   ________ naranjas.

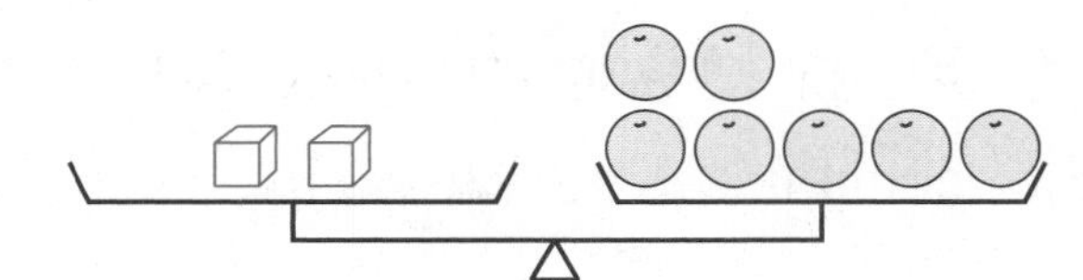

4. Una naranja entera pesa

   tanto como ________ uvas.

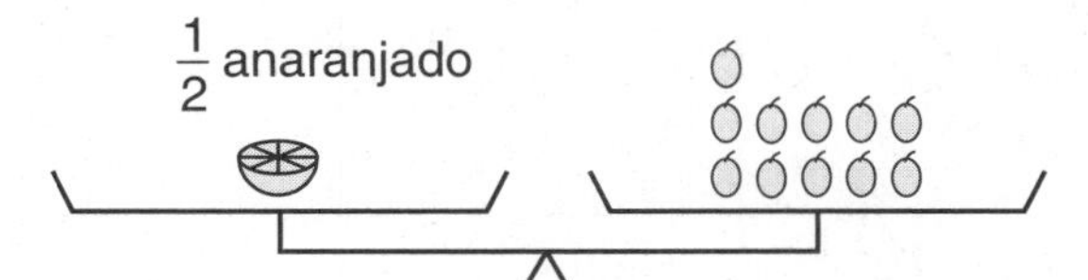

5. Un bloque pesa tanto como

   ________ canicas.

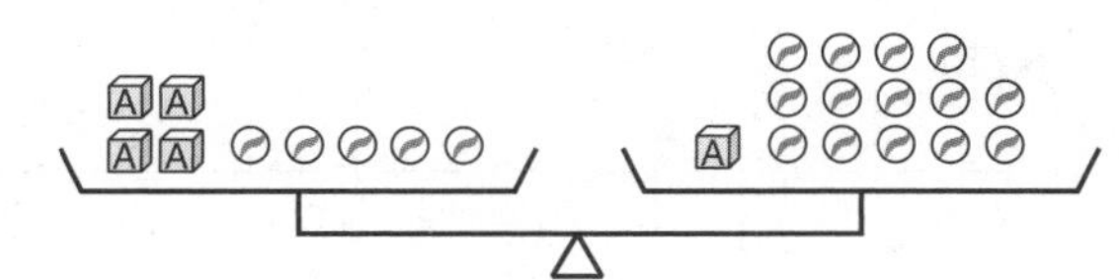

Comprueba tus respuestas. La suma de las respuestas a los Problemas 2 a 5 debe ser igual a $39\frac{1}{2}$.

Fecha Hora

Problemas de báscula de platillos, *cont.*

6. Un □ pesa tanto como ________ △.

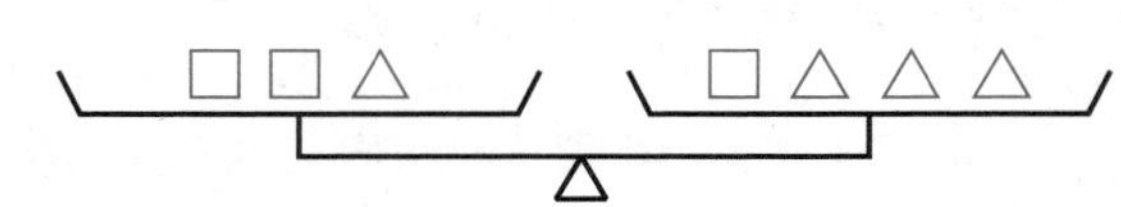

7. Un □ pesa tanto como ________ canicas.

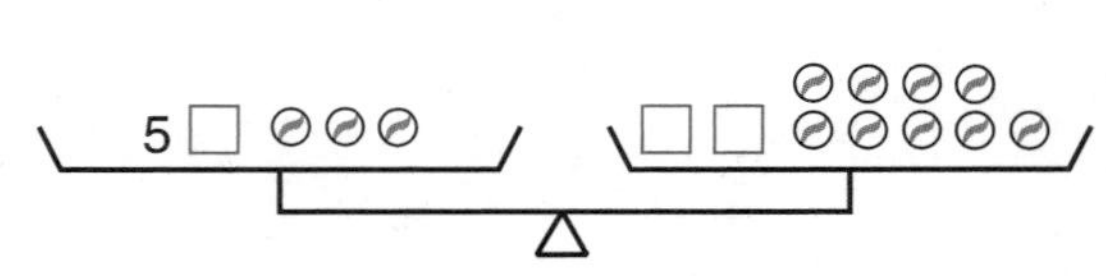

8. Una x pesa tanto como ________ pelotas.

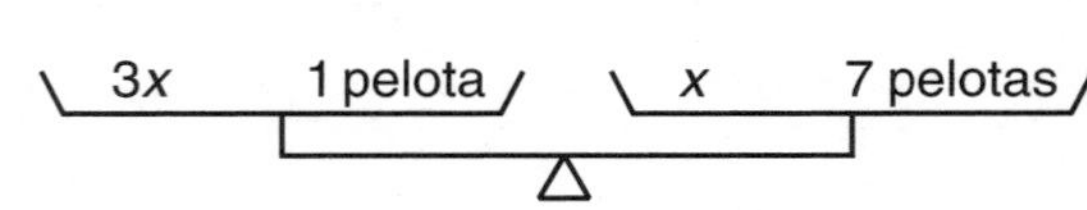

9. Una u pesa tanto como ________ V.

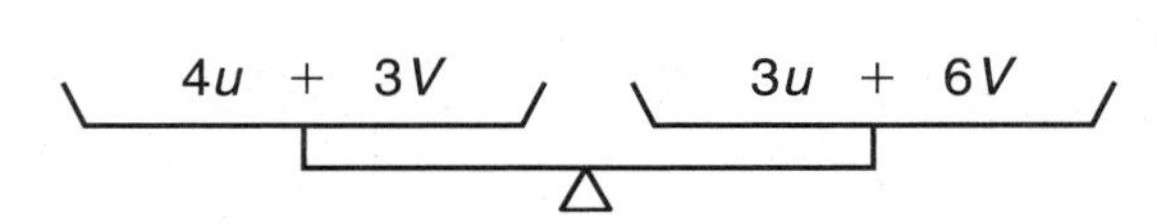

Comprueba tus respuestas. La suma de las respuestas a los Problemas 6 a 9 debe ser igual a 10.

Inténtalo

10. Una botella vacía pesa tanto como 6 canicas.

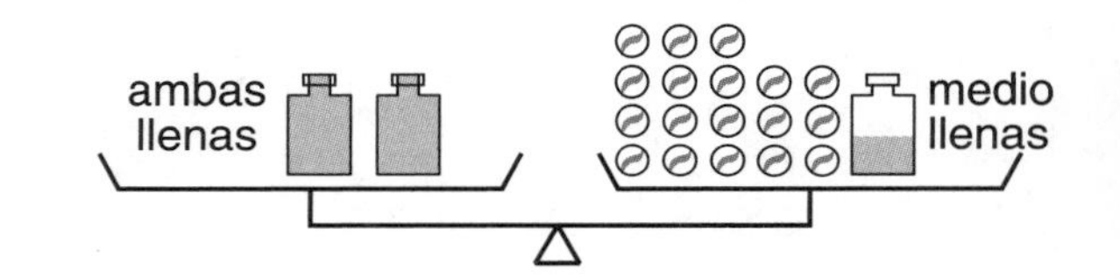

a. El contenido de una botella llena pesa tanto como ________ canicas.

b. Una botella llena pesa tanto como ________ canicas.

c. Explica tus soluciones.

LECCIÓN 10•1

Cajas matemáticas

1. Escribe las coordenadas de los puntos que se muestran en la cuadrícula de coordenadas.

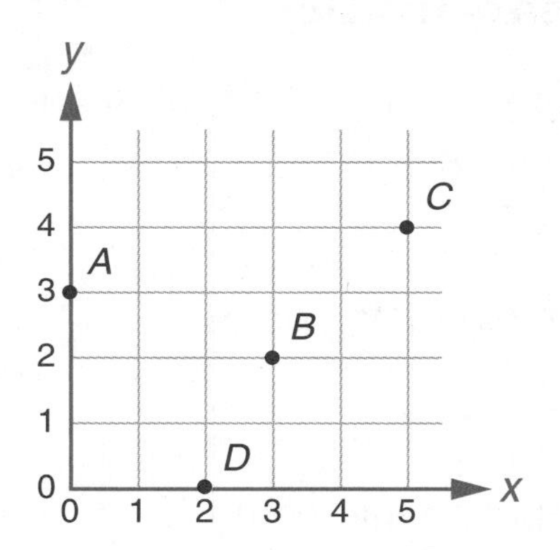

a. *A:* 

b. *B:* ________

c. *C:* ________

d. *D:* ________

2. Suma o resta.

a. $-7 + (-3) =$ ________

b. $5 - (-8) =$ ________

c. $-17 + 10 =$ ________

d. $-15 - 15 =$ ________

e. $3 + (-20) =$ ________

LCE 92

3. Multiplica. Usa el algoritmo de productos parciales. Muestra tu trabajo.

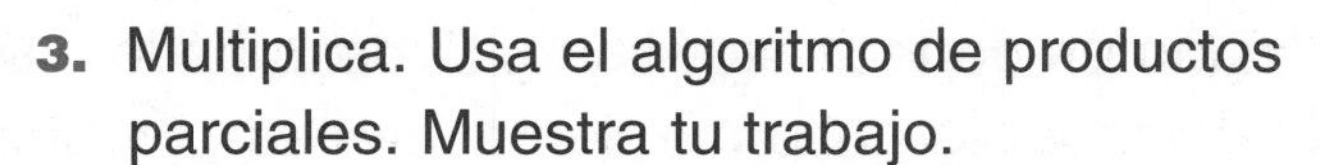

a. $87 * 65$

b. $39 * 24$

c. $99 * 26$

4. Halla el radio y el diámetro del círculo.

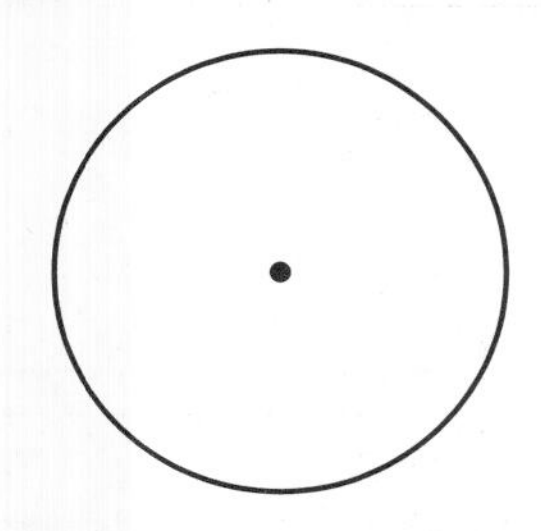

radio = ________ (unidad)

diámetro = ________ (unidad)

5. El volumen del prisma es de 180 unidades cúbicas.

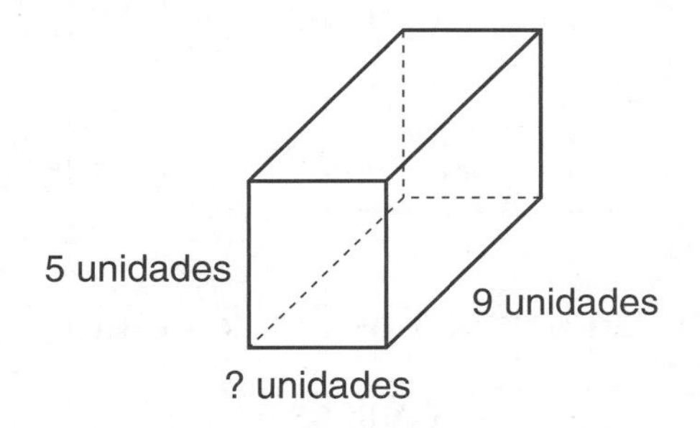

¿Cuál es el ancho de la base?

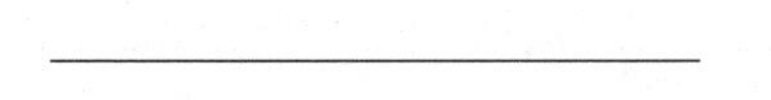

Fecha Hora

LECCIÓN 10•2

Más problemas de báscula de platillos

Mensaje matemático

Resuelve estos problemas de báscula de platillos. En cada figura, los dos platillos están en perfecto equilibrio.

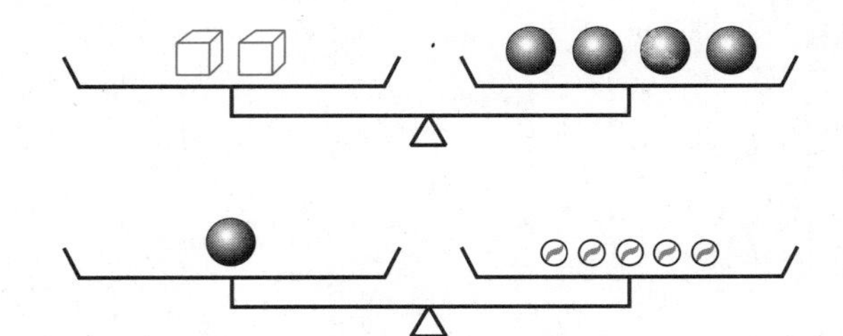

1. Un bloque pesa tanto como

_______ pelotas.

2. Una pelota pesa tanto como

_______ canicas.

Resuelve estos problemas usando las dos básculas de platillos. En cada problema, los platillos están en perfecto equilibrio. El peso de los objetos, como bloques, pelotas, canicas y monedas, es uniforme dentro de cada problema.

3.

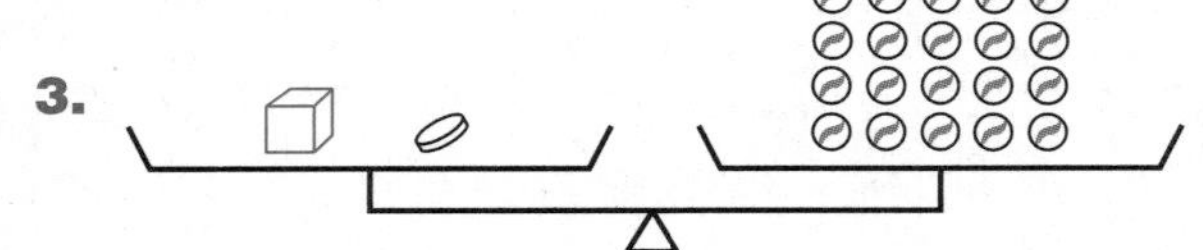

Un bloque pesa tanto como

_______ canicas.

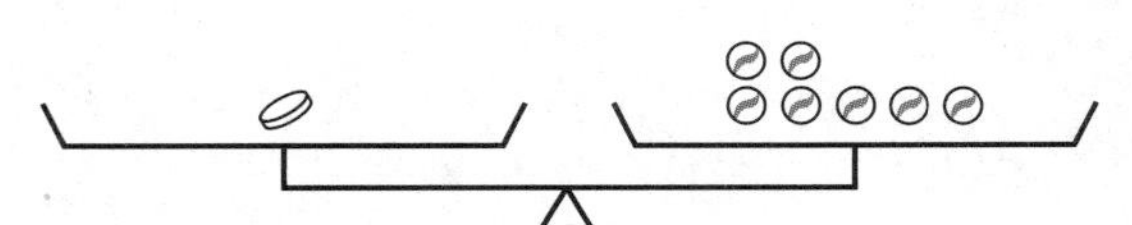

Una moneda pesa tanto como

_______ canicas.

4.

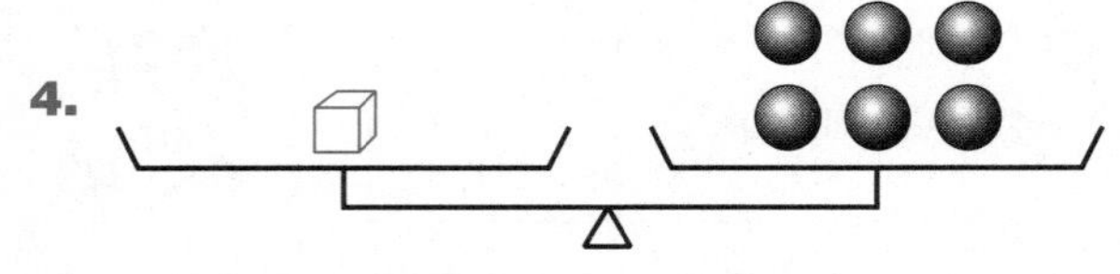

Un bloque pesa tanto como

_______ canicas.

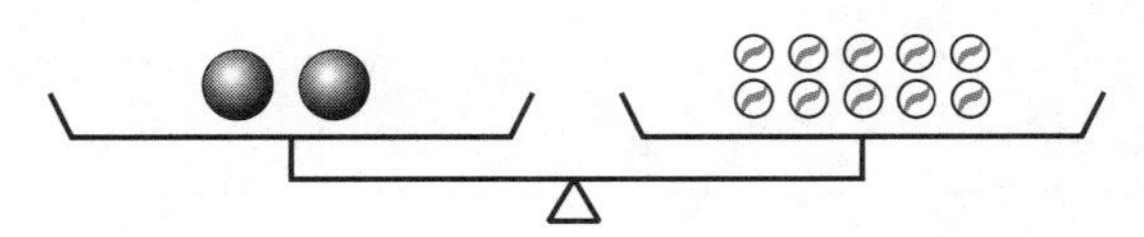

Una pelota pesa tanto como

_______ canicas.

5.

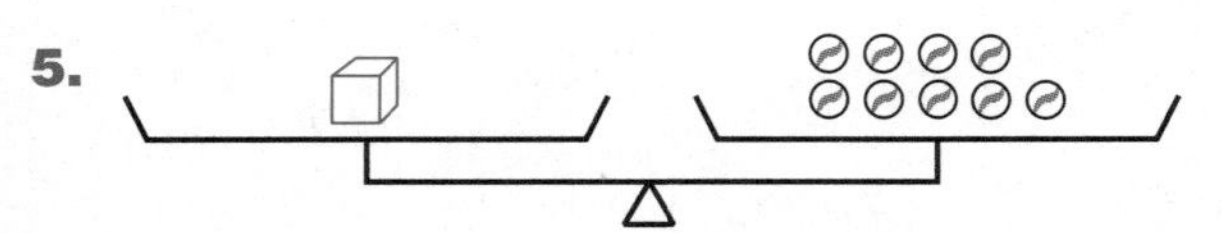

Un bloque pesa tanto como

_______ canicas.

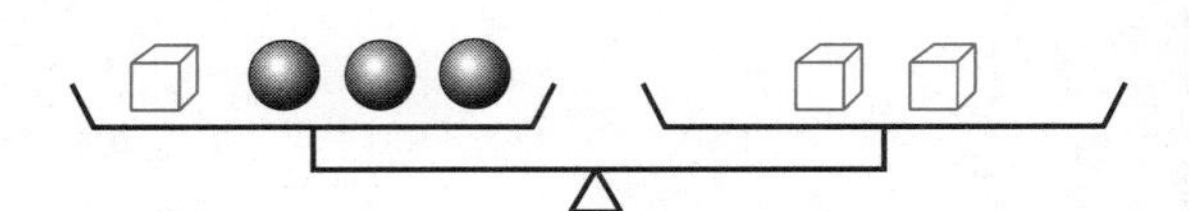

Una pelota pesa tanto como

_______ canicas.

Fecha Hora

LECCIÓN 10·2 Más problemas de báscula de platillos, *cont.*

6. 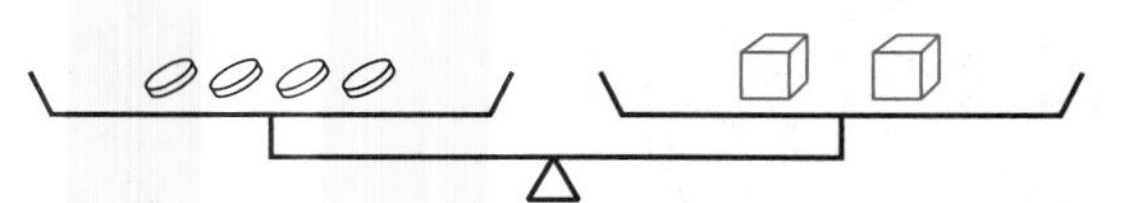

Una moneda pesa tanto como

________ clips.

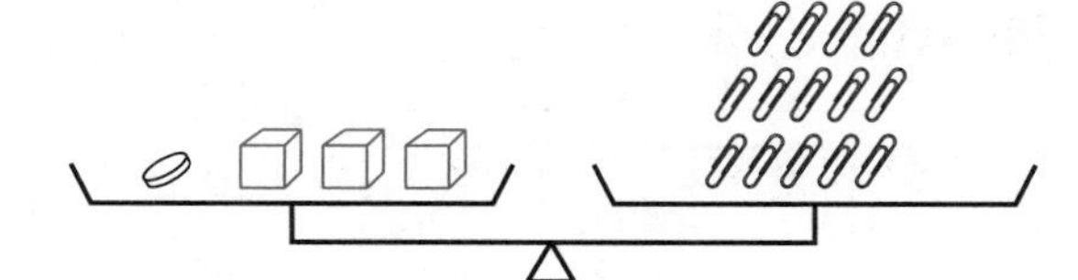

Un bloque pesa tanto como

________ clips.

7. 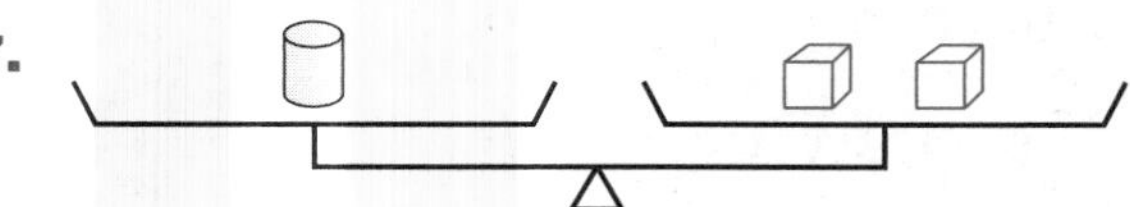

Una lata pesa tanto como

________ bloques.

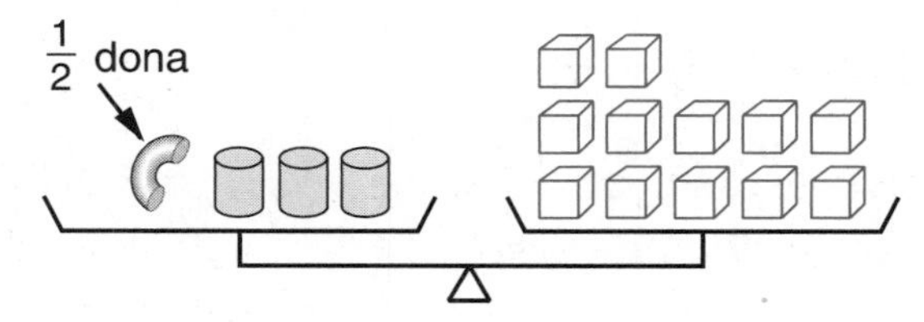

Una dona pesa tanto como

________ bloques.

8. 

Un □ pesa tanto como

________ canicas.

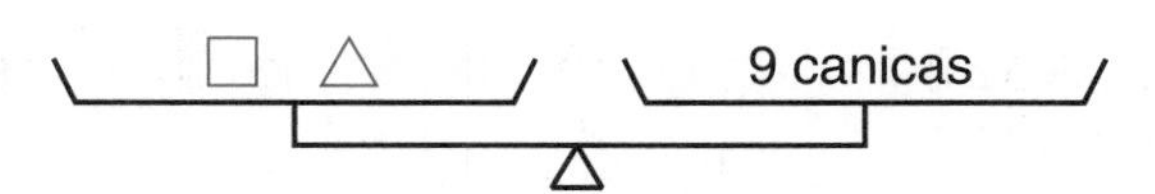

Un △ pesa tanto como

________ canicas.

9. 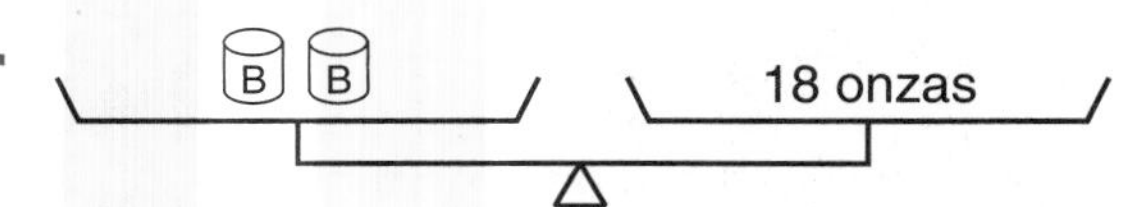

Cada lata pesa B onzas.

$B =$ ________ onzas

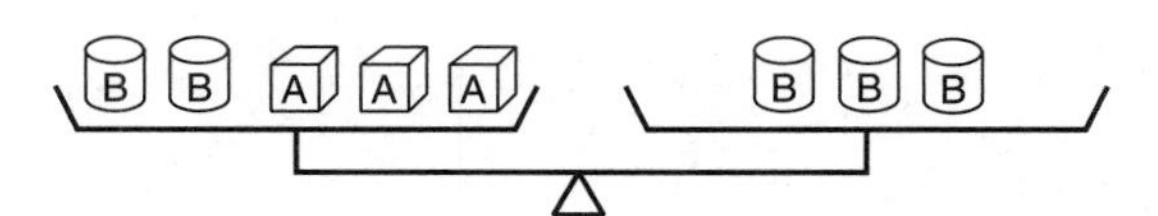

Cada cubo pesa A onzas.

$A =$ ________ onzas

Más problemas de báscula de platillos, *cont.*

10. 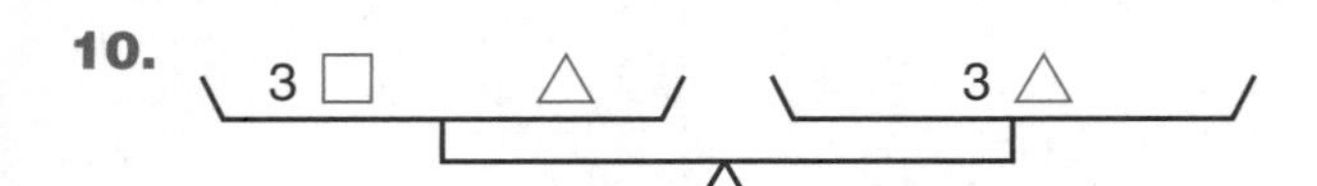

\ △ / \ 6 canicas /

Un □ pesa tanto como

________ canicas.

Un △ pesa tanto como

________ canicas.

11. 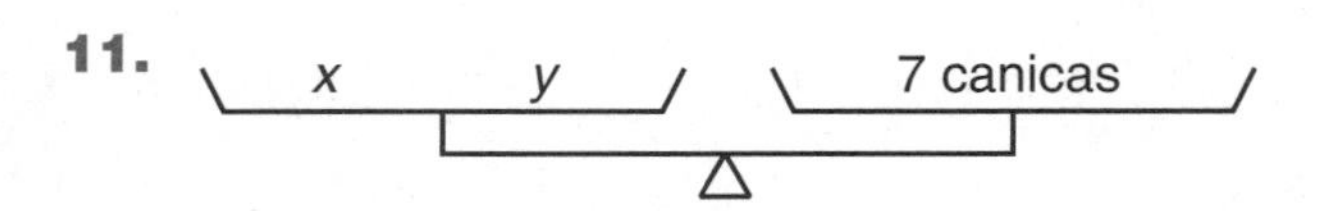

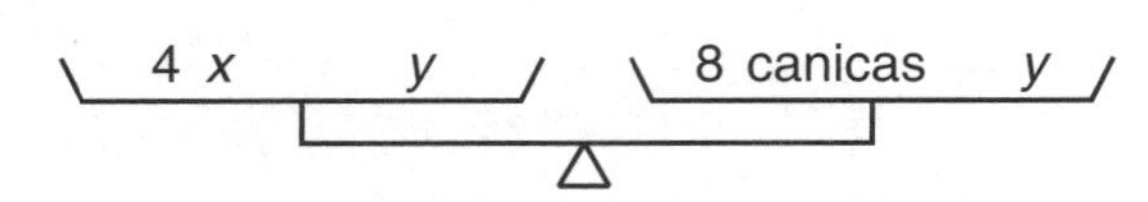

y pesa tanto como

________ canicas.

x pesa tanto como

________ canicas.

12. 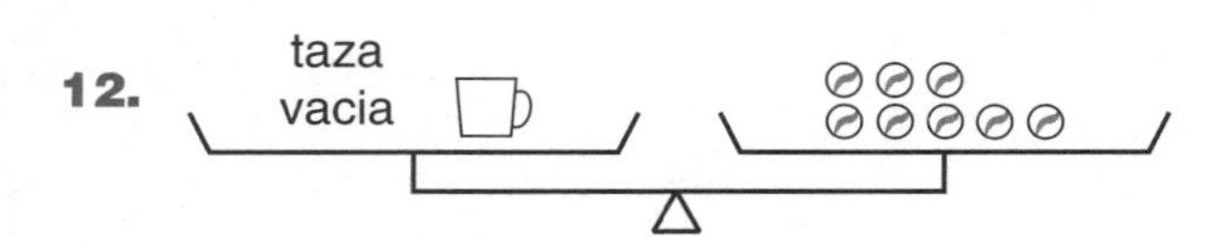

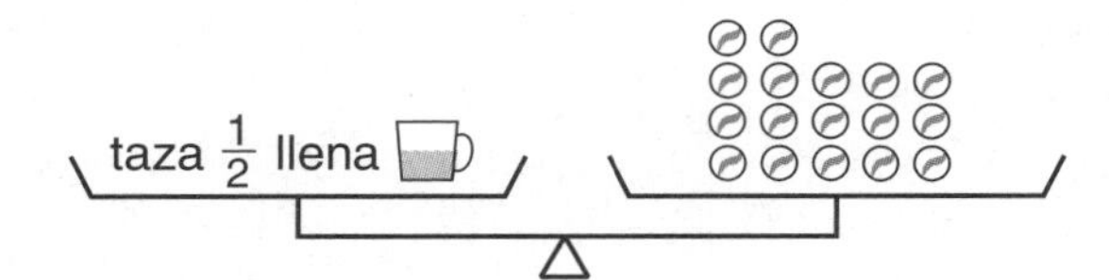

Si la taza está llena, el café *en* la taza pesa tanto como ________ canicas.

Si la taza está llena, el café *más* la taza pesa tanto como ________ canicas.

13. Dos bolígrafos pesan tanto como un compás. Un bolígrafo y un compás juntos pesan 45 gramos.

Completa los esquemas de balanza de platillos que están a continuación. Halla el peso de un bolígrafo y de un compás.

Un bolígrafo pesa ________ gramos.

Un compás pesa ________ gramos.

LECCIÓN 10•2

Gráficas lineales

1. Usa la gráfica para responder las preguntas.

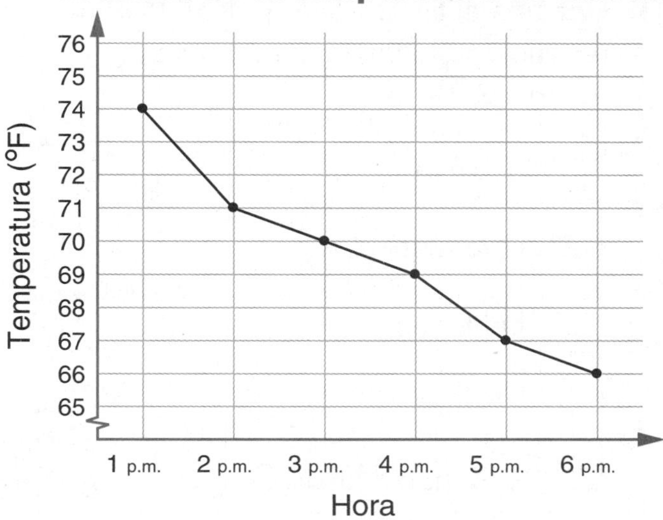

a. ¿La temperatura aumentó o disminuyó entre la 1:00 p.m. y 2:00 p.m.?

____

b. ¿La temperatura aumentó en algún momento de la tarde?

____

c. ¿Cuántos grados cambió la temperatura en 5 horas?

____

d. ¿Qué temperatura crees que habrá a las 7:00 p.m.? _______________

Explica tu respuesta.

____

____

____

2. Haz una gráfica lineal para el siguiente conjunto de datos.

Aumento de peso de los cachorros

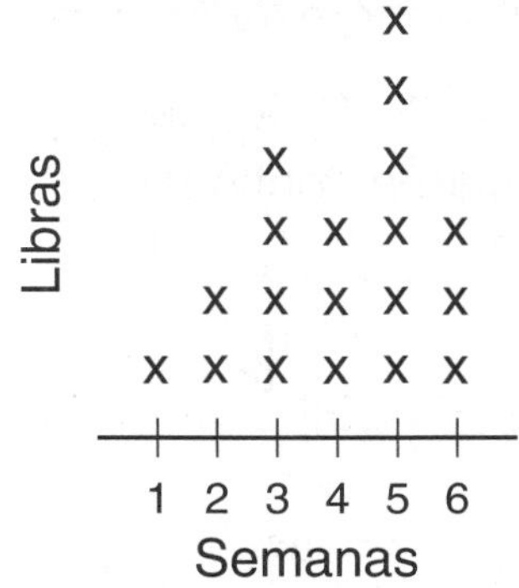

____

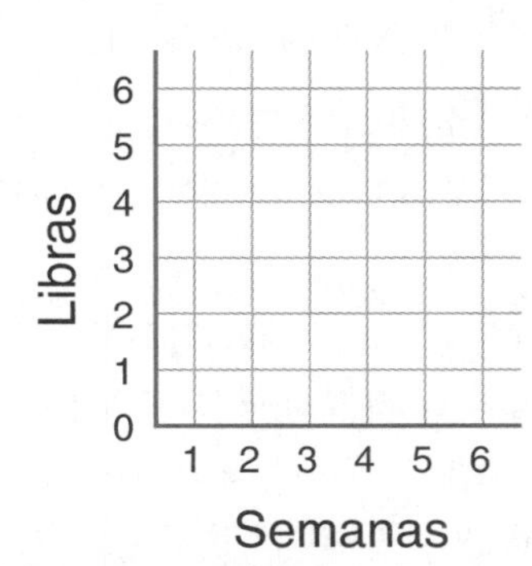

Escribe dos enunciados verdaderos acerca de la información de la gráfica.

____

____

____

Fecha Hora

LECCIÓN 10•2

Cajas matemáticas

1. Haz una estimación de magnitud para el producto. Elige la mejor respuesta.
4,246 * 2.5

- décimas
- unidades
- centenas
- millares
- decenas de millar

2. Encierra en un círculo los números divisibles entre 6 que están a continuación.

148 293 762 1,050 984

3. Nombra el número para cada punto marcado en la recta numérica.

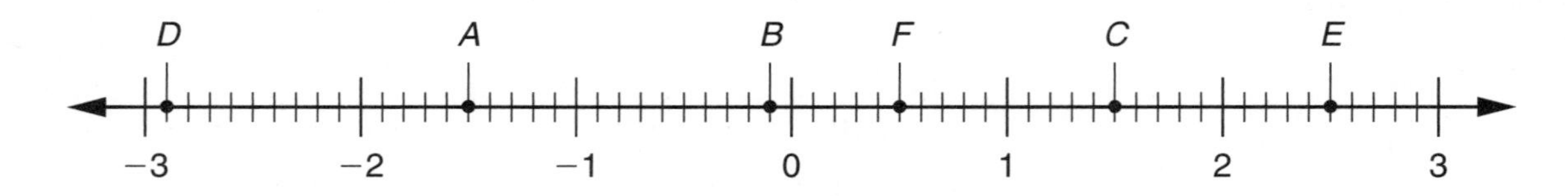

$A =$ ________ $B =$ ________ $C =$ ________

$D =$ ________ $E =$ ________ $F =$ ________

4. a. ¿Cuál tiene un área mayor: un rectángulo de 3 pies × 2 pies o un triángulo con una base de 3 pies y una altura de 5 pies?

____

b. ¿Cuál tiene un área mayor: un triángulo con una base de 10 cm y una altura de 4 cm o un paralelogramo con una base de 5 cm y una altura de 6 cm?

____

5. Halla el volumen del prisma. Rellena el círculo que está junto a la mejor respuesta.

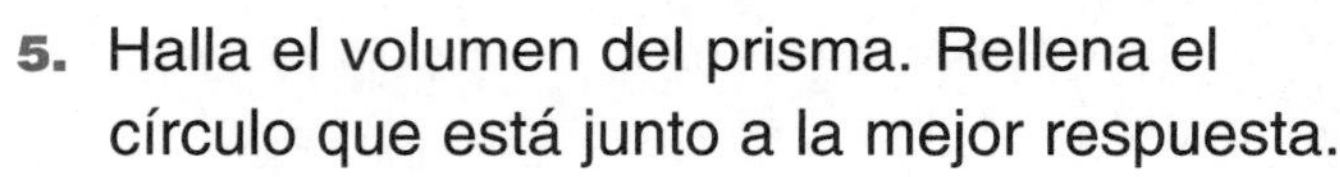

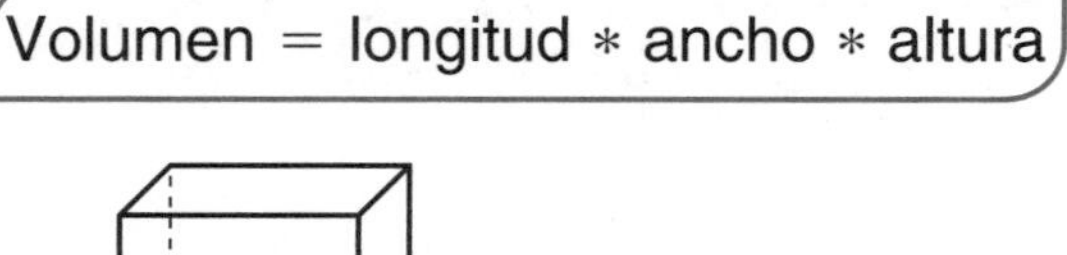

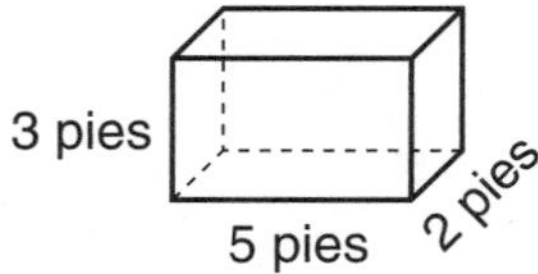

- A. 252 $pies^3$
- B. 50 $pies^3$
- C. 23 $pies^3$
- D. 225 $pies^3$

Fecha Hora

LECCIÓN 10·3

Expresiones algebraicas

Completa cada enunciado a continuación con una expresión algebraica, usando la variable sugerida. El primer problema ya está hecho como ejemplo.

1. Si el estipendio de Beth es \$2.50 más que el de Kesia, entonces el estipendio de Beth es

   $D + \$2.50$.

El estipendio de Kesia es *D* dólares.

Beth

2. Si León recibe un aumento de \$5 por semana, entonces su sueldo es

   ______________________.

Banco del vecindario 141
Páguese a la orden de: *León*
La cantidad de: *S* dólares
El jefe

El sueldo de León es *S* dólares por semana.

3. Si el abuelo de Alí tiene 50 años más que Alí, entonces Alí tiene.

   ______________________ años de edad.

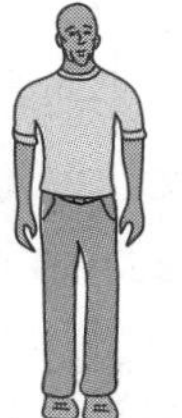

El abuelo de Alí tiene *G* años.

Alí

Un cesto de papas pesa *P* libras.

4. Siete cestos de papas pesan

   ______________________ libras.

LECCIÓN 10·3 Expresiones algebraicas, *cont.*

5. Si un submarino se sumerge 150 pies, entonces estará viajando a una profundidad de

_______________ pies.

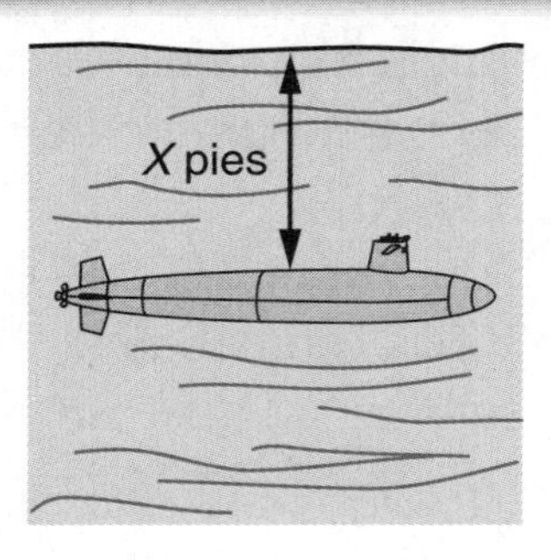

Un submarino viaja a una profundidad de X pies.

6. El piso se divide en 5 áreas iguales para las clases de gimnasia. Cada clase tiene un área de juego de

_______________ $pies^2$.

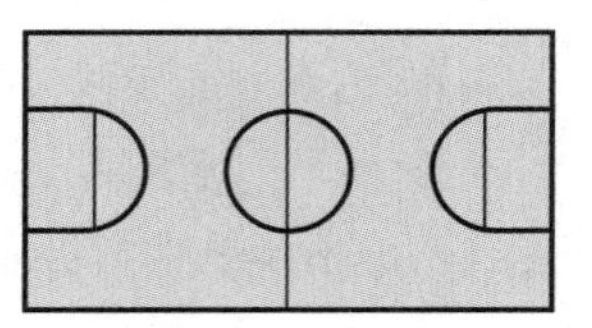

El piso del gimnasio tiene un área de A pies cuadrados.

7. El cargo por un libro cuya fecha de devolución pasó hace D días es de

_______________ centavos.

Una biblioteca cobra 10 centavos por cada libro cuyo plazo de devolución está vencido. Suma un recargo de 5 centavos por día por cada libro cuyo plazo de devolución haya vencido.

8. Si Kevin gasta $\frac{2}{3}$ de su estipendio en un libro, entonces le quedan

_______________ dólares.

El estipendio de Kevin es de X dólares.

Fecha Hora

LECCIÓN 10·3

"¿Cuál es mi regla?"

1. a. Expresa en palabras la regla para la tabla de "¿Cuál es mi regla?" que está a la derecha.

X	Y
5	1
4	0
−1	−5
1	−3
2	−2

____

____

____

____

b. Encierra en un círculo la oración numérica que describa la regla.

$Y = X / 5$ $\quad$ $Y = X - 4$ $\quad$ $Y = 4 - X$

2. a. Expresa en palabras la regla para la tabla de "¿Cuál es mi regla?" que está a la derecha.

Q	Z
1	3
3	5
−4	−2
−3	−1
−2.5	−0.5

____

____

____

____

b. Encierra en un círculo la oración numérica que describa la regla.

$Z = Q + 2$ $\quad$ $Z = 2 * Q$ $\quad$ $Z = \frac{1}{2}Q * 1$

3. a. Expresa en palabras la regla para la tabla de "¿Cuál es mi regla?" que está a la derecha.

g	t
$\frac{1}{2}$	2
0	0
2.5	10
$\frac{1}{4}$	1
5	20

____

____

____

____

b. Encierra en un círculo la oración numérica que describa la regla.

$g = 2 * t$ $\quad$ $t = 2 * g$ $\quad$ $t = 4 * g$

LECCIÓN 10•3

Cajas matemáticas

1. Identifica el punto nombrado por cada par ordenado de números.

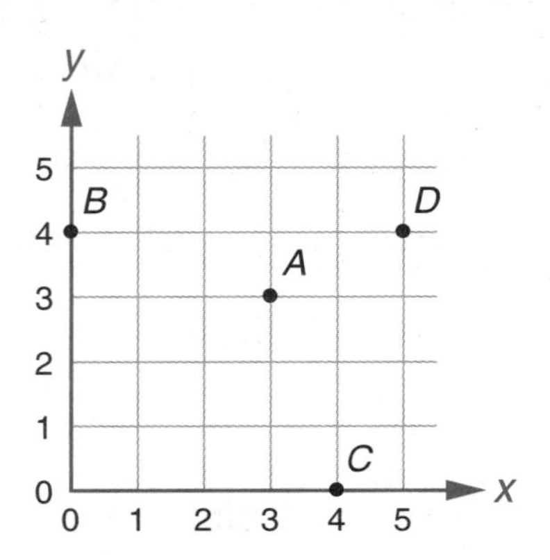

a. (0,4) _____

b. (3,3) _____

c. (5,4) _____

d. (4,0) _____

2. Suma o resta.

a. $20 + (-10) =$ ________

b. $-8 + (-17) =$ ________

c. $-12 - (-12) =$ ________

d. $-45 + 45 =$ ________

e. $-31 - 14 =$ ________

3. Multiplica. Usa el algoritmo de productos parciales. Muestra tu trabajo.

a. 43 * 78

b. 19 * 86

c. 79 * 42

4. a. Dibuja un círculo que mida 4 centímetros de diámetro.

b. El radio del círculo es de ________.

5. El siguiente prisma rectangular tiene un volumen de 126 centímetros cúbicos.

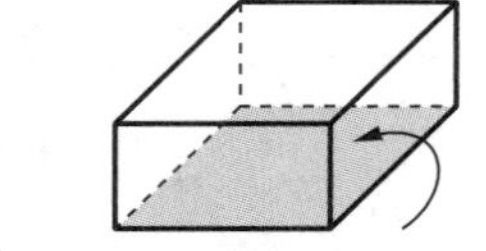

Área de la base = 42 cm^2

¿Cuál es la altura del prisma?

____
(unidad)

LECCIÓN 10•4

Cajas matemáticas

1. Haz una estimación de magnitud para el producto. Elige la mejor respuesta.
   0.4 * 6.5

   - décimas
   - unidades
   - centenas
   - millares
   - decenas de millar

2. Encierra en un círculo los números divisibles entre 9 que están a continuación.

   3,735 2,043 192 769 594

3. a. Marca y rotula −1.7, 0.8, −1.3, y 1.9 en la recta numérica.

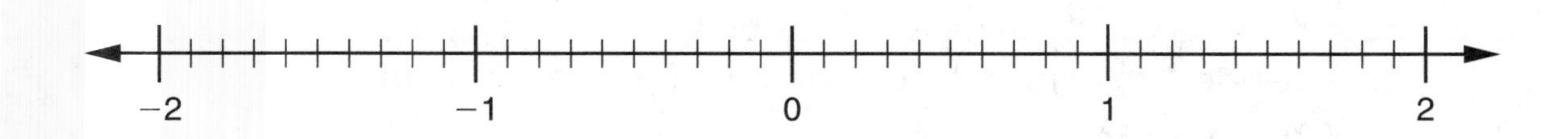

   b. ¿Qué número es 1 menos que −1.7? ________

   c. ¿Qué número es 1 más que 1.9? ________

4. Encierra en un círculo la figura que tiene la misma área que la figura A.

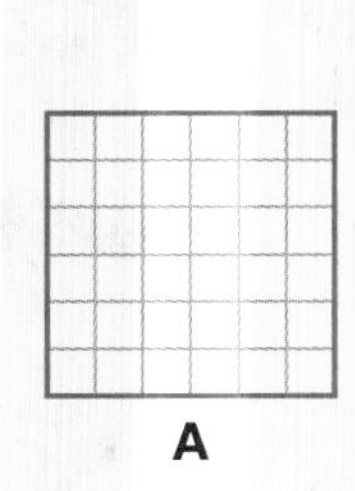

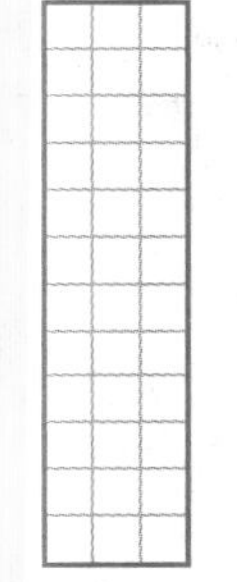
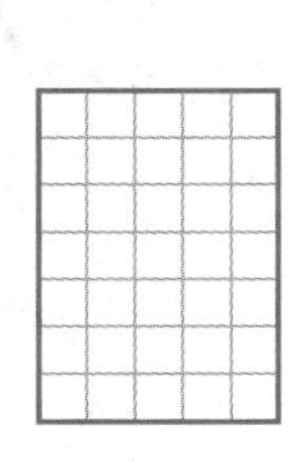
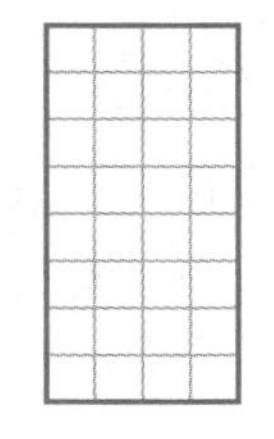

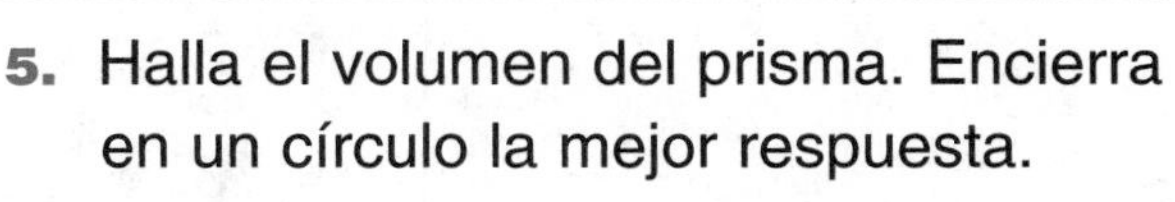

5. Halla el volumen del prisma. Encierra en un círculo la mejor respuesta.

   Volumen = longitud * ancho * altura

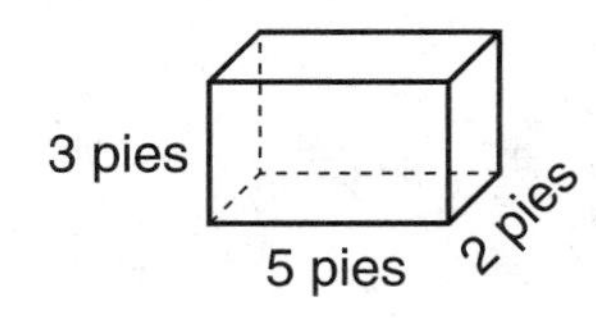

   A 10 pies^3

   B 30 pies^3

   C 17 pies^3

   D 60 pies^3

Fecha Hora

LECCIÓN 10•4

Velocidad y distancia

Mensaje matemático

1. Un avión viaja a una velocidad de 480 millas por hora. A esa velocidad, ¿cuántas millas recorrerá en 1 minuto? Escribe un modelo numérico para mostrar lo que hiciste para resolver el problema.

   Modelo numérico: ____________________ Distancia por minuto: ________ millas

---

Regla para la distancia recorrida

2. Para un avión que vuela a 8 millas por minuto (480 mph), puedes usar la siguiente regla para calcular la distancia recorrida en cualquier número de minutos:

   Distancia recorrida = 8 * número de minutos

   o

   $d = 8 * t$

   donde d es la distancia recorrida en millas y t es el tiempo del viaje en minutos. Por ejemplo, después de 1 minuto, el avión habrá recorrido 8 millas (8 * 1). Después de 2 minutos, habrá recorrido 16 millas (8 * 2).

3. Usa la regla $d = 8 * t$ para completar la tabla de la derecha.

Tiempo (min) (t)	Distancia (mi) ($8 * t$)
1	8
2	16
3	
4	
5	
6	
7	
8	
9	
10	

LECCIÓN 10•4

Velocidad y distancia, *cont.*

4. Completa la gráfica usando los datos de la tabla de la página 346. Luego, conecta los puntos.

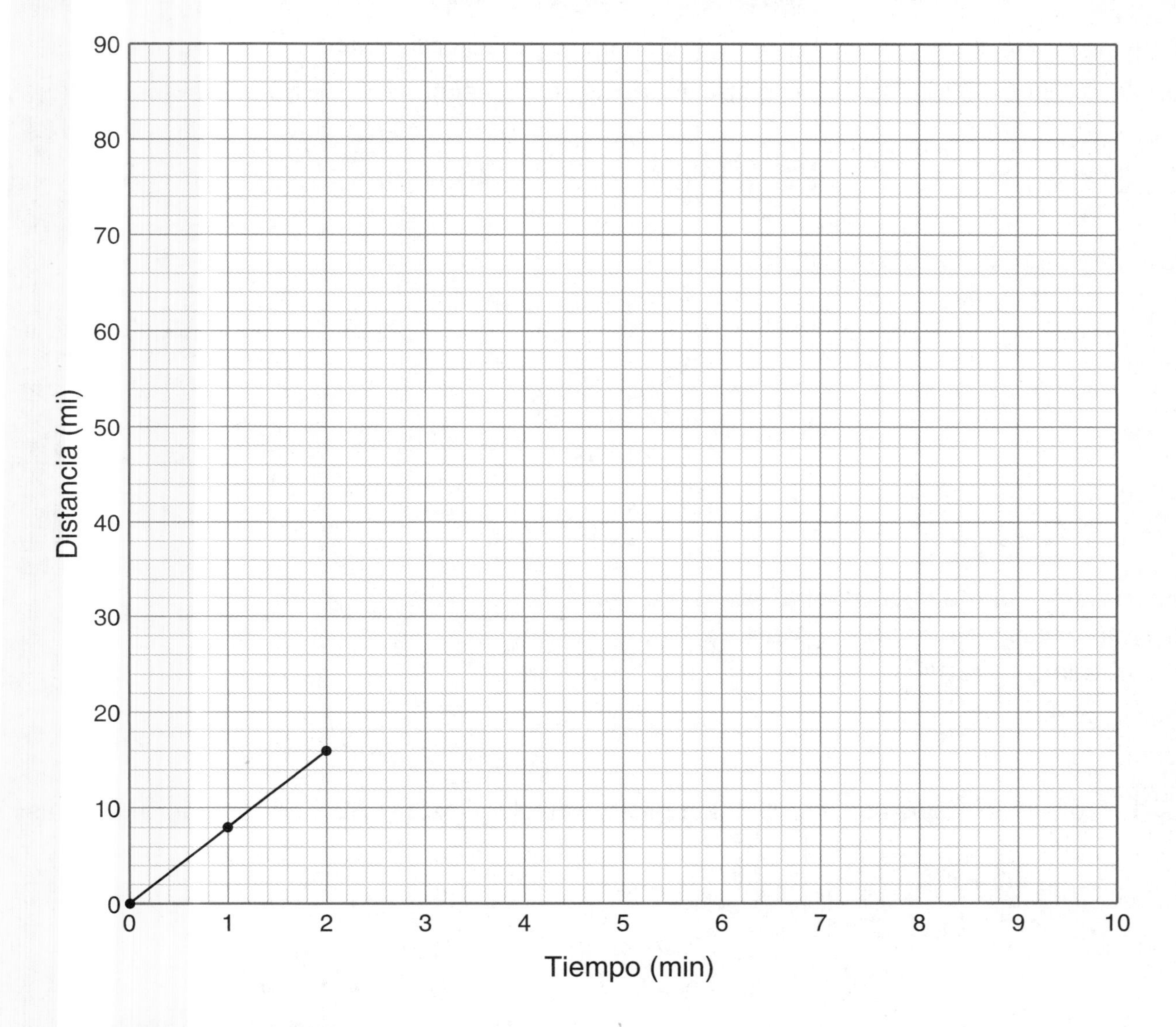

Usa tu gráfica para responder las siguientes preguntas.

5. ¿Qué distancia recorrería el avión en $1\frac{1}{2}$ minutos? ________________ (unidad)

6. ¿Cuántas millas recorrería el avión en 5 minutos y 24 segundos (5.4 minutos)?

________________ (unidad)

7. ¿Cuánto tiempo tardaría el avión en recorrer 60 millas? ________________ (unidad)

LECCIÓN 10•4

Representar tasas

Completa cada tabla que está a continuación. Luego, representa los datos en las gráficas y conecta los puntos.

1. a. Andy gana $8 por hora. Regla: Ganancias = $8 * el número de horas trabajadas

Tiempo (h) (*h*)	Ganancias ($) (8 * *h*)
1	
2	
3	
	40
7	

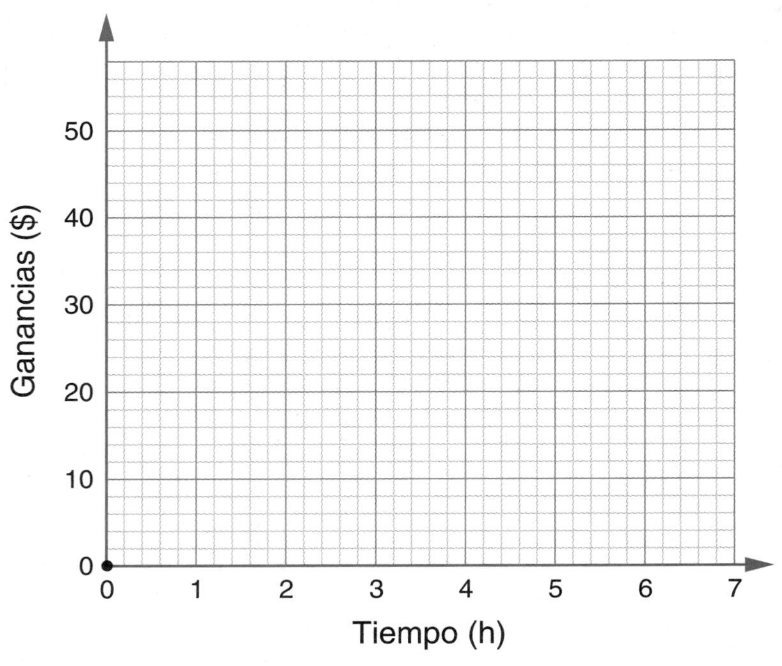

b. Traza un punto para mostrar las ganancias de Andy en $5\frac{1}{2}$ horas. ¿Cuánto ganaría?

____

2. a. Los pimientos rojos cuestan $2.50 por libra. Regla: Costo = $2.50 * el número de libras

Peso (lb) (*p*)	Costo ($) (2.50 * *p*)
1	
2	
3	
	15.00
12	

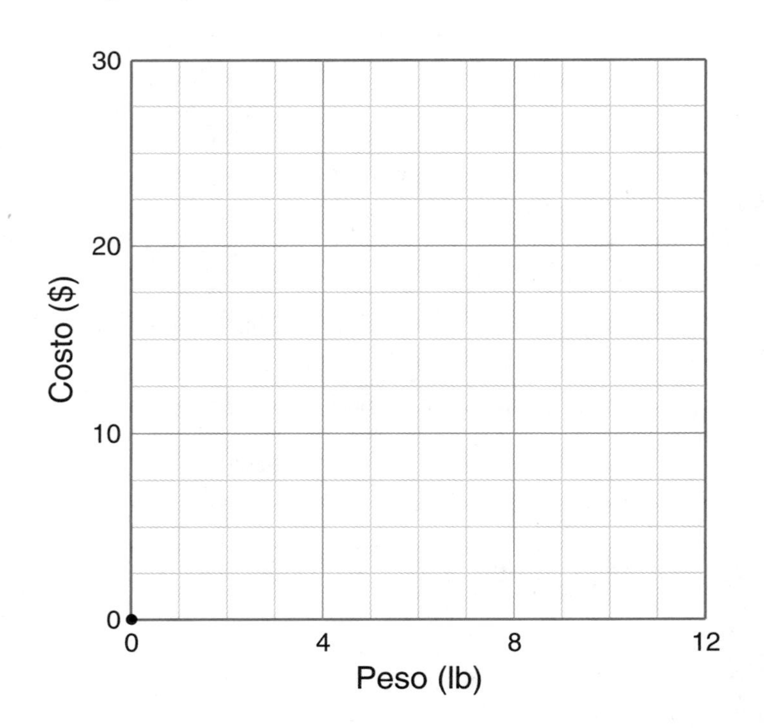

b. Traza un punto para mostrar el costo de 8 libras. ¿Cuánto costarían 8 libras de pimientos rojos?

____

LECCIÓN 10•4 Representar tasas, *cont.*

3. a. Frank escribe a máquina 45 palabras por minuto.

Regla: Palabras escritas = 45 ∗ número de minutos

Tiempo (min) (t)	Palabras ($45 * t$)
1	
2	
3	
	225
6	

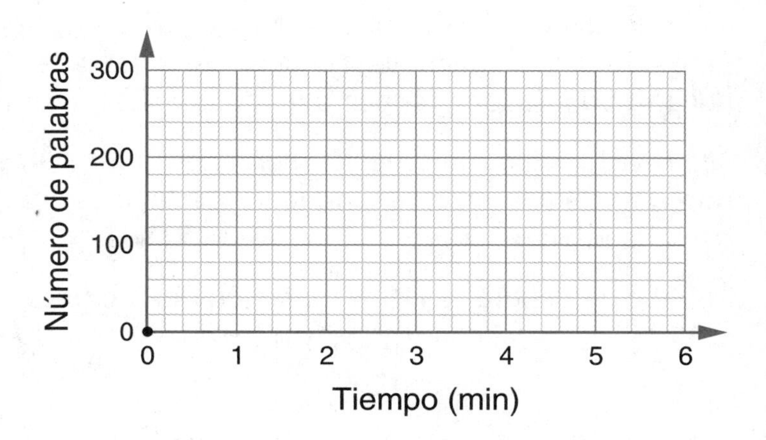

b. Traza un punto para mostrar el número de palabras que Frank puede escribir en 4 minutos. ¿Cuántas palabras es eso?

____

4. a. El carro de Joan usa 1 galón de gasolina cada 28 millas.

Regla: Distancia = 28 ∗ el número de galones

Gasolina (gal) (g)	Distancia (mi) ($28 * g$)
1	
2	
3	
	140
$5\frac{1}{2}$	

b. Traza un punto para mostrar qué distancia recorrería el carro con 1.4 galones de gasolina. ¿Cuántas millas recorrería?

____

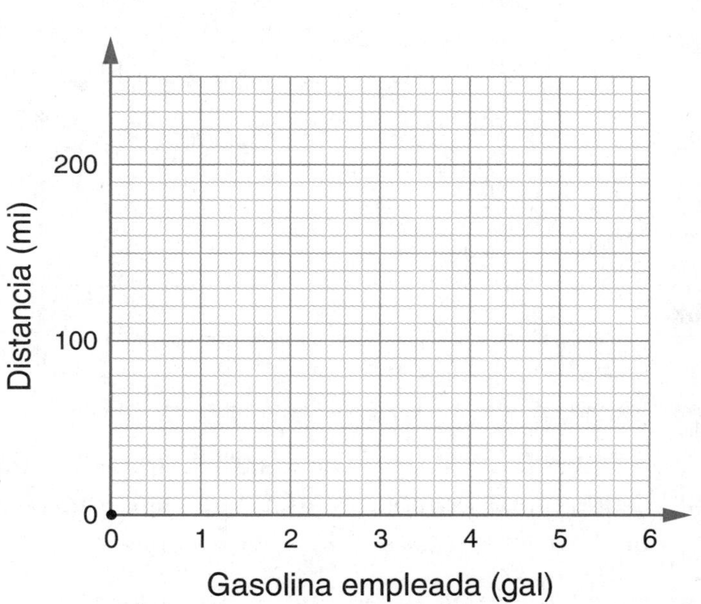

Fecha Hora

LECCIÓN 10•5

Predecir cuándo Old Faithful entrará en erupción

El géiser Old Faithful en el parque nacional Yellowstone es uno de los espectáculos más impresionantes de la naturaleza. Yellowstone tiene 200 géiseres y miles de fuentes de aguas termales, pozos de arcilla, chorros de vapor y otros "puntos calientes", más que cualquier otro lugar de la Tierra. Old Faithful no es el géiser más grande ni es el más alto de Yellowstone, pero es el más constante. Tomando en cuenta la duración de una erupción, los encargados del parque pueden predecir cuándo ocurrirán nuevas erupciones.

Old Faithful entra en erupción a intervalos regulares que son **predecibles.** Si mides la duración de una erupción, puedes **predecir** alrededor de cuánto tiempo debes esperar hasta la próxima erupción. Usa esta fórmula:

Tiempo de espera = (10 ∗ (duración de la erupción)) + 30 minutos

$T = (10 * E) + 30$

$T = 10E + 30$

Todos los tiempos están en minutos.

1. Usa la fórmula para completar la siguiente tabla.

Duración de la erupción (min) (E)	Tiempo de espera hasta la próxima erupción (min) ($(10 * E) + 30$)
2 min	50 min
3 min	_______ min
4 min	_______ min
5 min	_______ min
1 min	_______ min
$2\frac{1}{2}$ min	_______ min
3 min 15 sec	_______ min
_______ min	45 min

2. Haz una gráfica con los datos de la tabla. Un par de números están marcados en el diagrama como ejemplo.

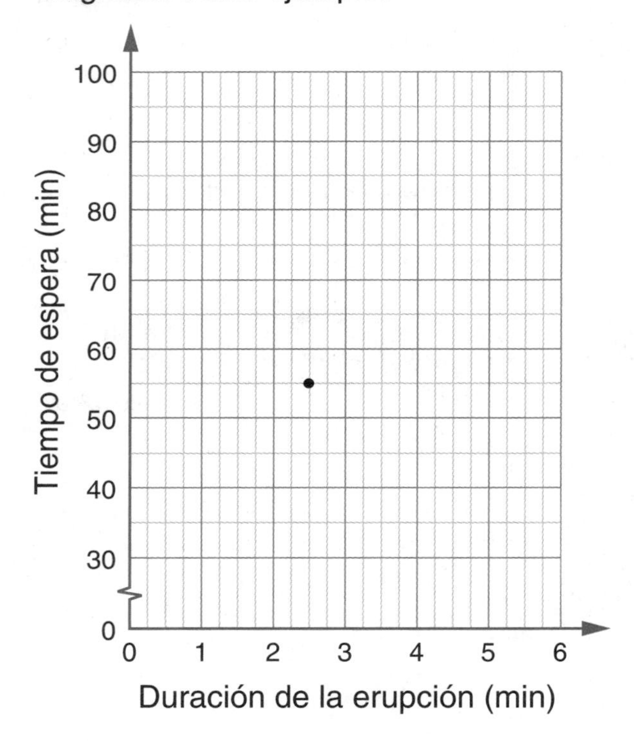

3. Son las 8:30 a.m., y Old Faithful acaba de terminar una erupción de 4 minutos. ¿Cuándo aproximadamente entrará en erupción de nuevo?

____

4. El promedio de tiempo entre las erupciones del Old Faithful es de alrededor de 75 minutos. Por lo tanto, ¿aproximadamente cuántos minutos dura en promedio una erupción?

____

LECCIÓN 10•5

Más práctica de báscula de platillos

Resuelve estos problemas de báscula de platillos. En cada figura, los dos platillos están en perfecto equilibrio.

1.

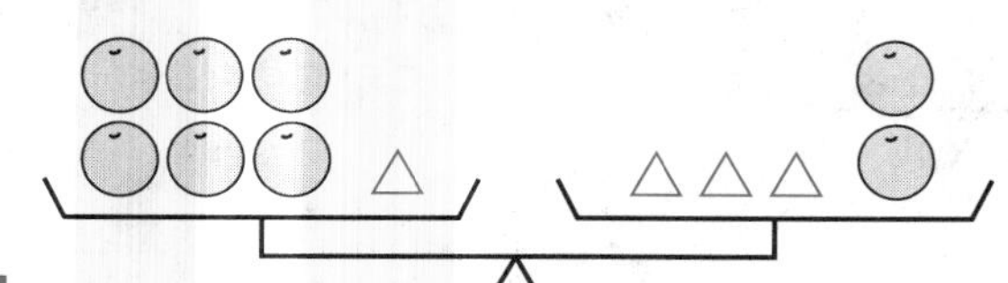

Una naranja pesa tanto como

__________ triángulo.

2.

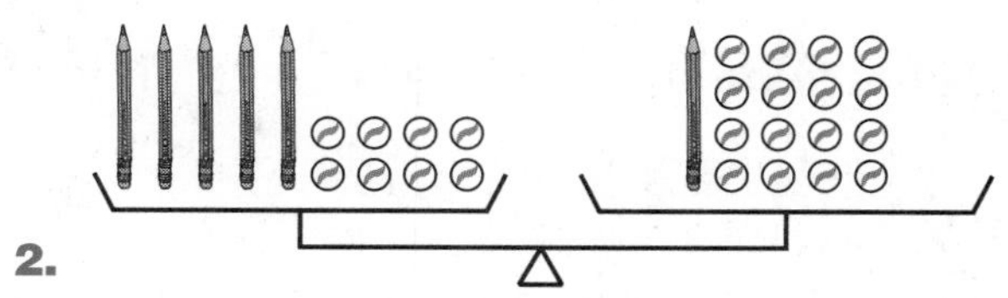

Una canica pesa tanto como

__________ lápiz.

3.

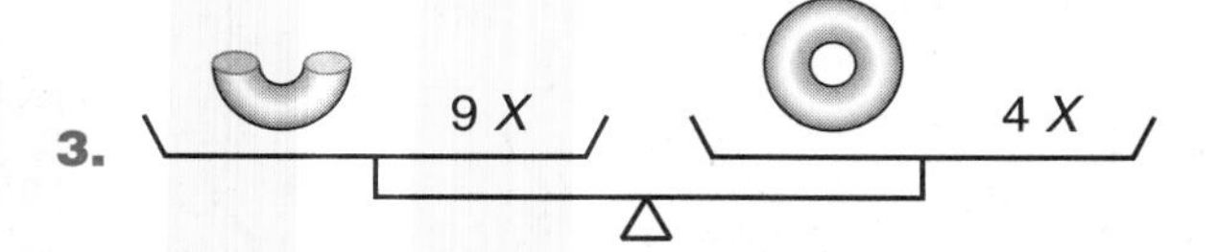

Una dona pesa tanto como

__________ *X*.

4.

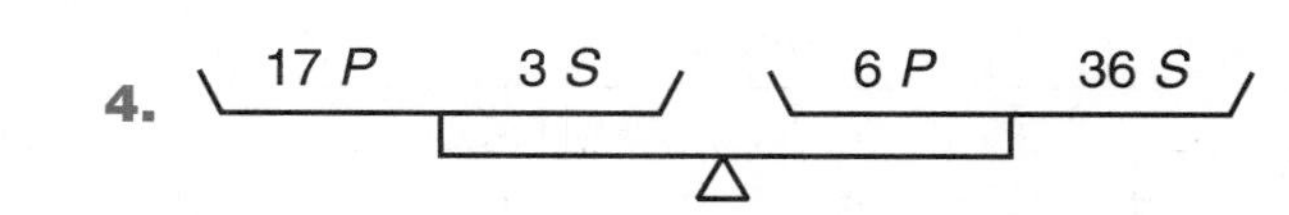

Una *S* pesa tanto como

__________ *P*.

5.

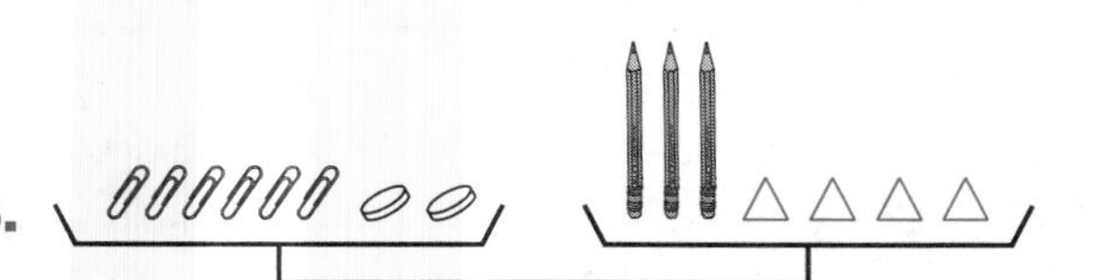

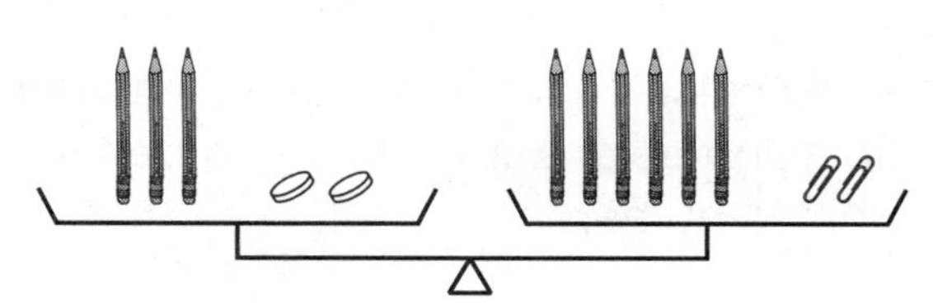

Un triángulo pesa tanto como __________ clips.

Explica cómo hallaste tu respuesta. __________

____

____

____

____

____

____

6.

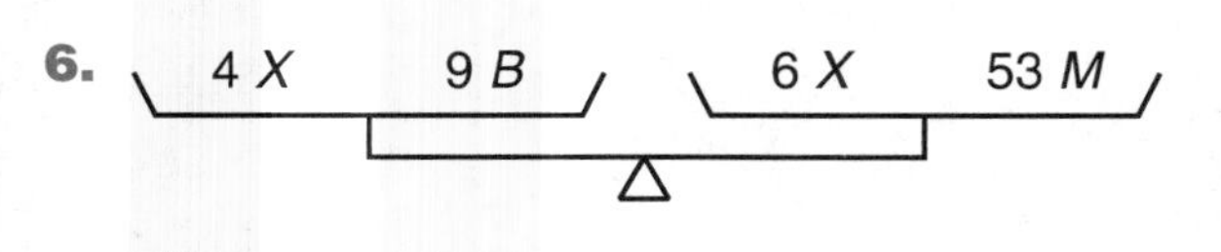

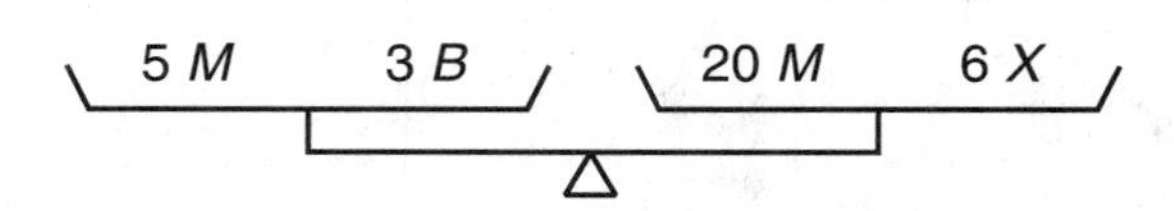

Una *X* pesa tanto como __________ *M*.

Fecha Hora

LECCIÓN **10•5**

Cajas matemáticas

1. Escribe una expresión para responder la pregunta.

a. Maria tiene *a* años. Sheila es 10 años mayor que Maria. ¿Cuántos años tiene Sheila?

_______________ años

b. Franklin tiene *t* tarjetas en miniatura. Rosie tiene 4 tarjetas más que el doble de las que tiene Franklin. ¿Cuántas tarjetas tiene Rosie?

_______________ tarjetas

c. Lucinda va de campamento *d* días cada verano. Rhonda va de campamento 1 día menos que la mitad de días que va Lucinda. ¿Cuántos días va Rhonda de campamento?

_______________ días

d. Cheryl leyó *l* libros este año. Ralph leyó 3 más que 5 veces el número de libros que leyó Cheryl. ¿Cuántos libros leyó Ralph?

_______________ libros

LCE 218

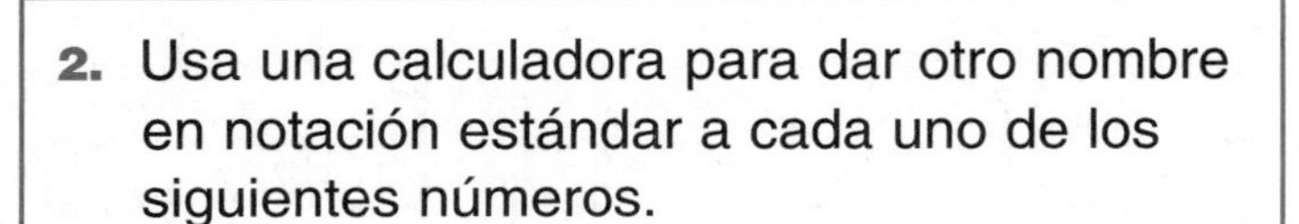

2. Usa una calculadora para dar otro nombre en notación estándar a cada uno de los siguientes números.

a. $7^3 =$ _______________

b. $9^5 =$ _______________

c. $4^5 =$ _______________

d. $6^8 =$ _______________

e. $3^7 =$ _______________

3. Resuelve. Solución

a. $6 = 20 + s$ _______________

b. $18 + t = -2$ _______________

c. $-15 + u = -23$ _______________

d. $-11 - v = -5$ _______________

e. $29 - w = 35$ _______________

4. Completa la tabla de "¿Cuál es mi regla?" y enuncia la regla.

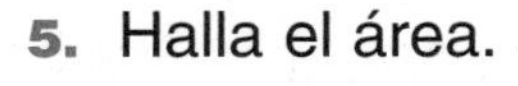

Regla: _______________

entra	sale
8	
	−2
2	−6
0	
	9

LCE 231 232

5. Halla el área.

Área de un triángulo

$A = \frac{1}{2} * b * h$

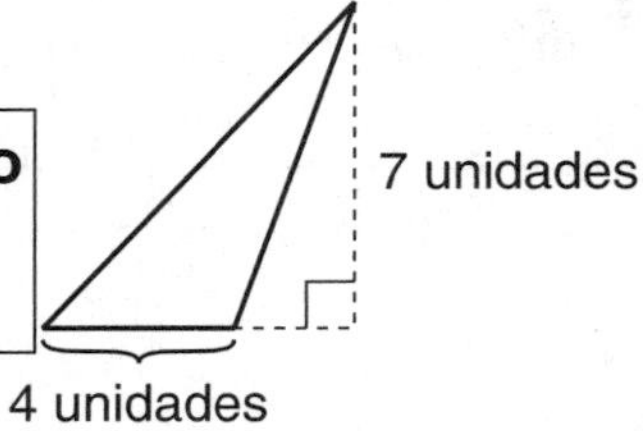

Área _______________

Fecha Hora

LECCIÓN 10•6

Cajas matemáticas

1. A continuación están las distancias (en pies) que debe recorrer una pelota de béisbol a través del campo para ser jonrón en varios campos de béisbol de las grandes ligas.

330	353	330	345	325	330	325	338	318
302	333	347	325	315	330	327	314	348

a. Haz un diagrama de tallo y hojas para los datos.

Tallos (centenas y decenas)	**Hojas** (unidades)

Identifica los hitos.

b. ¿Cuál es el máximo? __________

c. ¿Cuál es la moda? __________

d. ¿Cuál es la mediana? __________

2. Resuelve.

a. 3.26 + 504.1 = _______________

b. _______________ = 793.82 − 209.785

c. _______________ = 987.55 + 283.6

d. 24.07 − 6.434 = _______________

e. _______________ = 9.775 + 0.03

f. 21.574 + 179.48 = _______________

3. Completa las siguientes equivalencias.

a. 1 pinta = ______ tazas

b. 1 cuarto = ______ pintas

c. 1 cuarto = ______ tazas

d. 1 galón = ______ cuartos

e. 1 galón = ______ tazas

Fecha Hora

LECCIÓN 10•6

Reglas, tablas y gráficas

Mensaje matemático

1. Usa la gráfica a continuación. Halla las coordenadas de la x y la y para cada punto que se muestra. Luego, marca los valores de la x y la y en la tabla.

x	y
2	3

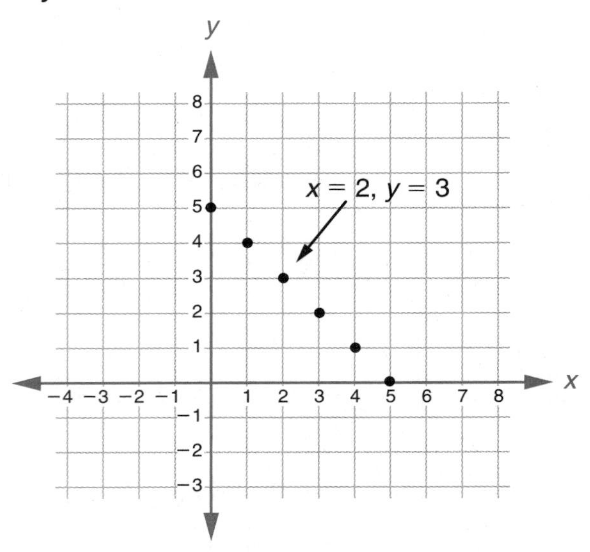

2. Eli tiene 10 años y puede correr un promedio de 5 yardas por segundo. Su hermana Lupita tiene 7 años y puede correr un promedio de 4 yardas por segundo.

Eli y Lupita participan en una carrera de 60 yardas. Como Lupita es menor, Eli le da una ventaja de 10 yardas.

Completa la tabla mostrando las distancias que separan a Eli y Lupita de la línea de salida después de 1 segundo, 2 segundos, 3 segundos y así sucesivamente.

Usa la tabla para responder las preguntas que están a continuación.

a. ¿Quién gana la carrera? _________

b. ¿Cuál es el tiempo del ganador?

____

c. ¿Quién iba primero durante la mayor parte de la carrera? _____________

Tiempo (seg)	Distancia (yd)	
	Eli	Lupita
salida	0	10
1		
2		18
3	15	
4		
5		
6		
7		38
8		
9		
10		
11		
12		

LECCIÓN 10•6

Reglas, tablas y gráficas, *cont.*

3. Usa la cuadrícula que está a continuación para hacer una gráfica de los resultados de la carrera de Eli y Lupita.

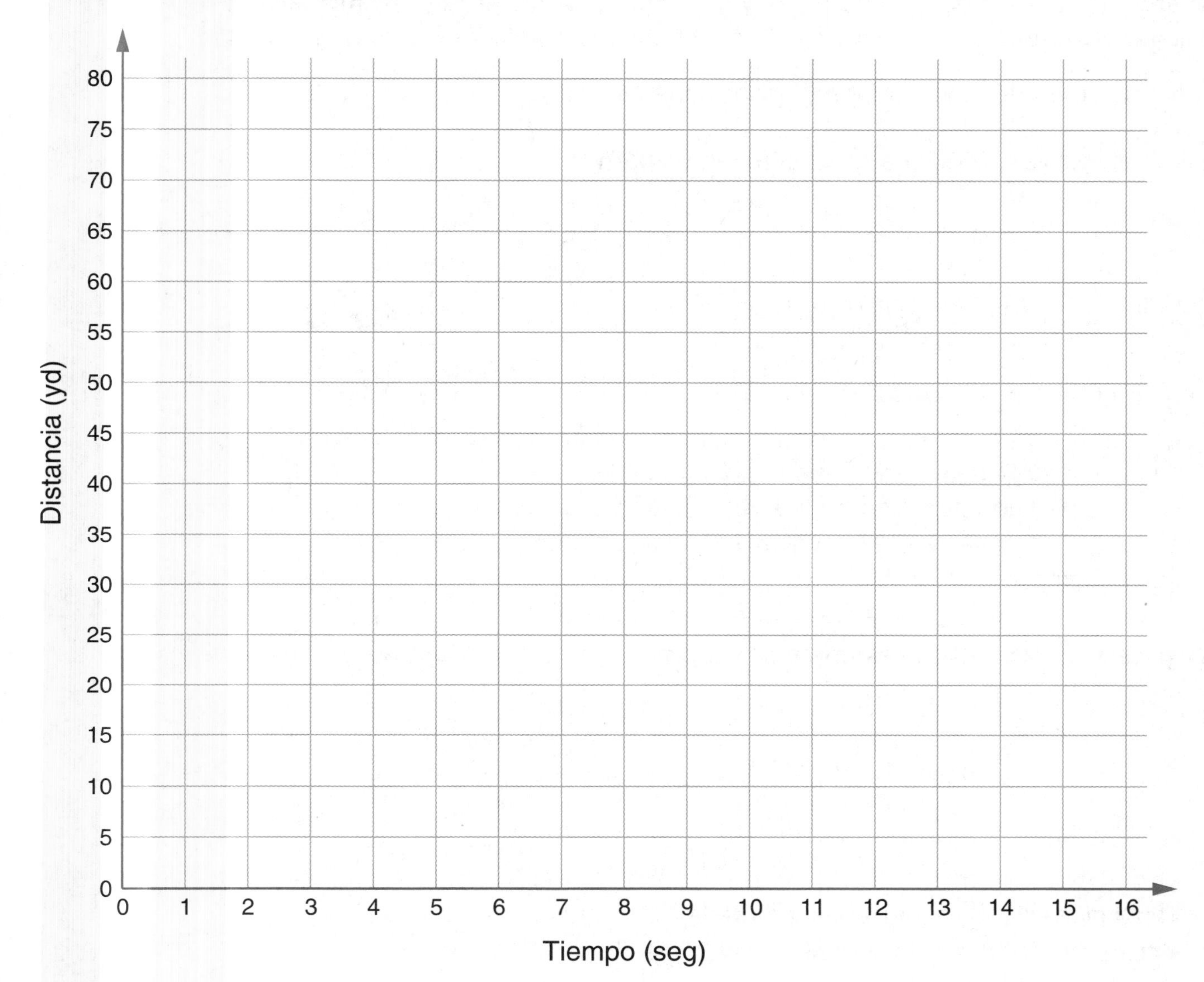

4. ¿Cuántas yardas separan a Eli y Lupita después de 7 segundos? ______________

5. Supón que Eli y Lupita corren 75 yardas en vez de 60 yardas.

a. ¿Quién crees que ganaría? ______________

b. ¿Cuánto tiempo duraría la carrera? ________ segundos

c. ¿Qué ventaja llevaría el ganador al llegar a la meta? ________ yardas

LECCIÓN 10•7

Gráfica de correr y caminar

Mensaje matemático

Tamara, William e Imani anotaron el tiempo que pasaron viajando al mismo sitio de distintas maneras. Tamara corrió, William caminó e Imani caminó de punta a talón.

Después de anotar sus tiempos, trazaron una gráfica.

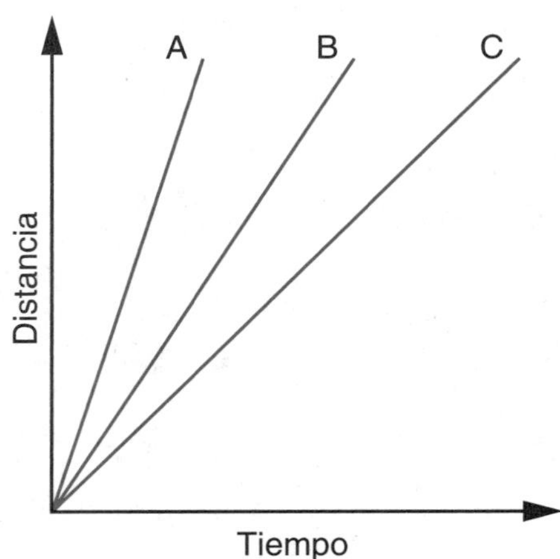

1. ¿Qué recta de la gráfica de la derecha es para

   Tamara? ________

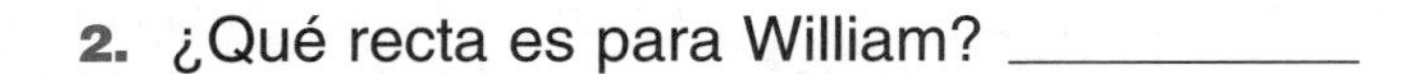

2. ¿Qué recta es para William? ________

3. ¿Qué recta es para Imani? ________

4. JaDerrick llegó más tarde y fue el más lento de todos. Caminó de talón a punta marcha atrás. Traza una recta en la gráfica para mostrar la velocidad a la que crees que iba JaDerrick.

Repaso: Expresiones algebraicas

Completa cada enunciado con una expresión algebraica.

5. Alberto tiene 5 años más que Rick. Si Rick tiene *R* años, entonces

   Alberto tiene ____________ años.

6. La lección de piano de Rebecca dura la mitad que la de Kendra. Sila lección de Kendra dura *K* minutos, entonces la de Rebecca dura

   ________________ minutos.

7. El perro de Marlin pesa 3 libras más que el doble de lo que pesa el perro de Eddy. Si el perro de Eddy pesa *E* libras, entonces el perro de Marlin

   pesa ______________ libras.

LECCIÓN 10•7

Leer gráficas

1. Tom y Alisha corren una carrera de 200 yardas. Tom empieza con ventaja.

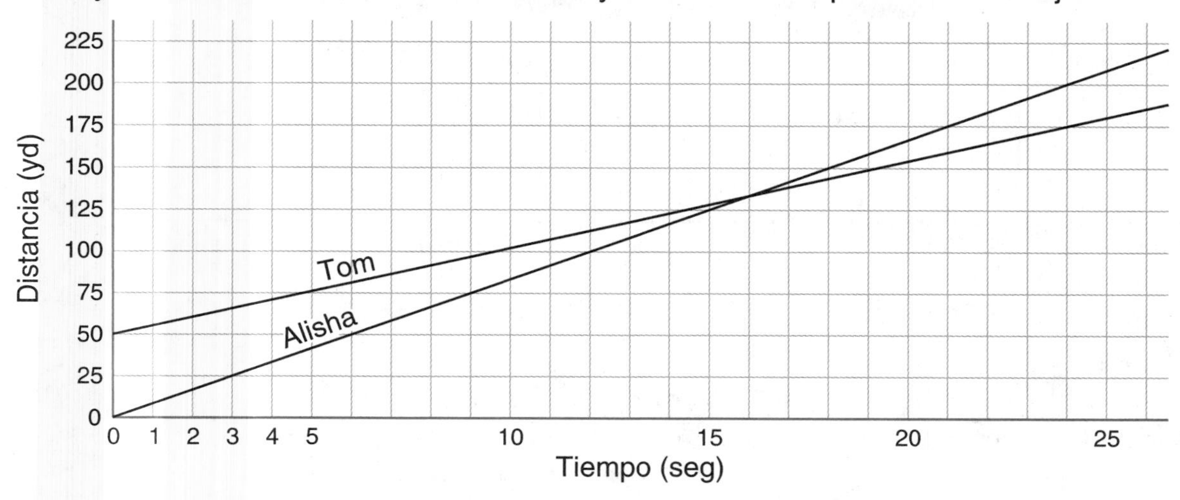

a. ¿Quién gana la carrera? ________________

b. ¿Por cuánto? ________________

c. Marca en la gráfica el punto donde Alisha sobrepasa a Tom.

d. ¿Alrededor de cuántas yardas corre Alisha antes de quedar primera? ________________

e. ¿Alrededor de cuántos segundos tarda Alisha en quedar primera? ________________

f. ¿Quién queda primero después de 9 segundos? ________________

g. ¿Por aproximadamente cuánto? ________________

2. Ahmed ciertamente no está en forma, pero corre 100 metros lo más rápido que puede.

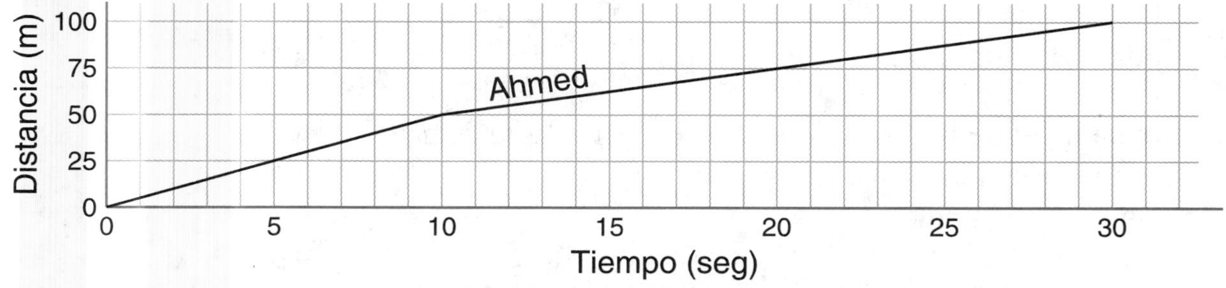

a. En los 10 primeros segundos de su carrera, Ahmed cubre alrededor de ________ metros, y su velocidad es de alrededor de $\frac{\square \text{ metros}}{10 \text{ segundos}} = \frac{\square \text{ metros}}{1 \text{ segundo}}$.

b. En los 10 segundos finales de su carrera, Ahmed cubre alrededor de ________ metros, y su velocidad es de alrededor de $\frac{\square \text{ metros}}{10 \text{ segundos}} = \frac{\square \text{ metros}}{1 \text{ segundo}}$.

LECCIÓN 10•7

Coordenadas ocultas

Cada uno de los sucesos que se describen a continuación está representado en una de las gráficas siguientes:

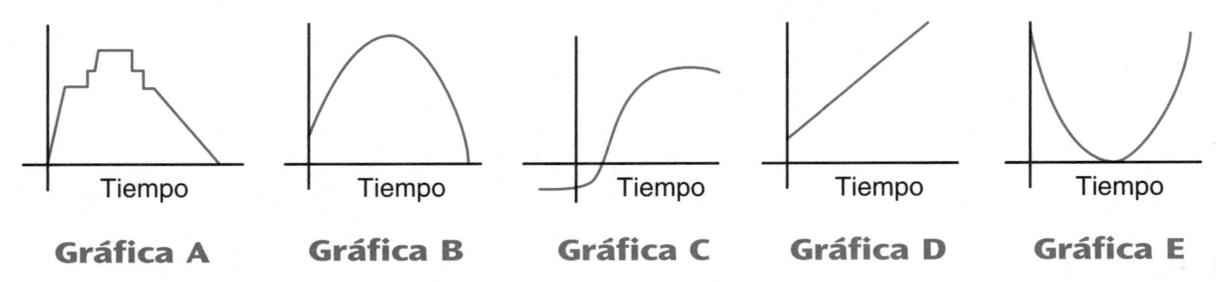

Une cada suceso con su gráfica.

1. Una cena congelada se saca del congelador. Se calienta en un microondas. Luego, se sirve en la mesa.

¿Qué gráfica muestra la temperatura de la cena en diferentes momentos? Gráfica ________________

2. Satya llena su bañera de agua. Se mete en la bañera, se sienta y se baña. Sale de la bañera y la vacía.

¿Qué gráfica muestra la altura del agua en la bañera en diferentes momentos? Gráfica ________________

3. Una pelota de béisbol se lanza al aire.

a. ¿Qué gráfica muestra la altura de la pelota desde el momento en que es lanzada hasta el momento en que cae al piso? Gráfica ________________

b. ¿Qué gráfica muestra la velocidad de la pelota en diferentes momentos? Gráfica ________________

LECCIÓN 10·7 Cajas matemáticas

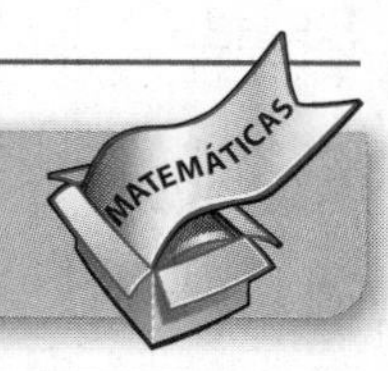

1. Shenequa tiene *a* años. Escribe una expresión algebraica para la edad de cada una de las siguientes personas.

   a. Nancy es 4 años mayor que Shenequa.

   Edad de Nancy: ______ años

   b. Francisco tiene el doble de la edad de Shenequa. Edad de Francisco:

   ______ años

   c. Jose tiene $\frac{1}{3}$ de la edad de Shenequa.

   Edad de Jose: ______ años

   d. Lucienne es 8 años menor que Shenequa. Edad de Lucienne:

   ______ años

   e. Si Shenequa tiene 12 años, ¿cuál es la mayor de las personas nombradas?

   ______

   ¿Qué edad tiene esa persona?

   ______

2. Usa una calculadora para dar otro nombre en notación estándar a cada uno de los siguientes números.

   a. $3^{12} =$ ______

   b. $8^{7} =$ ______

   c. $6^{9} =$ ______

   d. $7^{8} =$ ______

   e. $4^{11} =$ ______

3. Resuelve. Solución

   a. $\frac{3}{8} = \frac{a}{40}$ ______

   b. $-80 + c = 100$ ______

   c. $m * 25 = 400$ ______

   d. $s - 110 = -20$ ______

   e. $\frac{144}{z} = 12$ ______

4. Completa la tabla de "¿Cuál es mi regla?" y enuncia la regla.

   Regla: ______

entra	sale
$\frac{1}{3}$	
	0
$\frac{5}{3}$	4
	2
−2	$\frac{1}{3}$

5. Halla el área.

Área de rectángulos y paralelogramos
$A = b * h$

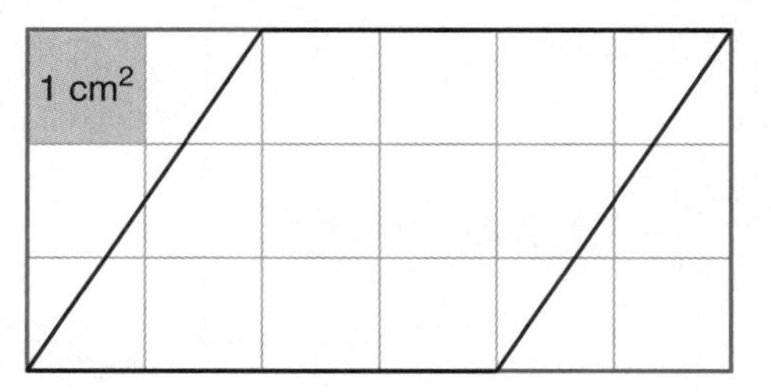

Área: ______
(unidad)

Fecha Hora

Un problema de *National Assessment*

El siguiente problema se incluyó en la sección de matemáticas de un examen nacional estandarizado en 1975.

Un cuadrado tiene un perímetro de 12 pulgadas.
¿Cuál es el área del cuadrado?

1. Tu respuesta: ________ pulg^2.

La siguiente tabla da los resultados nacionales para este problema.

Respuestas	Estudiantes de 13 años	Estudiantes de 17 años	Adultos jóvenes
Respuesta correcta	7%	28%	27%
144 pulgadas cuadradas	12%	19%	25%
48 pulgadas cuadradas	20%	10%	10%
24 pulgadas cuadradas	6%	4%	2%
12 pulgadas cuadradas	4%	3%	3%
6 pulgadas cuadradas	4%	2%	1%
3 pulgadas cuadradas	3%	2%	2%
Otras respuestas incorrectas	16%	13%	10%
No sabe o no responde	28%	19%	20%

Explica por qué crees que tantos estudiantes dieron las siguientes respuestas.

2. 144 pulgadas cuadradas ____

____

____

3. 48 pulgadas cuadradas ____

____

____

Fecha Hora

LECCIÓN 10·8

Razón de circunferencia a diámetro

Vas a explorar la relación entre la circunferencia y el diámetro de un círculo.

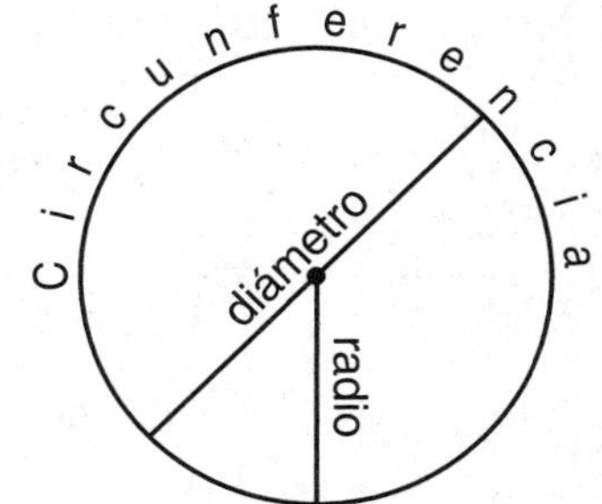

1. Usando una cinta de medir, mide cuidadosamente la circunferencia y el diámetro de una variedad de objetos redondos. Mídelos al milímetro más cercano (una décima de centímetro).

2. Anota tus datos en las tres primeras columnas de la tabla que está a continuación.

3. En la cuarta columna, escribe en forma de fracción la razón de la circunferencia al diámetro.

4. En la quinta columna, escribe la razón como un decimal. Usa la calculadora para calcular el decimal y redondea tu respuesta a dos lugares decimales.

Objeto	Circunferencia (C)	Diámetro (d)	Razón de la circunferencia al diámetro	
			como fracción $\left(\frac{C}{d}\right)$	como decimal (con calculadora)
Taza de café	252 mm	80 mm	$\frac{252}{80}$	3.15
	______ mm	______ mm		
	______ mm	______ mm		
	______ mm	______ mm		
	______ mm	______ mm		
	______ mm	______ mm		

5. ¿Cuál es la mediana de las razones de circunferencia a diámetro de la última columna?

____

6. Los estudiantes de tu salón de clases combinaron sus resultados en un diagrama de tallo y hojas. Usa ese diagrama para hallar el valor de la mediana de la clase para la razón $\frac{C}{d}$.

____

Fecha Hora

LECCIÓN 10•8

Convertir de Celsius a Fahrenheit

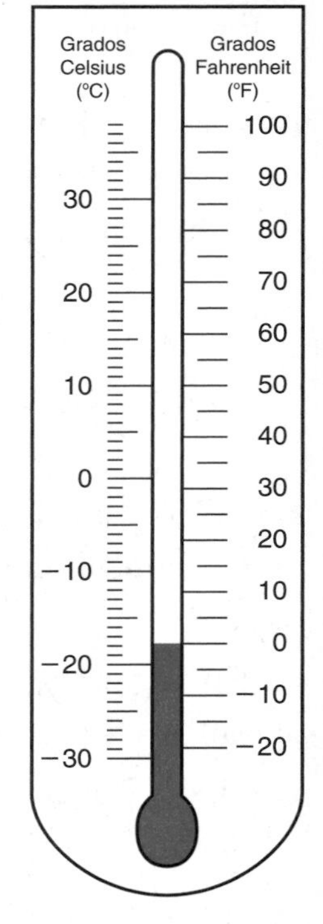

En el sistema tradicional de EE.UU., la temperatura se mide en grados Fahrenheit (°F). El sistema métrico decimal mide la temperatura en grados Celsius (°C). El agua se congela a 0°C ó 32°F.

1. ¿Qué temperatura se muestra en el termómetro de la derecha?

____

En la siguiente fórmula, que convierte temperaturas en grados Celsius a grados Fahrenheit, la *F* representa el número de grados Fahrenheit y la *C* representa el número de grados Celsius:

Fórmula: $F = (1.8 * C) + 32$

Una regla de oro da una estimación aproximada de la conversión.

Regla de oro: Duplica el número de grados Celsius y suma la temperatura de congelamiento en grados Fahrenheit.

$F = (2 * C) + 32$

2. Convierte las temperaturas en grados Celsius a grados Fahrenheit usando la fórmula y la regla de oro. Compara los resultados.

°C	−20	−10	0	10	20	30
°F (fórmula)						
°F (regla de oro)						

3. ¿Los resultados de la regla de oro son precisos en la mayoría de los casos? Explica.

____

____

4. Nombra una situación en la que usarías la fórmula en lugar de la regla de oro para convertir a grados Fahrenheit. Explica.

____

____

5. La temperatura normal del cuerpo es 37°C ó _______ F.

6. El agua hierve a 100°C ó _______ F.

Fecha Hora

LECCIÓN 10•8

Cajas matemáticas

1. A continuación están los puntajes de la reunión de bolos de la familia Pick.

106	135	168	130	116	109	139	162	161
130	118	105	150	164	130	138	112	116

a. Haz un diagrama de tallo y hojas para los datos.

Identifica los hitos.

Tallos (centenas y decenas)	**Hojas** (unidades)

b. ¿Cuál es el máximo puntaje? ________

c. ¿Cuál es la moda de los puntajes? ________

d. ¿Cuál es la mediana de los puntajes? ________

2. Resuelve.

a. $52.6 - 19.08$

b. $703.93 - 251.09$

c. $826.3 + 572.91$

d. $262.75 + 98.8$

e. $78.92 - 45.93$

f. $486.387 - 384.552$

LCE 34–36

3. Completa los siguientes equivalentes.

a. 1 taza = ________ onzas

b. 1 pinta = ________ onzas

c. 1 cuarto = ________ onzas

d. 4 cuartos = ________ onzas

e. 1 galón = ________ onzas

LECCIÓN 10•9

Medir el área de un círculo

Mensaje matemático

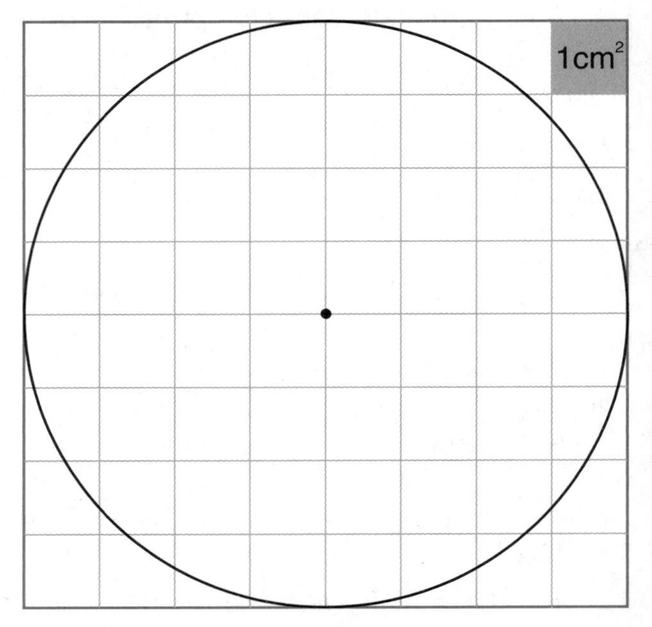

Usa el círculo de la derecha para resolver los Problemas 1 a 4.

1. El diámetro del círculo es alrededor de

   ________ centímetros.

2. El radio del círculo es alrededor de

   ________ centímetros.

3. a. Escribe la oración numérica abierta que usarías para hallar la circunferencia del círculo.

   ____

   b. La circunferencia del círculo es alrededor de

   ________ centímetros.

4. Halla el área de este círculo contando los cuadrados.

   Alrededor de ________ cm^2

---

5. ¿Cuál es la mediana de todas las medidas de área de tu clase? ________ cm^2

6. Pi es la razón de la circunferencia al diámetro de un círculo. También es la razón del área de un círculo al cuadrado de su radio. Escribe las fórmulas para hallar la circunferencia y el diámetro de un círculo que use esas razones.

   La fórmula de la circunferencia de un círculo es ________________________.

   La fórmula del área de un círculo es ________________________.

Áreas de círculos

Trabaja con un compañero o compañera. Usen los mismos objetos, pero tomen medidas en forma individual para que cada uno pueda comprobar el trabajo del otro.

1. Traza el contorno de diferentes objetos redondos en la cuadrícula de la página 436 de los *Originales para reproducción*.

2. Cuenta los centímetros cuadrados para hallar el área de cada círculo.

3. Usa una regla para hallar el radio de cada objeto. (Recordatorio: El radio es la mitad del diámetro.) Anota tus datos en la primeras tres columnas de la tabla que está a continuación.

Objeto	Área (cm cuadrados)	Radio (cm)	Razón del área al radio cuadrado	
			como fracción $\left(\frac{A}{r^2}\right)$	como decimal

4. Halla la razón del área al cuadrado del radio de cada círculo. Escribe la razón como fracción en la cuarta columna de la tabla. Luego, usa una calculadora para computar la razón como decimal. Redondea tu respuesta a dos lugares decimales y escríbela en la última columna.

5. Halla la mediana de las razones en la última columna. ____________________

Una fórmula para el área de un círculo

Tu clase acaba de medir el área y el radio de muchos círculos y halló que la razón del área al cuadrado del radio es alrededor de 3.

Esto no es ninguna coincidencia: los matemáticos probaron hace mucho tiempo que la razón del área de un círculo al cuadrado de su radio es siempre igual a π. Esto se puede escribir como:

$$\frac{A}{r^2} = \pi$$

Normalmente esta operación se escribe de forma un poco diferente, como una fórmula para el área del círculo.

La fórmula para el área del círculo es

$$A = \pi * r^2$$

donde A es el área de un círculo y r es su radio.

1. ¿Cuál es el radio del círculo del Mensaje matemático de la página 364 del diario?

   ____

2. Usa la fórmula anterior para calcular el área de ese círculo. ____________

3. ¿El área que hallaste contando centímetros cuadrados es mayor o menor que el área que hallaste usando la fórmula? ____________

   ¿Cuánto mayor o menor es? ____________

4. Usa la fórmula para hallar el área de los círculos que trazaste en la página 436 de los *Originales para reproducción.*

   ____________ ____________ ____________

5. ¿Qué método crees que es más exacto para hallar el área de un círculo: contar cuadrados o medir el radio y usar la fórmula? Explica.

   ____

   ____

   ____

   ____

LECCIÓN 10•9

Cajas matemáticas

1. Monica mide *y* pulgadas de altura. Escribe una expresión algebraica para la altura de cada una de las siguientes personas.

a. Tyrone mide 8 pulgadas más que Monica.

Altura de Tyrone: ______________

b. Isabel mide $1\frac{1}{2}$ multiplicado por la altura de Monica. Altura de Isabel:

____

c. Chaska mide 3 pulgadas menos que Monica. Altura de Chaska:

____

d. Josh mide $10\frac{1}{2}$ pulgadas más que Monica. Altura de Josh:

____

e. Si Monica mide 48 pulgadas de altura, ¿quién es la persona más alta de la lista anterior?

____

¿Cuánto mide esa persona?

____

2. Usa una calculadora para dar otro nombre en notación estándar a cada uno de los siguientes números.

a. 2^{17} = ______________

b. 7^6 = ______________

c. 6^{10} = ______________

d. 3^{10} = ______________

e. 5^9 = ______________

3. Resuelve. Solución

a. $-12 + d = 14$ ______________

b. $28 - e = -2$ ______________

c. $b + 18 = -24$ ______________

d. $-14 = f - 7$ ______________

e. $12 = 16 + g$ ______________

4. Completa la tabla de "¿Cuál es mi regla?" y enuncia la regla.

Regla: ______________________

entra	sale
2	−10
	0
16	4
3	
	−5

5. Halla el volumen del cubo.

Volumen = longitud ∗ ancho ∗ altura

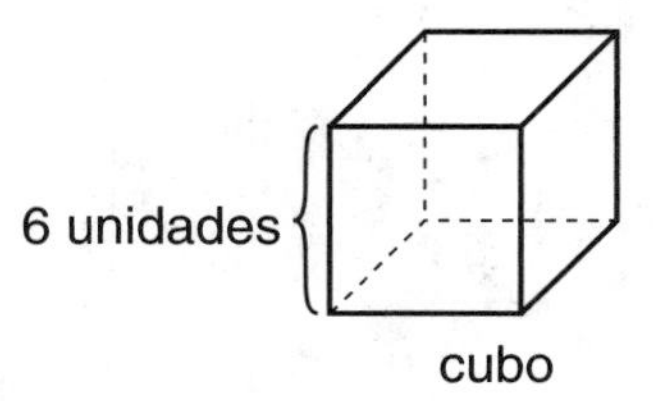

Volumen = ______________

Fecha Hora

LECCIÓN 10•10

Cajas matemáticas

1. Encierra en un círculo el prisma rectangular de los que aparecen a continuación que tenga el mayor volumen.

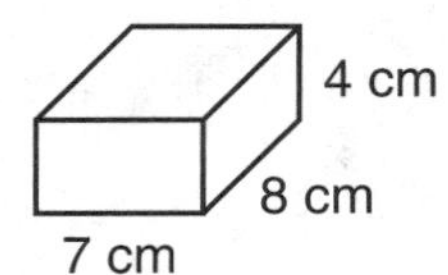

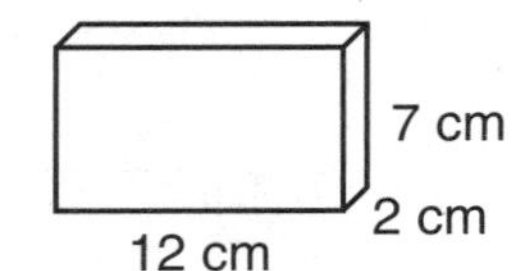

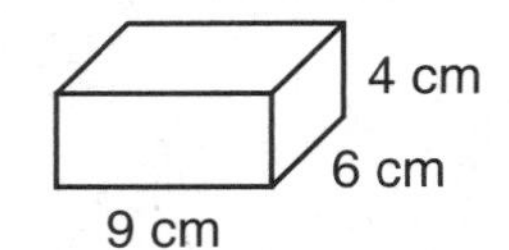

2. Escribe verdadero o falso para cada enunciado.

   a. Una superficie plana de un cuerpo se llama cara. __________

   b. Un prisma rectangular tiene 6 caras.

   ____

   c. Las pirámides y los conos tienen superficies curvas. __________

   d. Una pirámide rectangular tiene 5 caras. __________

3. Completa los siguientes equivalentes.

   a. 1 centímetro cúbico = __________ mililitro

   b. 1 litro = __________ mililitros

   c. 1 litro = __________ centímetros cúbicos

   d. 1 kilolitro = __________ litros

   e. 1 kilolitro = __________________ mililitros

4. Halla el área de cada figura.

Área de un triángulo: $A = \frac{1}{2} * b * h$
Área de un paralelogramo: $A = b * h$

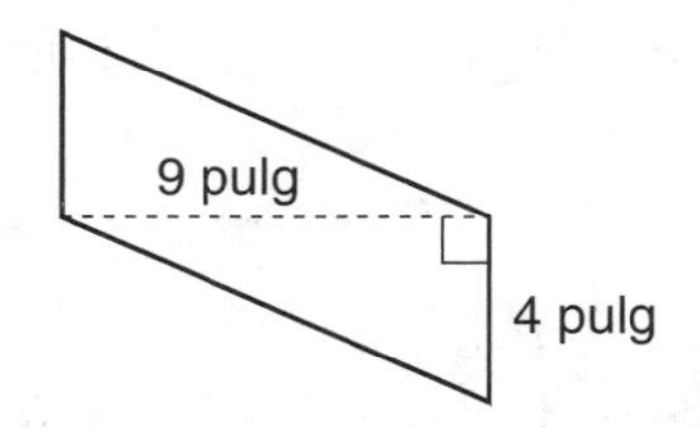

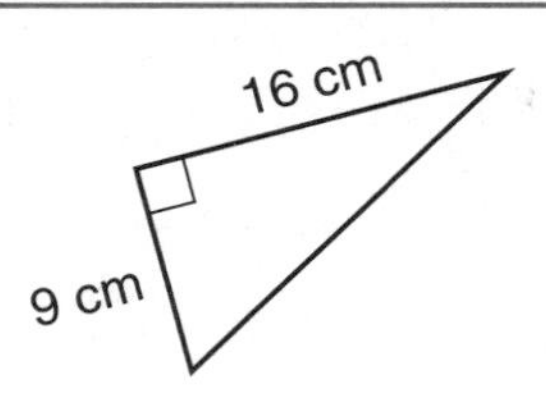

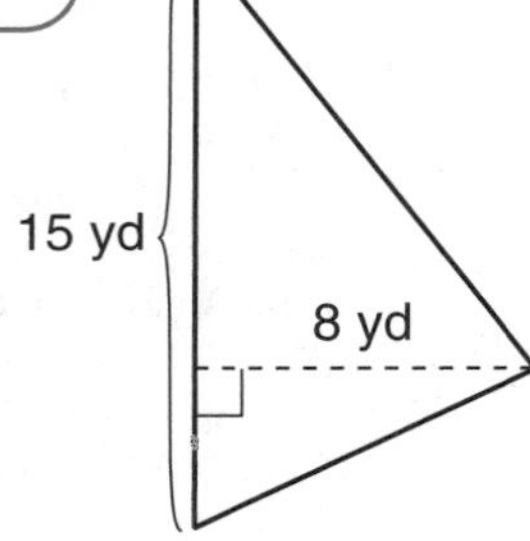

Área: ________________ Área: ______________ Área: ______________

LECCIÓN 11•1

Cuerpos geométricos

Cada miembro de tu grupo debe recortar uno de los patrones de las páginas 323 a 326 de los *Originales para reproducción.* Dobla el patrón y pégalo. Luego, añade este modelo a la colección de cuerpos geométricos de tu grupo.

1. Examina tus modelos de cuerpos geométricos.

a. ¿Qué cuerpos tienen sólo superficies planas? ______

______

b. ¿Cuáles no tienen superficies planas? ______

c. ¿Cuáles tienen superficies planas además de curvas? ______

______

d. Si cortas la etiqueta de una lata cilíndrica en una línea recta perpendicular al fondo, y luego desenrollas y aplanas la etiqueta, ¿cuál es la forma de la etiqueta?

______

2. Examina tus modelos de poliedros.

a. ¿Qué poliedros tienen más caras que vértices? ______

b. ¿Qué poliedros tienen el mismo número de caras que de vértices? ______

______

c. ¿Qué poliedros tienen menos caras que vértices? ______

______

3. Examina tu modelo de un cubo.

a. ¿Tiene el cubo más aristas que vértices, el mismo número de aristas que de vértices o menos aristas que vértices? ______

¿Es esto cierto para todos los poliedros? ______ Explica. ______

______

b. ¿Cuántas aristas del cubo se unen en cada vértice? ______

¿Es esto cierto para todos los poliedros? ______ Explica. ______

______

Fecha _______________ Hora _______________

LECCIÓN 11•1 Dados poliédricos y poliedros regulares

Un conjunto de dados poliédricos incluye los siguientes poliedros:

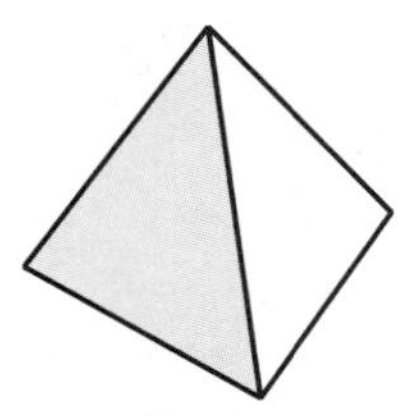
Dado tetraédrico

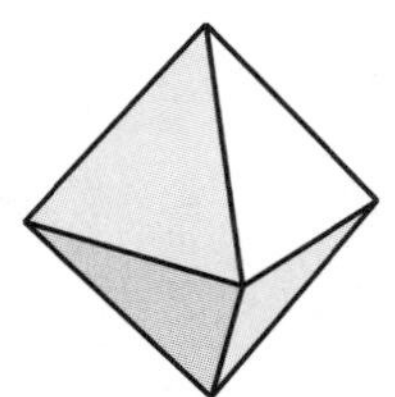
Dado octaédrico

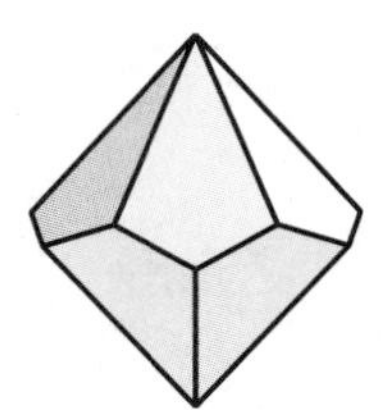
Dado decaédrico

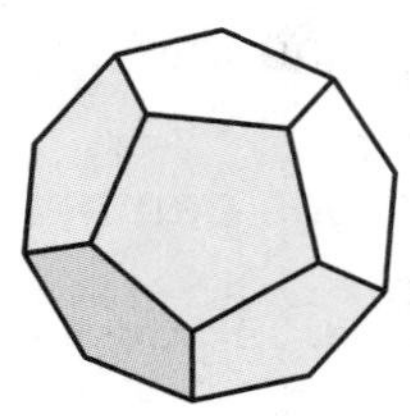
Dado dodecaédrico

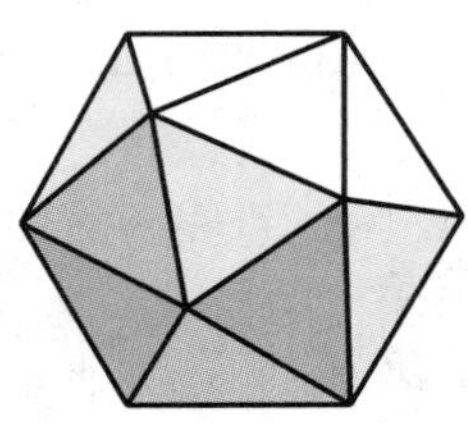
Dado icosaédrico

Examina el conjunto de dados poliédricos que tienes. Responde las siguientes preguntas.

1. ¿Cuál de los dados no es un **poliedro regular**? ¿Por qué? _______________

____

2. ¿Qué poliedro regular falta en el conjunto de dados poliédricos? _______________

3. a. ¿Cuántas caras tiene un octaedro? _______________ caras

b. ¿Qué forma tienen las caras? _______________

4. a. ¿Cuántas caras tiene un dodecaedro? _______________ caras

b. ¿Qué forma tienen las caras? _______________

5. a. ¿Cuántas caras tiene un icosaedro? _______________ caras

b. ¿Qué forma tienen las caras? _______________

6. Explica cómo los nombres de los poliedros te ayudan a saber el número de caras que tienen.

____

____

____

____

LECCIÓN 11•1

Cajas matemáticas

1. Resta.

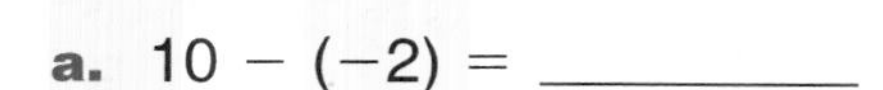

a. $10 - (-2) =$ ______

b. $5 - 8 =$ ______

c. $15 - (-5) =$ ______

d. $-15 - (-5) =$ ______

e. $-4 - 7 =$ ______

2. ¿Qué triángulo no es congruente con los otros tres triángulos? Encierra en un círculo la mejor respuesta.

A. 

B. 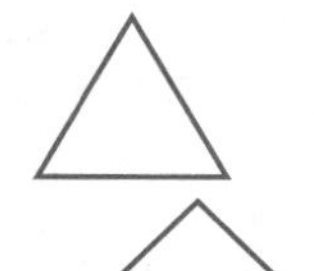

C. 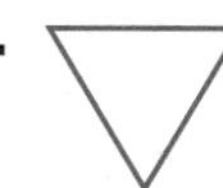

D.

3. Los estudiantes de la clase de la señora Divan hicieron una encuesta de sus colores preferidos. Completa la tabla. Luego, haz una gráfica circular de los datos.

Color preferido	Número de estudiantes	Porcentaje de la clase
Rojo	6	
Azul	10	
Anaranjado	4	
Amarillo	2	
Morado	3	
Total		

______
(títlulo)

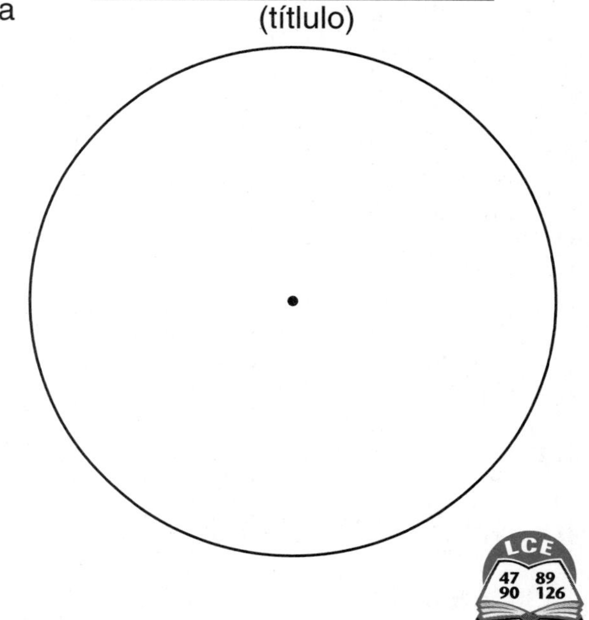

LCE 47 89 90 126

4. Resuelve.

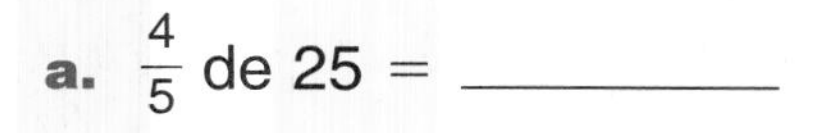

a. $\frac{4}{5}$ de $25 =$ ______

b. $\frac{5}{7}$ de $35 =$ ______

c. $\frac{3}{12}$ de $16 =$ ______

d. $\frac{6}{8}$ de $20 =$ ______

e. $\frac{1}{2}$ de $\frac{1}{4} =$ ______

5. Escribe la descomposición en factores primos de 180.

______

Fecha Hora

Comparar cuerpos geométricos

Mensaje matemático

Lee las páginas 150 y 151 del *Libro de consulta del estudiante* con un compañero. Luego haz un diagrama de Venn para comparar prismas y pirámides.

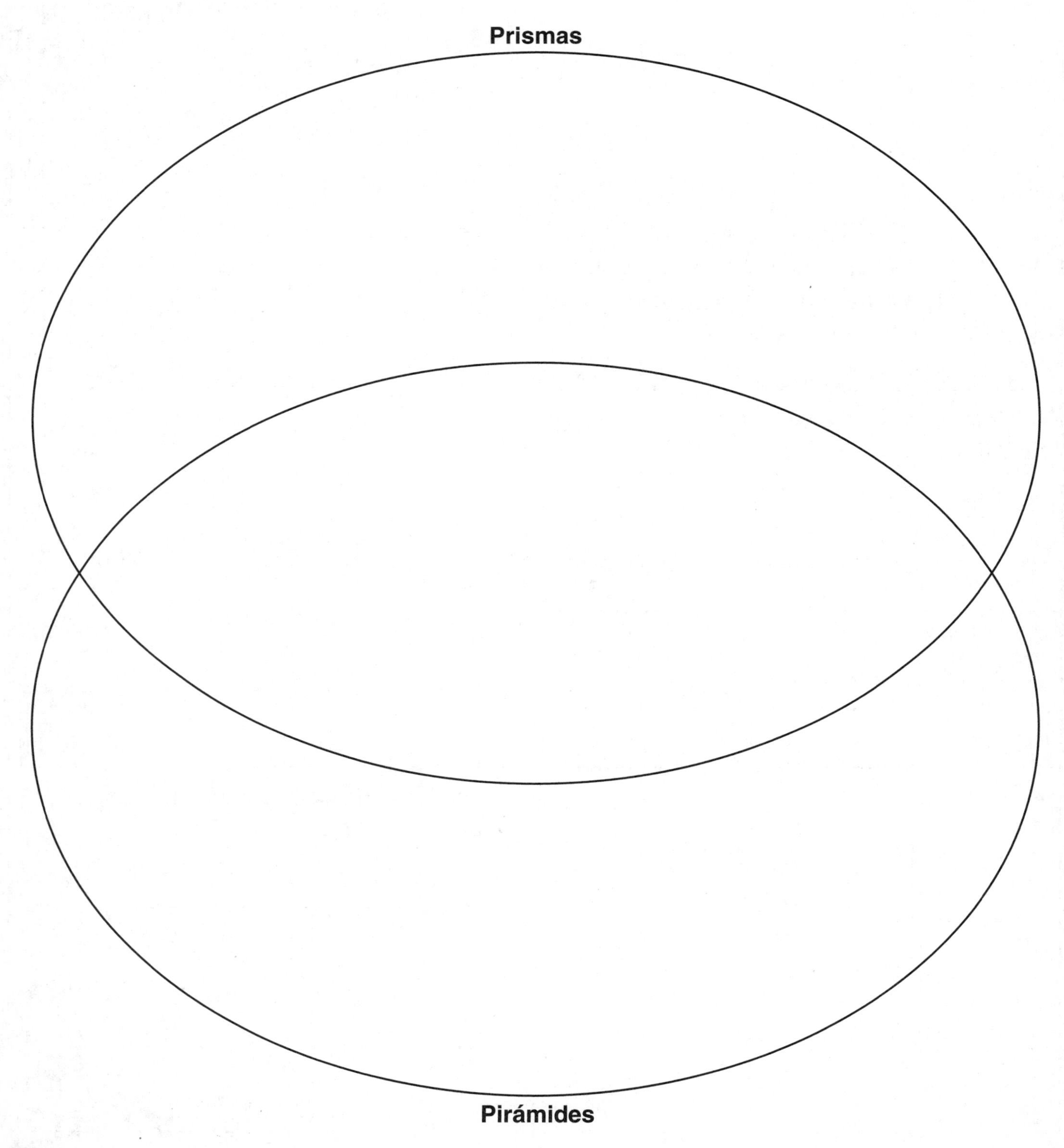

Fecha Hora

Comparar cuerpos geométricos, *cont.*

Haz una lista que indique en qué se parecen y en qué se diferencian los siguientes cuerpos geométricos.

	Prismas y cilindros	Pirámides y conos
Figuras		
Similitudes		
Diferencias		

Fecha Hora

LECCIÓN 11•2

Cajas matemáticas

1. Resuelve.

a. $\frac{1}{3}$ de 27 = ________

b. $\frac{1}{8}$ de 40 = ________

c. $\frac{1}{5}$ de 100 = ________

d. $\frac{2}{5}$ de 100 = ________

e. $\frac{1}{4}$ de 60 = ________

2. Halla el volumen del prisma.

Volumen = $B * h$ donde B es el área de la base y h es la altura.

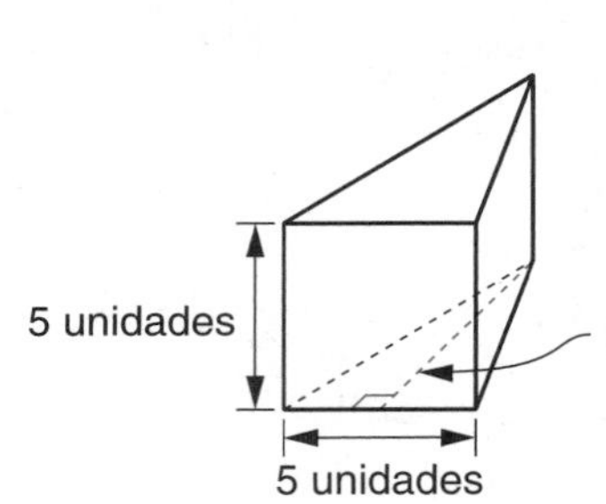

Volumen = ______________________

3. Para celebrar su cumpleaños, la señora Chang da a cada uno de los estudiantes de quinto grado 1 dulce de regaliz. Hay 179 estudiantes de quinto grado. El dulce de regaliz viene en paquetes de 15 dulces, a un costo de $1.19 por paquete.

a. ¿Cuántos paquetes de dulce de regaliz necesita comprar la señora Chang?

________ paquetes

b. ¿Cuánto dinero gasta?

____

4. Resuelve.

a. 2 gal = ________ ct

b. ________ pt = 2 ct

c. 8 tz = ________ pt

d. 3 tz = ________ oz líq

e. 1 ct = ________ oz líq

5. Haz un árbol de factores para hallar la descomposición en factores primos de 100.

LCE 12

6. Kayin compra 6 sobres por 14 centavos cada uno y 6 estampillas por 39 centavos cada una.

¿Qué expresión representa correctamente la cantidad de dinero que gasta? Encierra en un círculo la mejor respuesta.

A. $(6 + 6) * (14 + 39)$

B. $(6 * 6) + (14 * 39)$

C. $6 * (14 + 39)$

LECCIÓN 11•3

Volumen de cilindros

La base de un cilindro es circular. Para hallar el área de la base de un cilindro, usa la fórmula para hallar el área de un círculo.

Fórmula para el área de un círculo

$A = \pi * r^2$

donde A es el área y r es el radio del círculo.

La fórmula para hallar el volumen de un cilindro es igual a la fórmula para hallar el volumen de un prisma.

Fórmula para el volumen de un cilindro

$V = B * h$

donde V es el volumen del cilindro, B es el área de la base y h es la altura del cilindro.

Usa las 2 latas que te dieron.

1. Mide la altura de cada lata en el interior de la lata. Mide el diámetro de la base de cada lata. Anota las medidas (a la décima de centímetro más cercana) en la siguiente tabla.

2. Calcula el radio de la base de cada lata. Luego, usa la fórmula para hallar el volumen. Anota los resultados en la tabla.

3. Anota la capacidad en milímetros de cada lata en la tabla.

	Altura (cm)	Diámetro de la base (cm)	Radio de la base (cm)	Volumen (cm^3)	Capacidad (mL)
Lata #1					
Lata #2					

4. Mide la capacidad líquida de cada lata. Llena la lata con agua. Luego, vierte el agua en una taza de medir. Observa la cantidad total de agua que viertes en la taza de medir.

Capacidad de la Lata #1: ________ mL Capacidad de la Lata #2: ________ mL

LECCIÓN 11•3

Volúmenes de cilindros y prismas

1. Halla el volumen de cada cilindro.

a.

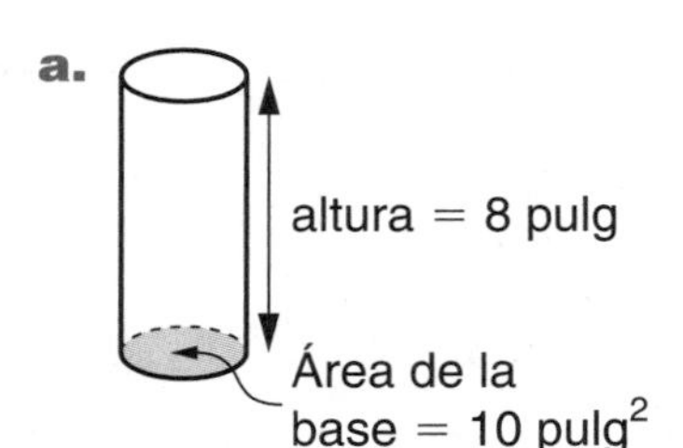

Volumen = ______________ $pulg^3$

b.

altura = 4 cm

radio = 2 cm

Volumen = ______________ cm^3

Recordatorio: La misma fórmula ($V = B * h$) se puede usar para hallar el volumen de un prisma y el volumen de un cilindro.

2. Halla el volumen de cada basurero. Luego, determina qué basurero tiene la capacidad mayor y cuál tiene la capacidad menor.

a.

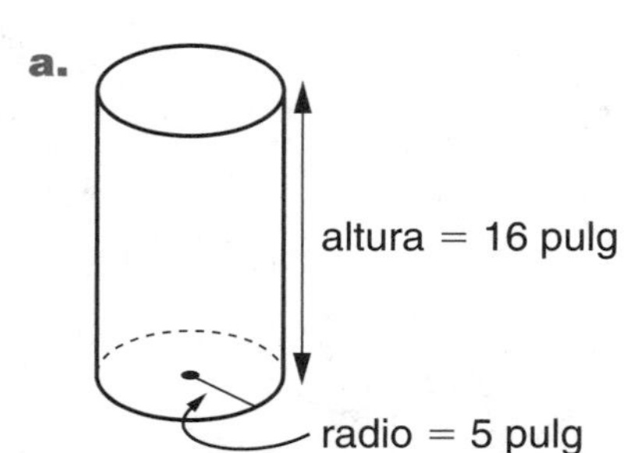

Volumen = ______________ $pulg^3$

b.

altura = 14 pulg

9 pulg

9 pulg

Volumen = ______________ $pulg^3$

c.

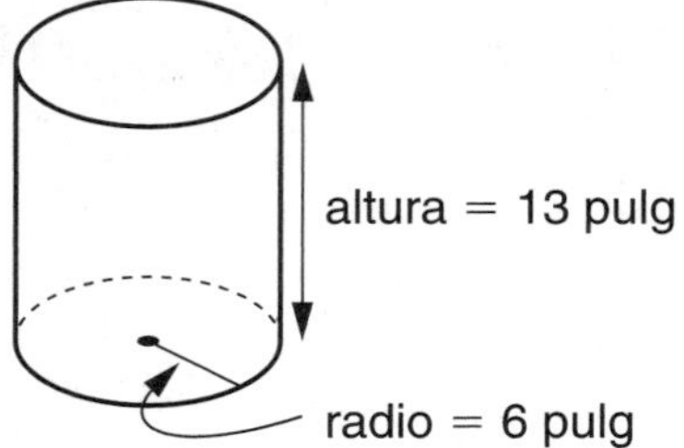

Volumen = ______________ $pulg^3$

d.

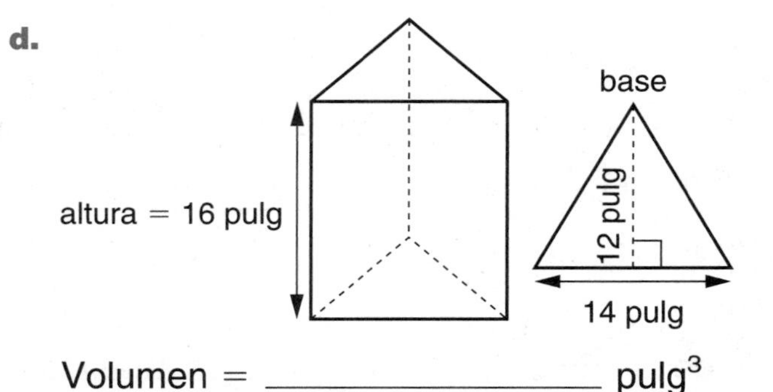

Volumen = ______________ $pulg^3$

e. ¿Qué basurero tiene mayor capacidad? El basurero ________

¿Qué basurero tiene menor capacidad? El basurero ________

Fecha Hora

LECCIÓN 11•3

Estrategia de cálculo mental

Cuando multiplicas mentalmente, algunas veces ayuda duplicar un factor y dividir entre dos el otro factor.

Ejemplo 1: 45 * 12 = ?

Paso 1 Duplica 45 y divide 12 entre dos → 45 * 12 = 90 * 6

Paso 2 Multiplica 90 y 6 → 90 * 6 = 540

Ejemplo 2: 18 * 15 = ?

Paso 1 Divide 18 entre dos y duplica 15 → 18 * 15 = 9 * 30

Paso 2 Multiplica 9 y 30 → 9 * 30 = 270

Ejemplo 3: 75 * 28 = ?

Paso 1 Duplica 75 para obtener 150 y divide 28 entre dos para obtener 14.

Paso 2 Vuelve a duplicar para obtener 300 y vuelve a dividir entre dos para obtener 7.

Paso 3 75 * 28 = 300 * 7 = 2,100

Usa la estrategia de duplicar y dividir entre dos para calcular mentalmente. Resuelve los problemas que están a continuación.

1. 35 * 14 = ________

Nueva oración numérica:

____

2. 16 * 25 = ________

Nueva oración numérica:

____

3. 18 * 35 = ________

Nueva oración numérica:

____

4. 15 * 44 = ________

Nueva oración numérica:

____

5. 14 * 55 = ________

Nueva oración numérica:

____

6. 75 * 24 = ________

Nueva oración numérica:

____

Nueva oración numérica:

____

Fecha Hora

LECCIÓN 11•3

Cajas matemáticas

1. Suma o resta.

a. $-22 + 12 =$ ________

b. $18 - (-4) =$ ________

c. $-15 - (-8) =$ ________

d. $-4 + (-17) =$ ________

e. $-6 - (-28) =$ ________

2. ¿Qué paralelogramo no es congruente con los otros 3 paralelogramos? Encierra en un círculo la mejor respuesta.

A. 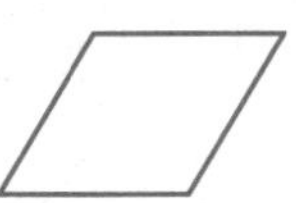 **B.** 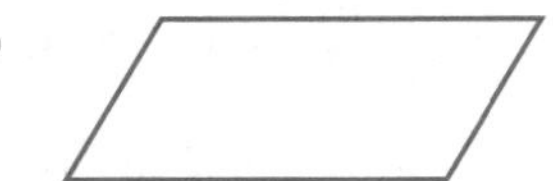

C. 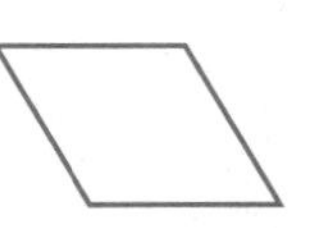 **D.** 

3. Los estudiantes del señor Ogindo hicieron una encuesta de su comida preferida en el cine. Completa la tabla. Luego, haz una gráfica circular de los datos.

Comida preferida	Número de estudiantes	Porcentaje de la clase
Palomitas	11	
Chocolate	5	
Refresco	6	
Dulces de fruta	1	
Dulces con nueces	2	
Total		

____
(título)

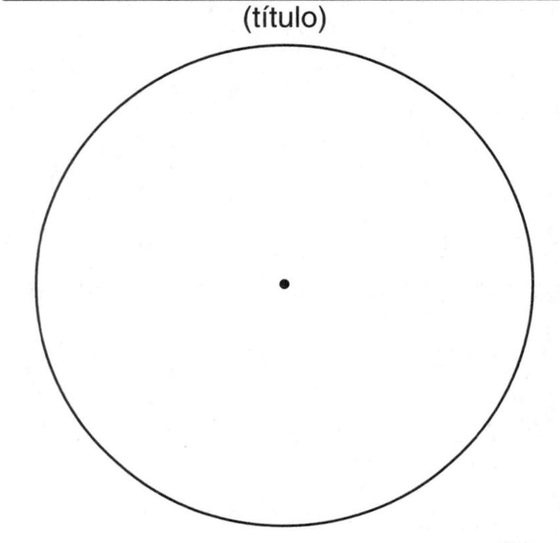

4. Resuelve.

a. $\frac{3}{8}$ de $40 =$ ________

b. $\frac{2}{3}$ de $120 =$ ________

c. $\frac{4}{5}$ de $60 =$ ________

d. $\frac{7}{9}$ de $54 =$ ________

e. $\frac{5}{6}$ de $36 =$ ________

5. Escribe la descomposición en factores primos de 175.

____

Fecha Hora

LECCIÓN 11•4 Volúmenes de pirámides y conos

1. Para calcular el volumen de cualquier **prisma** o **cilindro,** se multiplica el área de la base por la altura. ¿Cómo calcularías el volumen de una **pirámide** o un **cono**?

____

____

La pirámide de Keops está cerca de El Cairo, Egipto. Fue construida alrededor de 2600 a.C. Es una pirámide cuadrangular. Cada lado de la base cuadrada mide 756 pies de largo. Su altura es de 449.5 pies. La pirámide contiene alrededor de 2,300,000 bloques de piedra caliza.

449.5 pies

756 pies

2. Calcula el volumen de esta pirámide. _______________ pies^3

3. ¿Cuál es el volumen promedio de un bloque de piedra caliza?

_______________ pies^3

Un cine vende palomitas en caja a \$2.75. También vende conos de palomitas a \$2.00 cada uno. Las dimensiones de la caja y del cono se muestran a continuación.

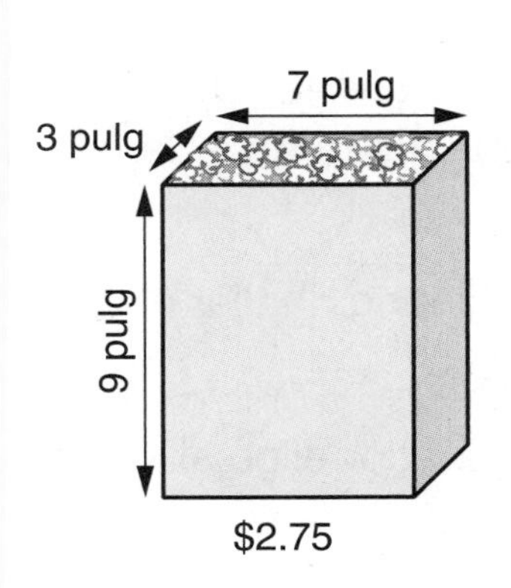

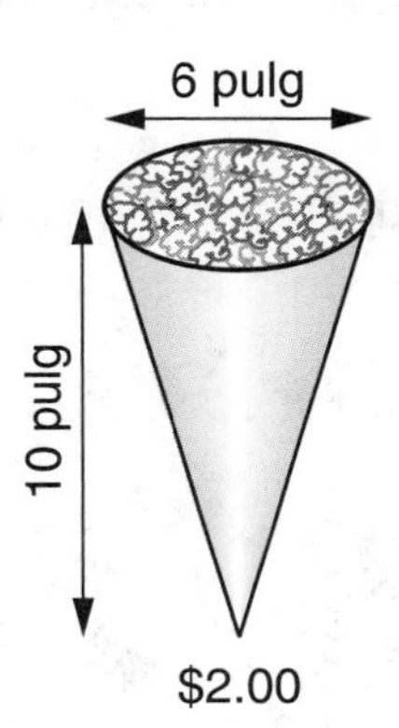

4. Calcula el volumen de la caja. _______________ pulg^3

5. Calcula el volumen del cono. _______________ pulg^3

Inténtalo

6. ¿Cuál es la mejor compra: la caja o el cono de palomitas? Explica.

____

____

____

Alfombras y cercos: Juego de área y perímetro

Materiales

- ☐ 1 baraja de área y perímetro de *Alfombras y cercos* (página 498 de los *Originales para reproducción*)
- ☐ 1 baraja de polígonos de *Alfombras y cercos* (páginas 499 y 500 de los *Originales para reproducción*)
- ☐ 1 hoja de registro de *Alfombras y cercos* (página 501 de los *Originales para reproducción*)

Jugadores 2

Objetivo del juego Anotar el número de puntos más alto hallando el área y el perímetro de polígonos.

Instrucciones

1. Revuelve la baraja de área y perímetro y colócala boca abajo.
2. Revuelve la baraja de polígonos y colócala boca abajo junto a la baraja de área y perímetro.
3. Los jugadores se turnan. En cada turno, un jugador saca una tarjeta de cada baraja y la coloca boca arriba. El jugador halla el perímetro o el área de la figura en la tarjeta de polígonos según lo que indica la tarjeta de área y perímetro.
   - ◆ Si sale la tarjeta de Elección del jugador, éste puede elegir hallar el área o el perímetro de la figura.
   - ◆ Si sale la tarjeta de Elección del oponente, el otro jugador elige si se hallará el área o el perímetro de la figura.
4. Los jugadores anotan sus turnos en la hoja de registro, escribiendo el número de la tarjeta de polígonos, encerrando en un círculo A (área) o P (perímetro) y luego escribiendo el modelo numérico usado para calcular el área o el perímetro. La solución es el puntaje del jugador en la partida.
5. El jugador que tiene mayor puntaje al terminar 8 partidas es el ganador.

LECCIÓN 11•4 Cajas matemáticas

1. Resuelve.

a. $\frac{1}{3}$ de 36 = ______

b. $\frac{2}{5}$ de 75 = ______

c. $\frac{3}{8}$ de 88 = ______

d. $\frac{5}{6}$ de 30 = ______

e. $\frac{2}{7}$ de 28 = ______

2. Halla el volumen del cuerpo.

Volumen = $B * h$ donde B es el área de la base y h es la altura.

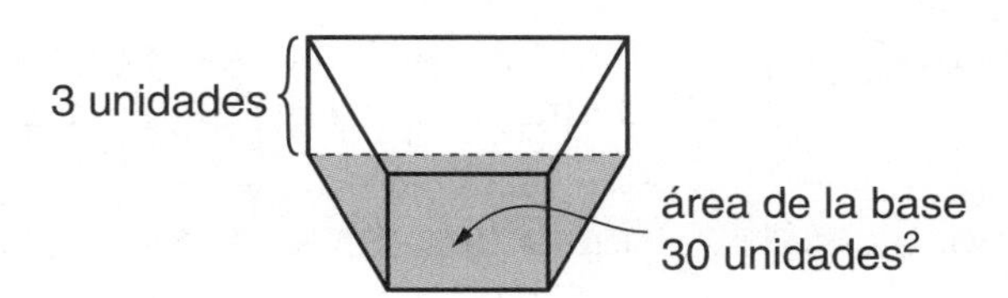

Volumen = ______________________

3. Lily gana $18.75 por día en su trabajo. ¿Cuánto gana en 5 días?

Oración abierta: ______________________

Solución: ______________________

4. Resuelve.

a. 2 tz = ________ oz líq

b. 1 pt = ________ oz líq

c. 1 ct = ________ oz líq

d. 1 medio gal = ________ oz líq

e. 1 gal = ________ oz líq

5. Haz un árbol de factores para hallar la descomposición en factores primos de 32.

LCE 12

6. Jamar compra jugo para la familia. Compra ocho paquetes de 6 cajas de jugo. Su abuela compra 3 paquetes más de 6. ¿Qué expresión representa correctamente cuántas cajas de jugo compraron? Encierra en un círculo la mejor respuesta.

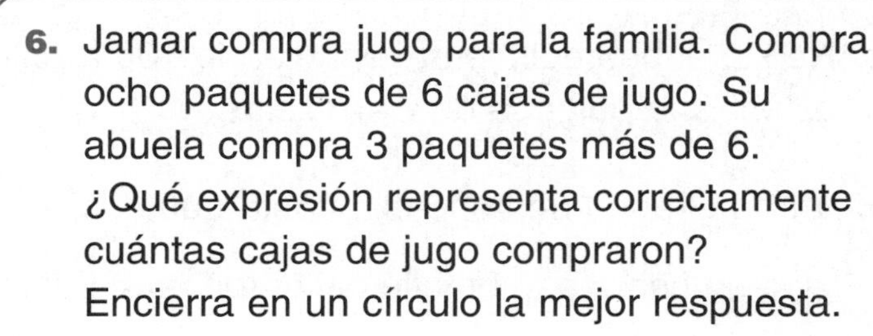

A. $(8 * 3) + 6$

B. $6 * (8 * 3)$

C. $6 * (8 + 3)$

LECCIÓN 11•5 Cómo calibrar una botella

Materiales

- ☐ botella de plástico de refresco de 2 litros a la que se le haya cortado la parte de arriba
- ☐ lata o frasco con alrededor de 2 litros de agua
- ☐ taza de medir ☐ regla
- ☐ tijeras ☐ papel
- ☐ cinta adhesiva

1. Llena la botella con alrededor de 5 pulgadas de agua.

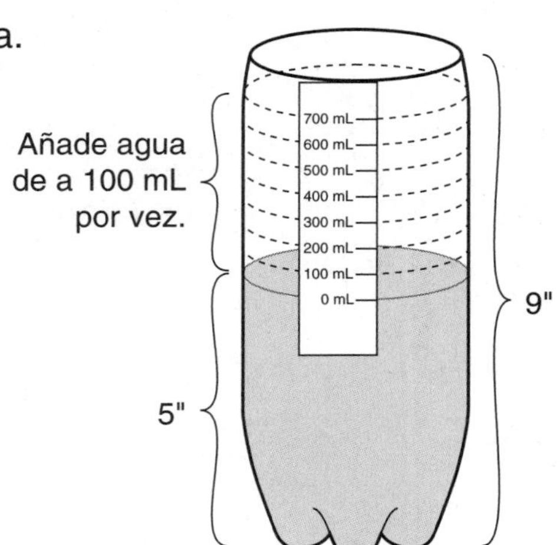

2. Recorta una tira de papel de 1 pulg por 6 pulg. Pega la tira en la parte exterior de la botella con un extremo en la parte superior y el otro extremo debajo del nivel del agua.

3. Marca la tira de papel en el nivel del agua. Escribe “0 mL” junto a la marca.

4. Vierte 100 mililitros de agua en una taza de medir. Vierte el agua en la botella. Marca la tira de papel en el nuevo nivel del agua y escribe “100 mL”.

5. Vierte otros 100 mililitros de agua en la taza de medir. Viértela en la botella y marca el nuevo nivel del agua con “200 mL”.

6. Repite el procedimiento, añadiendo 100 mililitros cada vez hasta que la botella esté a una pulgada de estar llena.

7. Vierte el agua de la botella hasta que el nivel del agua alcance la marca de 0 mL.

   ¿Cómo usarías tu botella calibrada para hallar el volumen de una piedra?

   ____

   ____

   ____

Hallar el volumen con un método de desplazamiento

Recordatorio: 1 mL = 1 cm^3

1. Comprueba que la botella esté llena hasta el nivel de 0 mL. Coloca varias piedras en ella.

   a. ¿Cuál es el nuevo nivel del agua de la botella? ______ mL

   b. ¿Cuál es el volumen de las piedras? ______ cm^3

   c. ¿Importa si las piedras están esparcidas o apiladas unas sobre las otras? ______

2. Tu puño tiene casi el mismo volumen que tu corazón. Ésta es una manera de hallar el volumen aproximado de tu corazón. Comprueba que la botella se haya llenado hasta el nivel de 0 mL. Coloca una liga alrededor de tu muñeca, justo debajo del hueso de la muñeca. Pon tu puño en la botella hasta que el agua alcance la liga.

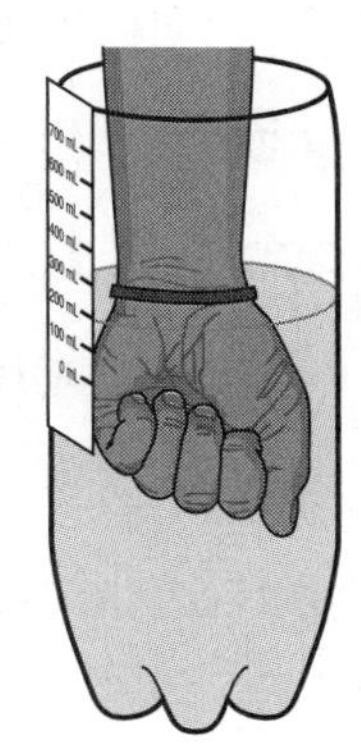

   a. ¿Cuál es el nuevo nivel del agua en la botella? ______ mL

   b. ¿Cuál es el volumen de tu puño? Éste es el volumen aproximado de tu corazón. ______ cm^3

   c. ¿Importa si aprietas el puño o si mantienes la mano abierta? ______

3. Halla los volúmenes de varios objetos. Por ejemplo, halla el volumen de una pelota de béisbol, una pelota de golf, una naranja o una lata de refresco sin abrir. Si el objeto flota, usa un lápiz para hundirlo. El objeto debe estar completamente sumergido antes de que leas el nivel del agua.

Objeto	Volumen del agua que desplaza el objeto (mL)	Volumen del objeto (cm^3)

LECCIÓN 11•5

Explorar el Tour de EE.UU.

Usa la información de la sección Tour de EE.UU. del *Libro de consulta del estudiante* para responder las siguientes preguntas.

1. a. Según la tabla de datos nacionales de la página 391, ¿cuál es la catarata más alta de Estados Unidos? ______

   b. Si estuvieras de pie en la parte superior de las cascadas en la sección media, ¿a alrededor de qué distancia estarías de la parte superior de las cataratas? ______

   ¿Y de la parte inferior de la cascada inferior de Yosemite? ______

2. a. Según el mapa de densidad de población de la página 377, ¿cuál es la densidad promedio para todo Estados Unidos? ______

   b. Usa las tablas de las páginas 374 y 375 para escribir una oración numérica que ejemplifique. cómo se calculó este promedio. ______

   c. Nombra cinco estados cuya densidad de población sea más del doble de la del promedio de EE.UU. ______

3. Identifica características y datos de tu estado.

   a. ¿En qué año tu estado se convirtió en estado? ______

   b. ¿Cuál es el punto más alto y el punto más bajo en tu estado? ______

   c. ¿En qué se diferencia la población de tu estado en el año 2000 de la población en el año 1900? ______

   d. ¿Qué porcentaje de tu estado son bosques? ______ ¿Y tierras de labranza? ______

   e. Describe una característica o un dato que elijas sobre tu estado.

   ______

4. Según el mapa de distancias por carretera de EE.UU que está en la página 388, ¿cuál es la distancia por carretera entre 2 de las ciudades más grandes de EE.UU?

   La distancia entre ______ y ______ es de ______.

5. Según las páginas 356 y 357, ¿qué ha cambiado en la razón de agricultores al tamaño de la población alimentada por las granjas en Estados Unidos en los últimos 100 años?

   ______

   ______

   ______

Fecha Hora

LECCIÓN 11•5

Cajas matemáticas

1. Escribe cada fracción en su mínima expresión.

a. $\frac{29}{3}$ = ______

b. $\frac{43}{5}$ = ______

c. $26\frac{34}{60}$ = ______

d. $15\frac{9}{8}$ = ______

2. Halla el volumen del prisma.

Volumen de una caja triangular

Volumen = Área de la base * altura

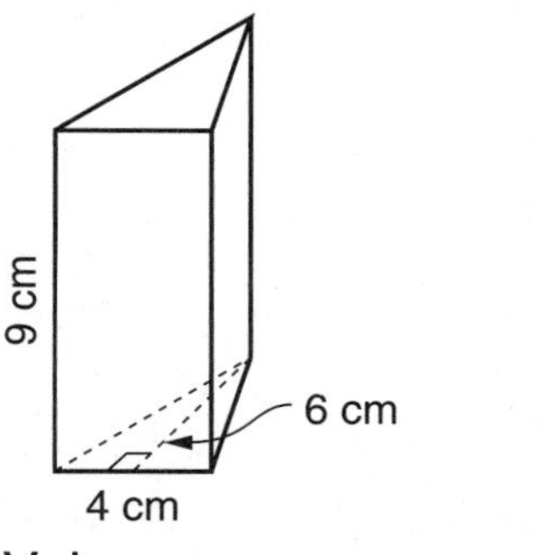

Volumen = ______ cm^3

3. Halla el volumen del cilindro.

Volumen de un cilindro

Volumen = Área de la base * altura

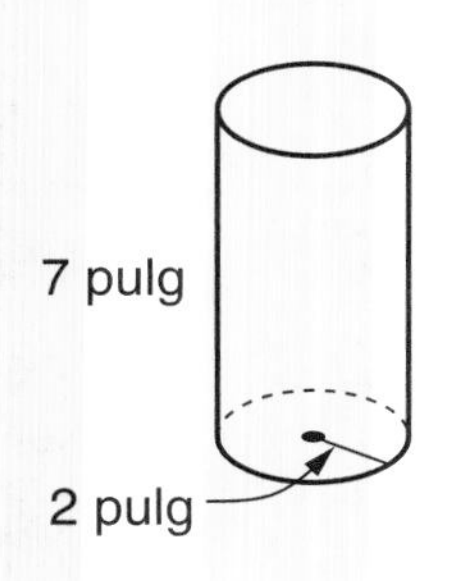

Volumen = ______ $pulg^3$

4. Mide la base y la altura del triángulo al centímetro más cercano.

a. La base es de alrededor de _____ cm.

b. La altura es de alrededor de _____ cm.

c. Halla el área del triángulo al centímetro cuadrado más cercano.

Área = $\frac{1}{2} * b * h$

Área: alrededor de _____ cm^2

5. Resuelve.

a.

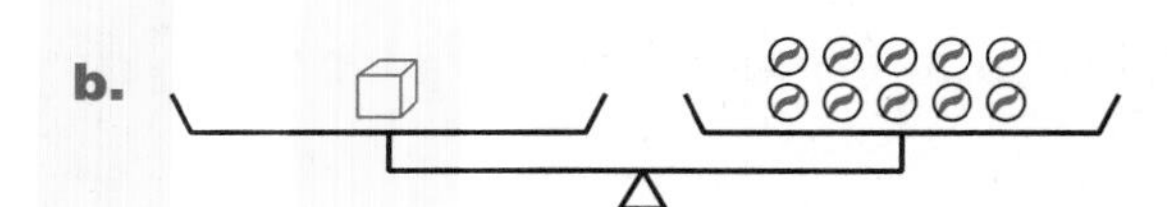

Un △ pesa tanto como _____ X.

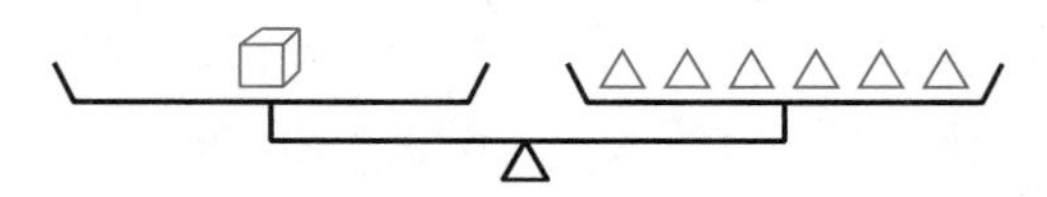

Un ▢ pesa tanto como _____ X.

b.

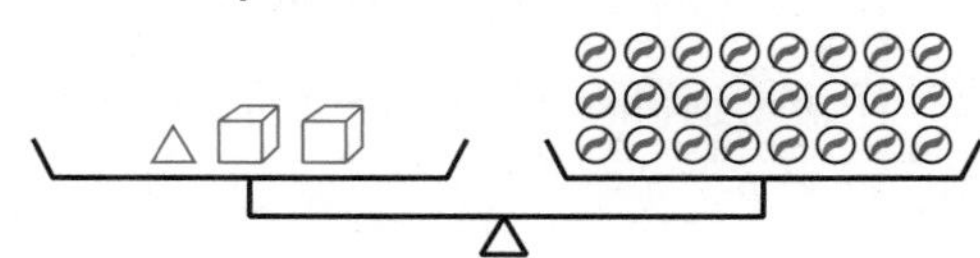

Un ▢ pesa tanto como _____ canicas.

Un △ pesa tanto como _____ canicas.

LECCIÓN 11•6

Capacidad y peso

Mensaje matemático

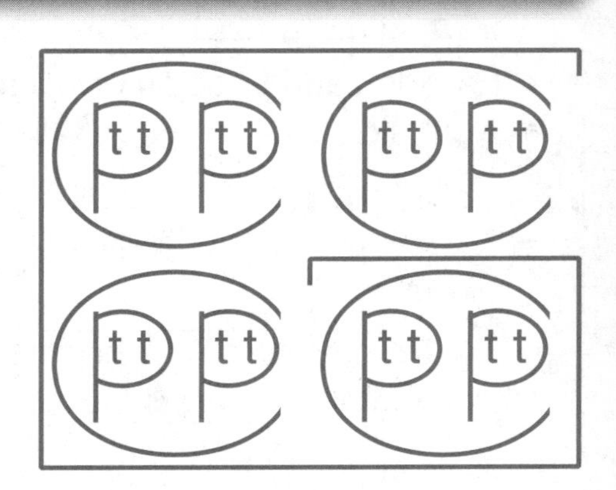

1. Describe el significado del dibujo y explica cómo puede ayudarte a convertir entre las unidades de capacidad (tazas, pintas, cuartos, galones, etc.).

____

____

____

____

____

____

Usa la página 397 del *Libro de consulta del estudiante* como referencia y resuelve lo siguiente.

2. Una taza de arroz seco (sin cocinar) pesa alrededor de ________ onzas.

3. Usa la respuesta del Problema 2 para completar lo siguiente:

   a. 1 pinta de arroz pesa alrededor de ________ onzas.

   b. 1 cuarto de arroz pesa alrededor de________ onzas.

   c. 1 galón de arroz pesa alrededor de ________ onzas.

   d. 1 galón de arroz pesa alrededor de ________ libras. (1 libra = 16 onzas)

4. En promedio, una familia de 4 personas en Nepal come alrededor de 110 libras de arroz al mes.

   a. ¿Cuántas libras es eso al año? ________________

   b. ¿Cuántos galones es al año? ________________

5. En promedio, una familia de 4 personas en Estados Unidos come alrededor de 120 libras de arroz al año. ¿Cuántos galones es eso al año? ____________

6. En promedio, una familia de 4 personas en Tailandia come alrededor de 3.5 galones de arroz por semana.

   a. ¿Cuántos galones es eso al año? ________________

   b. ¿Cuántas libras es al año? ________________

LECCIÓN 11·6

Capacidad y peso, *cont.*

7. Halla la capacidad de la caja de papel para fotocopiar que está a la derecha.

_______ pulg³

9 pulg
17 pulg
11 pulg

8. El recipiente de la derecha es un recipiente para jugo de medio galón, con la parte de arriba recortada para que $\frac{1}{2}$ galón de jugo lo llene exactamente.

a. Halla el volumen del recipiente de medio galón. _______ pulg³

b. ¿Cuál es el volumen de un recipiente de un galón? _______ pulg³

$7\frac{1}{4}$ pulg
4 pulg
4 pulg

9. En promedio, una familia de 4 personas en Tailandia come alrededor de 182 galones de arroz por año. ¿Alrededor de cuántas cajas de papel para fotocopiar se necesitarán para esta cantidad de arroz? (*Pista:* Primero calcula cuántos galones de arroz caben en 1 caja de papel para fotocopiar.)

a. ¿Cuál es la capacidad de 1 caja de papel para fotocopiar?

Alrededor de _______ galones

b. ¿Cuántas cajas de papel para fotocopiar se necesitarán para 182 galones de arroz?

Alrededor de _______ cajas

10. ¿En qué se diferencian tus cálculos del diagrama de puntos de la clase que muestra cuántas cajas se necesitarían para guardar todo el arroz que come una familia tailandesa de 4 integrantes en un año?

____

____

11. Estima alrededor de cuántas libras pesa una caja de papel para fotocopiar llena de arroz. Describe lo que hiciste para estimar.

____

____

____

____

Fecha Hora

LECCIÓN 11•6

Cajas matemáticas

1. Si un conjunto tiene 48 objetos, ¿cuántos objetos hay en . . .

a. $\frac{3}{8}$ del conjunto? ____________

b. $\frac{8}{3}$ del conjunto? ____________

c. $\frac{5}{6}$ del conjunto? ____________

d. $\frac{7}{12}$ del conjunto? ____________

e. $\frac{17}{16}$ del conjunto? ____________

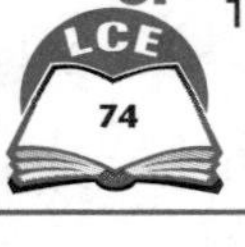

2. Resuelve.

Volumen de los prismas
$V = B * h$
donde B es el área de la base y h es la altura

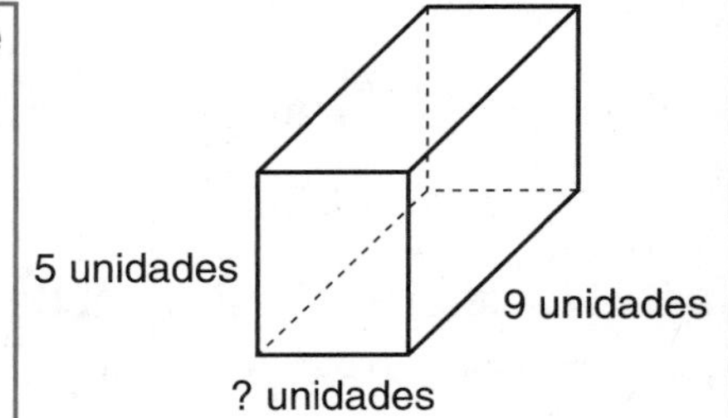

El volumen de este prisma es de 180 unidades^3. ¿Cuál es el ancho de la base?

____

LCE 197

3. La abuela de Tito compró 2 paquetes de pilas por $4.98 cada uno y un juego por $27.95. Ahora tiene $ 15.00. ¿Cuánto dinero tenía antes de ir de compras?

Oración abierta:

____

Solución: ____________

4. Elige la mejor respuesta.

a. medio galón equivale a

- ⬭ 1 cuarto
- ⬭ 2 cuartos
- ⬭ 2 pintas
- ⬭ 4 cuartos

b. 1 galón equivale a

- ⬭ 8 tazas
- ⬭ 2 cuartos
- ⬭ 8 pintas
- ⬭ 12 tazas

5. Haz un árbol de factores para hallar la descomposición en factores primos de 50.

LCE 12

6. Melissa hizo 8 bandejas de 5 galletas cada una. Vendió 3 platos de 12 galletas. ¿Qué expresión representa correctamente el número de galletas que vendió? Encierra en un círculo la mejor respuesta.

A. $(8 - 3) * 12$

B. $3 * 12$

C. $8 * 12$

LECCIÓN 11•7 Área de la superficie

El **área de la superficie** de una caja es la suma de las áreas de los 6 lados (caras) de la caja.

1. Tu clase hallará las dimensiones de una caja de cartón.

a. Escribe las dimensiones de la siguiente figura.

b. Halla el área de cada lado de la caja. Luego, halla el área total de la superficie.

Área del lado del frente = ________ $pulg^2$

Área del lado de atrás = ________ $pulg^2$

Área del lado derecho = ________ $pulg^2$

Área del lado izquierdo = ________ $pulg^2$

Área del lado superior = ________ $pulg^2$

Área del fondo = ________ $pulg^2$

Área total de la superficie = ________ $pulg^2$

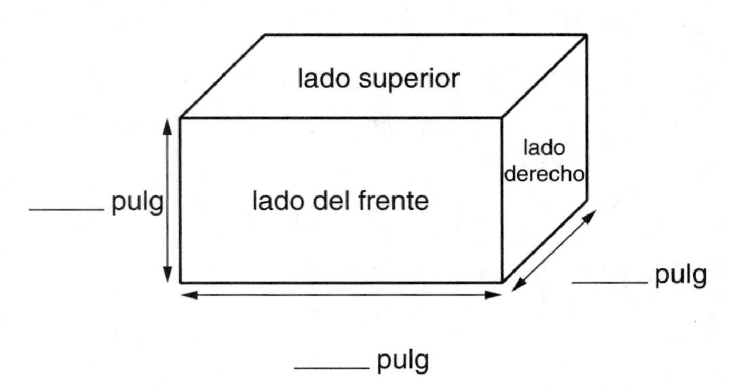

2. *Piensa:* ¿Cómo hallarías el **área** del metal que se usó para elaborar una lata?

a. ¿Cómo hallarías el área de la parte superior o del fondo de una lata?

____

____

____

b. ¿Cómo hallarías el área de la superficie curva entre la parte superior y el fondo de la lata?

____

____

____

c. Elige una lata. Halla el área total del metal que se usó para elaborarla. Acuérdate de incluir una unidad por cada área.

Área de la parte superior = ________

Área del fondo = ________

Área de la superficie curva = ________

Área total de la superficie = ________

Fecha Hora

LECCIÓN 11•7

Área de la superficie, *cont.*

Fórmula para el área de un triángulo

$$A = \frac{1}{2} * b * h$$

donde A es el área del triángulo, b es la longitud de su base y h es su altura.

3. Usa tu modelo de un prisma triangular.

a. Halla las dimensiones de las caras triangulares y rectangulares. Luego, halla las áreas de estas caras. Mide las longitudes al $\frac{1}{4}$ de pulgada más cercano.

base = ________ pulg

altura = ________ pulg

Área = ________ $pulg^2$

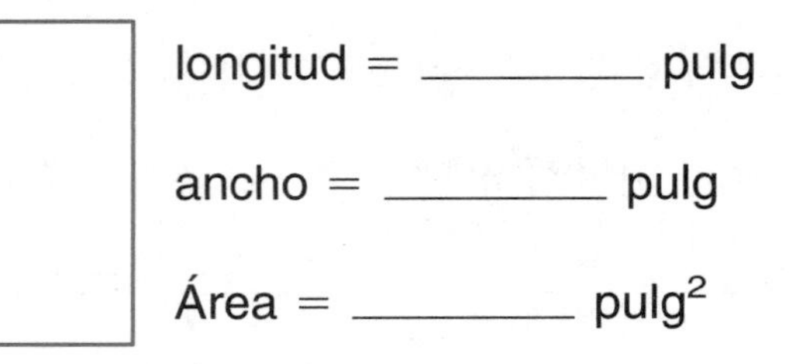

longitud = ________ pulg

ancho = ________ pulg

Área = ________ $pulg^2$

b. Suma las áreas de las caras para hallar el área total de la superficie.

Área de 2 bases triangulares = ________ $pulg^2$

Área de 3 lados rectangulares = ________ $pulg^2$

Área total de la superficie = ________ $pulg^2$

4. Usa tu modelo de una pirámide cuadrangular.

a. Halla las dimensiones de las caras cuadradas y triangulares. Luego, halla las áreas de estas caras. Mide las longitudes a la décima de centímetro más cercana.

longitud = ________ cm

ancho = ________ cm

Área = ________ cm^2

base = ________ cm

altura = ________ cm

Área = ________ cm^2

b. Suma las áreas de las caras para hallar el área total de la superficie.

Área de la base cuadrada = ________ cm^2

Área de 4 caras triangulares = ________ cm^2

Área total de la superficie = ________ cm^2

Fecha Hora

LECCIÓN 11•7

Cajas matemáticas

1. Escribe cada número en su mínima expresión.

a. $\frac{80}{5}$ = ________

b. $\frac{53}{6}$ = ________

c. $8\frac{24}{48}$ = ________

d. $11\frac{38}{54}$ = ________

2. ¿En qué se parecen los cilindros y los conos?

____

____

____

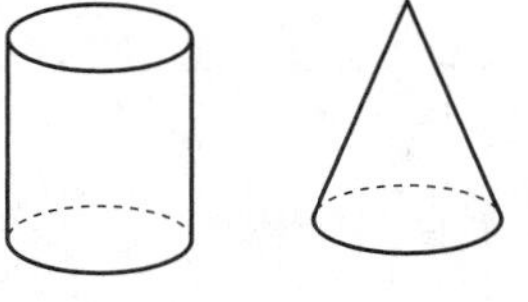

3. Halla el volumen del prisma rectangular.

Volumen del prisma rectangular

$V = B * h$

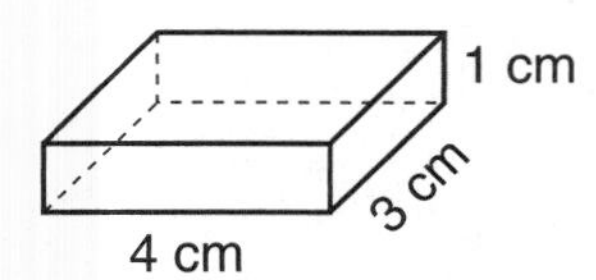

V = ________ cm^3

4. Halla el área y el perímetro del rectángulo.

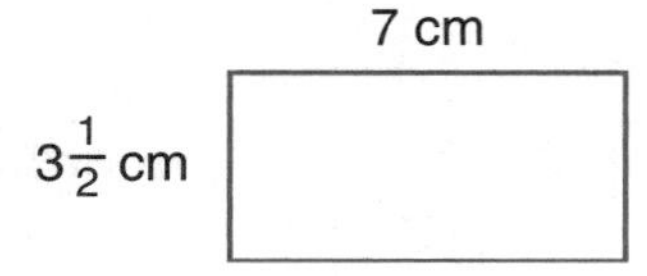

Área = ________ (unidad)

Perímetro = ________ (unidad)

5. Resuelve los siguientes problemas de balanza de platillos.

a.

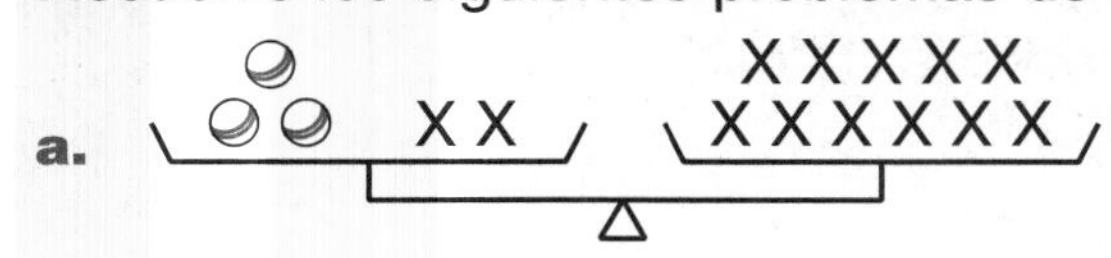

Una ◯ pesa tanto como ______ X.

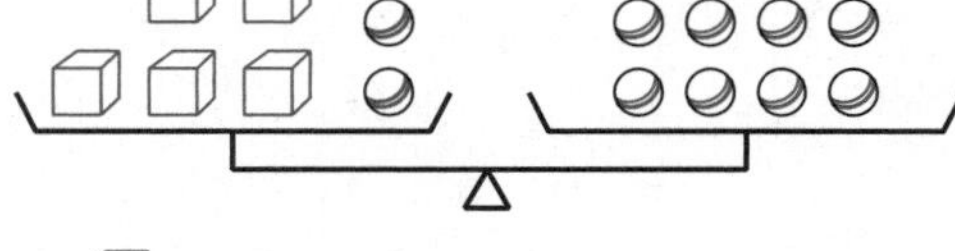

Un ▢ pesa tanto como ______ X.

b.

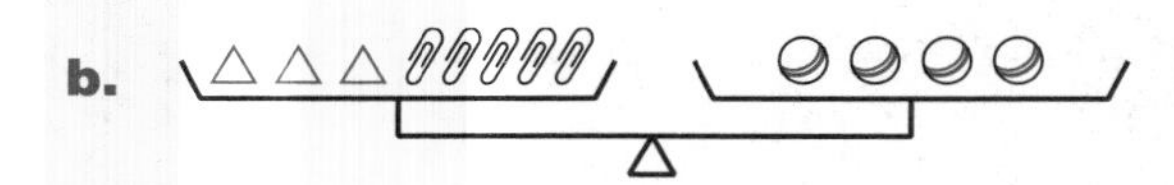

Un △ pesa tanto como ________ clips.

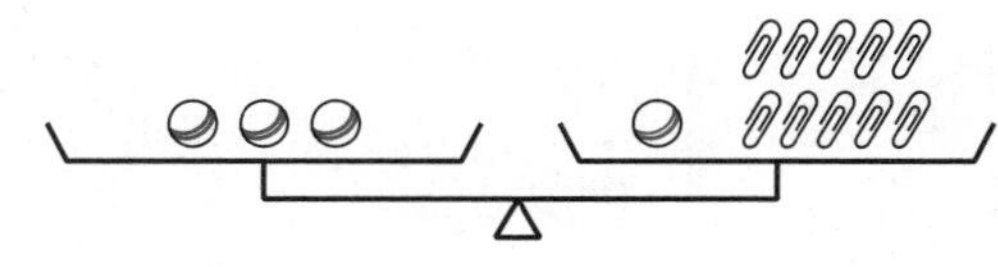

Una ◯ pesa tanto como ________ clips.

LCE
228 229

LECCIÓN 11•8

Cajas matemáticas

1. Resuelve.

a. 34% de 200 ___________

b. 1% de 54 ___________

c. 10% de 623.9 ___________

d. 80% de 300 ___________

e. 15% de 30 ___________

2. Escribe todos los factores de cada número.

a. 12 ___________

b. 20 ___________

c. 18 ___________

d. 36 ___________

e. 52 ___________

3. Escribe cada número en notación estándar.

a. $25^2 =$ ___________

b. $62^2 =$ ___________

c. $19^2 =$ ___________

d. $40^2 =$ ___________

e. $23^2 =$ ___________

4. Haz un árbol de factores para hallar la descomposición en factores primos de 28.

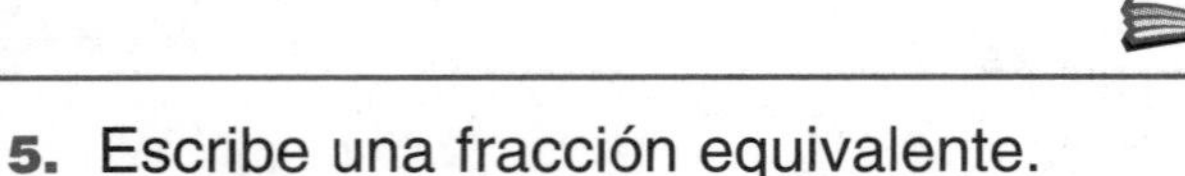

5. Escribe una fracción equivalente.

a. $\frac{3}{5} =$ ___________

b. $\frac{4}{7} =$ ___________

c. $\frac{1}{9} =$ ___________

d. $\frac{2}{3} =$ ___________

e. $\frac{3}{4} =$ ___________

6. Usa tu calculadora para hallar la raíz cuadrada de cada número.

a. $\sqrt{361} =$ ___________

b. $\sqrt{2,704} =$ ___________

c. $\sqrt{8,649} =$ ___________

d. $\sqrt{4,356} =$ ___________

Fecha Hora

LECCIÓN 12•1

Factores

Mensaje matemático

1. Escribe todos los pares de factores cuyo producto sea 48. Un par ya está hecho como ejemplo.

   48 = 6 * 8, ______

2. Una manera de escribir 36 como producto de factores es 2 * 18. Otra manera es 2 * 2 * 9. Escribe 36 como producto de la serie de factores más larga posible. No incluyas 1 como

   factor. ______

Árboles de factores y máximos comunes divisores

Una manera de hallar todos los factores primos de un número es hacer un **árbol de factores.** Primero, escribe el número. Debajo del número escribe dos factores cualesquiera cuyo producto sea ese número. Luego, escribe factores para cada uno de estos factores. Continúa hasta que todos los factores sean números primos. A continuación hay dos árboles de factores para 45.

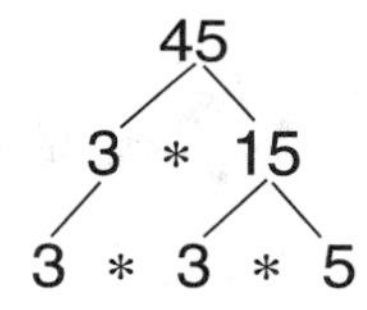

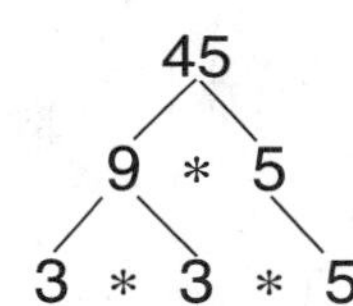

El **máximo común divisor** de dos números enteros es el mayor número que sea factor de ambos números.

Ejemplo: Halla el máximo común divisor de 24 y 60.

Paso 1 Enumera todos los factores de 24: 1, 2, 3, 4, 6, 8, 12 y 24.

Paso 2 Enumera todos los factores de 60: 1, 2, 3, 4, 5, 6, 10, 12, 15, 20, 30 y 60.

Paso 3 1, 2, 3, 4, 6 y 12 están en las dos listas. Son **divisores comunes.** 12 es el número mayor, entonces es el máximo común divisor de 24 y 60.

3. Halla el máximo común divisor de 18 y 27.

   Factores de 18: ______

   Factores de 27: ______

   Máximo común divisor: ______

LECCIÓN 12•1

Árboles de factores y máximos comunes divisores

Otra manera de hallar el máximo común divisor de dos números es usar la descomposición en factores primos.

Ejemplo: Halla el máximo común divisor de 24 y 60.

Paso 1 Haz árboles de factores y escribe la descomposición en factores primos de cada número.

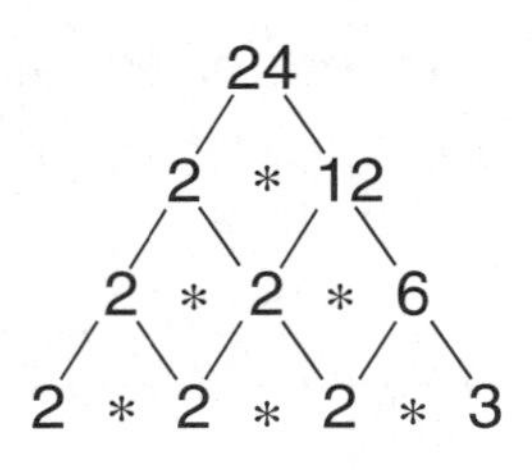

24 = 2 * 2 * 2 * 3

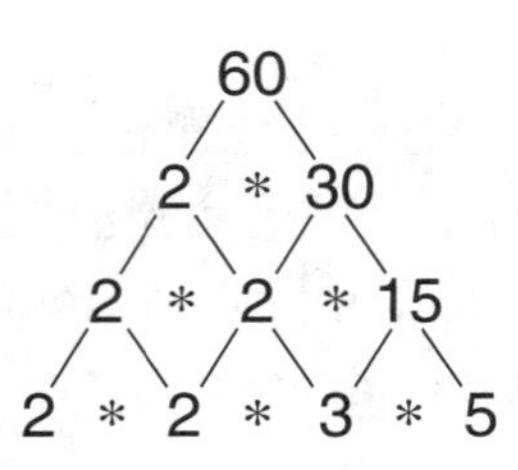

60 = 2 * 2 * 3 * 5

Paso 2 Encierra en un círculo pares de divisores comunes.

24 = 2 * 2 * 2 * 3

60 = 2 * 2 * 3 * 5

Paso 3 Multiplica *un* factor *de cada par* de factores encerrados en círculos.
El máximo común divisor de 24 y 60 es 2 * 2 * 3, o sea, 12.

4. Haz un árbol de factores para cada uno de los siguientes números y escribe la descomposición en factores primos.

a. 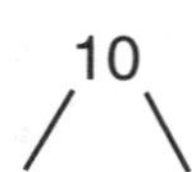

b. 

c. 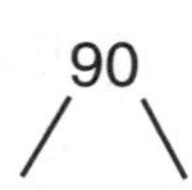

10 = ______________ 75 = ______________ 90 = ______________

LECCIÓN 12·1

Árboles de factores y máximos comunes divisores, *cont.*

5. **a.** ¿Qué factor(es) primo(s) tienen en común 10 y 75? ______________

b. ¿Cuál es el máximo común divisor de 10 y 75? ______________

6. **a.** ¿Qué factor(es) primo(s) tienen en común 75 y 90? ______________

b. ¿Cuál es el máximo común divisor de 75 y 90? ______________

7. **a.** ¿Qué factor(es) primo(s) tienen en común 10 y 90? ______________

b. ¿Cuál es el máximo común divisor de 10 y 90? ______________

8. Usa los árboles de factores del Problema 4 como ayuda para escribir cada una de las siguientes fracciones en su mínima expresión. Divide el numerador y el denominador entre su máximo común divisor.

a. $\frac{10}{75} =$ ______________ **b.** $\frac{75}{90} =$ ______________

c. $\frac{10}{90} =$ ______________

9. ¿Cuál es el máximo común divisor de 20 y 25? ______________

Escribe la fracción $\frac{20}{25}$ en su mínima expresión. ______________

10. Usa el siguiente espacio para dibujar árboles de factores.
¿Cuál es el máximo común divisor de 1,260 y 1,350? ______________

LECCIÓN 12•1 Árboles de factores y mínimos comunes múltiplos

El **mínimo común múltiplo** de dos números es el menor número que sea un múltiplo de ambos números.

Ejemplo: Halla el mínimo común múltiplo de 8 y 12.

Paso 1 Enumera los múltiplos de 8: 8, 16, 24, 32, 40, 48, 56, etc.

Paso 2 Enumera los múltiplos de 12: 12, 24, 36, 48, 60, etc.

Paso 3 24 y 48 están en ambas listas. Son múltiplos comunes.
24 es el número menor. Es el mínimo común múltiplo de 8 y 12.
24 es también el menor número que se puede dividir entre 8 y 12.

Otra manera de hallar el mínimo común múltiplo de dos números es usar la descomposición en factores primos.

Ejemplo: Halla el mínimo común múltiplo de 8 y 12.

Paso 1 Escribe la descomposición en factores primos de cada número:

$8 = 2 * 2 * 2 \qquad 12 = 2 * 2 * 3$

Paso 2 Encierra en un círculo pares de factores comunes. Luego, tacha un factor de cada par como se muestra a continuación.

$8 = \not{2} * \not{2} * 2$

$12 = 2 * 2 * 3$

Paso 3 Multiplica los factores que no estén tachados. El mínimo común múltiplo de 8 y 12 es 2 * 2 * 2 * 3, ó 24.

1. Haz árboles de factores y escribe la descomposición en factores primos de cada número.

a.

b.

c.

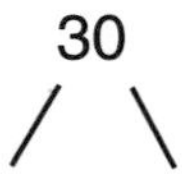

15 = ____________________ 9 = ____________________ 30 = ____________________

2. ¿Cuál es el mínimo común múltiplo de . . .

a. 9 y 15? __________ **b.** 15 y 30? __________ **c.** 9 y 30? __________

LECCIÓN 12·1

Cajas matemáticas

1. Resuelve.

a. Si 15 canicas son $\frac{3}{5}$ de las canicas en una bolsa, ¿cuántas canicas hay en la bolsa?

_______ canicas

b. Si 14 *pennies* son el 7% de un montón de *pennies,* ¿cuántos *pennies* hay en el montón?

_______ *pennies*

c. Hoy hay 75 estudiantes ausentes. Eso es el 10% de los estudiantes matriculados en la escuela. ¿Cuántos estudiantes están matriculados en la escuela?

_______________ estudiantes

d. Tyesha pagó $90 por un radio nuevo. Estaba en oferta a $\frac{3}{4}$ del precio normal. ¿Cuál es el precio normal del radio?

____

2. Un monopatín está en oferta a 30% del precio normal. El precio de venta es $84. ¿Cuál es el precio normal?

____

LCE 52

3. Escribe > ó <.

a. 0.75 _______ $\frac{8}{9}$

b. 0.2 _______ $\frac{1}{6}$

c. $\frac{3}{7}$ _______ $\frac{4}{8}$

d. $\frac{5}{9}$ _______ 0.9

e. $\frac{6}{11}$ _______ $\frac{7}{12}$

4. Resuelve.

a.

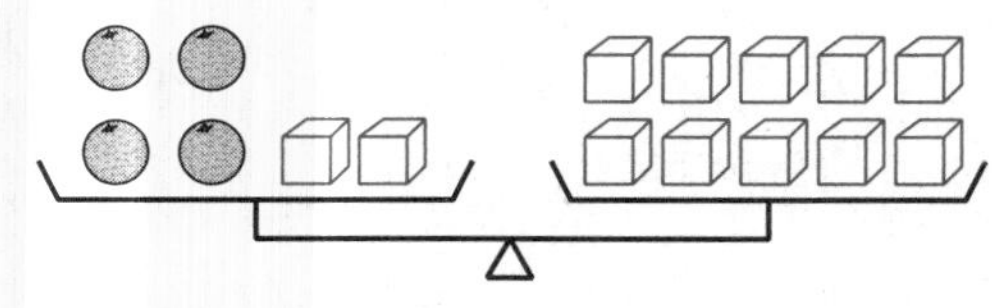

Una naranja pesa tanto como ____ X.

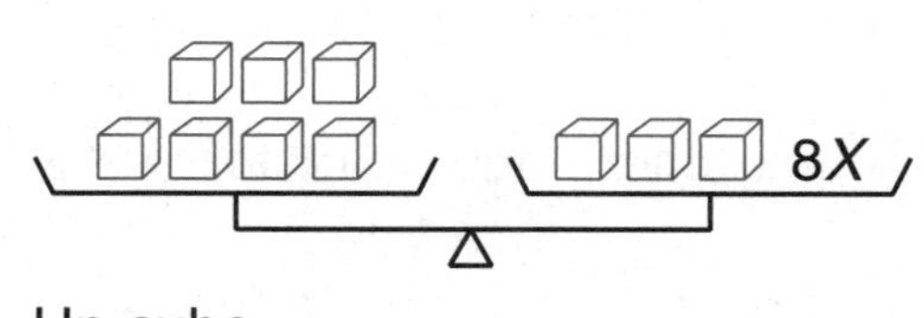

Un cubo pesa tanto como ____ X.

b.

Un triángulo pesa tanto como ____ X.

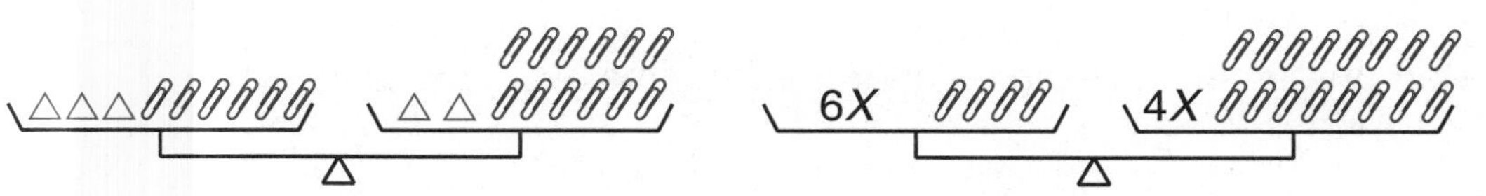

Un clip pesa tanto como ______ X.

LECCIÓN 12•2

Probabilidad

Cuando se lanza un dado de 6 lados, cada número del 1 al 6 tiene la misma posibilidad de salir. Los números 1, 2, 3, 4, 5 y 6 son **igualmente probables.**

La rueda giratoria que aparece a continuación está dividida en 10 secciones iguales, entonces es **igualmente probable** que salga cada número del 1 al 10. Esto no quiere decir que si giras 10 veces, cada número del 1 al 10 saldrá exactamente una vez: el 2 podría salir cuatro veces y el 10 no salir ni una vez. Pero si giras muchas veces (por ejemplo, 1,000 veces), es probable que cada número salga alrededor de $\frac{1}{10}$ de las veces. La **probabilidad** de que salga el 1 es de $\frac{1}{10}$. La probabilidad de que salga el 2 también es de $\frac{1}{10}$, etc.

Ejemplo: ¿Cuál es la probabilidad de que la rueda giratoria de la derecha pare en un número par?

10 1 2 3 4 5 6 7 8 9

Si la rueda giratoria para en 2, 4, 6, 8 ó 10, habrá parado en un número par. Es probable que cada uno de estos números pares salga $\frac{1}{10}$ de las veces. La probabilidad total de que uno de estos números pares salga se puede hallar sumando:

$$\frac{1}{10} + \frac{1}{10} + \frac{1}{10} + \frac{1}{10} + \frac{1}{10} = \frac{5}{10}$$

Para en: 2 4 6 8 10

La probabilidad de parar en un número par es de $\frac{5}{10}$.

Halla la probabilidad de cada uno de los siguientes números de esta rueda giratoria.

1. La rueda para en un número impar. ________
2. La rueda para en un número menor que 7. ________
3. La rueda para en un múltiplo de 3. ________
4. La rueda para en un número que es factor de 12. ________
5. La rueda para en el máximo común divisor de 4 y 6. ________
6. La rueda para en un número primo. ________
7. La rueda para en un número que *no* es un número primo. ________

El Principio contable de la multiplicación y los diagramas de árbol

El Principio contable de la multiplicación

Imagina que puedes hacer la primera elección de *m* maneras y la segunda de *n* maneras. Entonces, hay $m * n$ maneras de hacer la primera elección seguida por la segunda elección. Se pueden contar tres o más elecciones de la misma manera, multiplicando.

La cafetería de la escuela ofrece estas opciones para el almuerzo:

Plato principal: chile o hamburguesa

Bebida: leche o jugo

Postre: manzana o pastel

1. a. ¿De cuántas maneras diferentes puede un estudiante elegir un plato principal, una bebida y un postre? Usa el Principio contable de la multiplicación.

   ______ (maneras de elegir un plato principal) * ______ (maneras de elegir una bebida) * ______ (maneras de elegir un postre)

   b. El número de distintas combinaciones de comidas para el almuerzo: ______

2. Traza un **diagrama de árbol** para mostrar todas las posibles maneras de elegir comidas para el almuerzo.

Plato principal: ______ ______

Bebida: ______ ______ ______ ______

Postre: ______ ______ ______ ______ ______ ______ ______ ______

3. a. ¿Piensas que todas las combinaciones de comidas para el almuerzo son igualmente probables? ______

   b. Explica tu respuesta. ______

LECCIÓN 12•2

Diagramas de árbol y probabilidad

José tiene 3 camisas limpias (roja, azul y amarilla) y 2 pantalones limpios (café y negro). Toma una camisa y un pantalón sin mirar.

1. Completa el diagrama de árbol para mostrar todas las posibles maneras que tiene José de elegir una camisa y un pantalón.

Camisas: ________ ________ ________

Pantalones: ________ ________ ________ ________ ________ ________

2. Enumera todas las posibles combinaciones de camisas y pantalones. Una está hecha como ejemplo.

rojo y negro, ________________________________

____

3. ¿Cuántas combinaciones diferentes hay de camisas y pantalones? ________ combinaciones

4. ¿Son todas las combinaciones de camisas y pantalones igualmente probables? ________

5. ¿Cuál es la probabilidad de que José tome lo siguiente?

   a. la camisa azul ________

   b. la camisa azul y el pantalón negro ________

   c. el pantalón café ________

   d. una camisa que *no* sea amarilla ________

   e. el pantalón café y una camisa que *no* sea amarilla ________

Fecha Hora

LECCIÓN 12·2 Diagramas de árbol y probabilidad, *cont.*

El señor Jackson viaja al trabajo de ida y vuelta en tren. Los trenes que van para el trabajo salen a las 6:00, 7:00, 8:00 y 9:00 a.m. Los trenes desde el trabajo salen a las 3:00, 4:00 y 5:00 p.m.

Es igualmente probable que el señor Jackson elija 1 cualquiera de los 4 trenes de la mañana para ir al trabajo.

Es igualmente probable que elija cualquiera de los 3 trenes de la tarde para ir a casa después del trabajo.

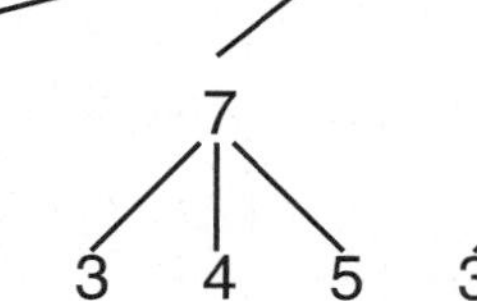
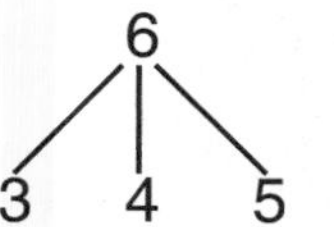
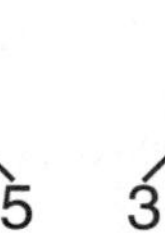
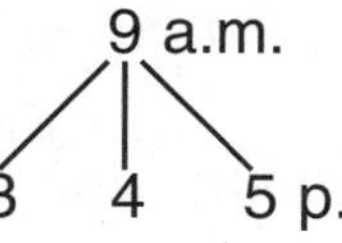

Al trabajo: 6 7 8 9 a.m.

Del trabajo: 3 4 5 3 4 5 3 4 5 3 4 5 p.m.

1. ¿De cuántas maneras diferentes puede el señor Jackson tomar el tren al trabajo de ida y vuelta? De ________ maneras diferentes

2. ¿Son estas maneras igualmente probables? ________

3. ¿Cuál es la probabilidad de que ocurra cada una de las siguientes alternativas?

   a. El Sr. Jackson toma el tren de las 7:00 a.m. al trabajo. ____________

   b. Vuelve a casa en el tren de las 4:00 p.m. ____________

   c. Toma el tren de las 7:00 a.m. al trabajo y vuelve en el tren de las 4:00 p.m. ____________

   d. Sale en el tren de las 9:00 a.m. y vuelve en el tren de las 5:00 p.m. ____________

   e. Sale al trabajo antes de las 9:00 a.m. ____________

   f. Sale al trabajo a las 6:00 a.m. o 7:00 a.m. y vuelve a las 3:00 p.m. ____________

   g. Vuelve a casa, pero *no* en el tren de las 5:00 p.m. ____________

   h. Vuelve a casa 9 horas después de tomar el tren para ir al trabajo. ____________

LECCIÓN 12•2

Historias de tasas

1. Mica lee alrededor de 44 páginas por hora.
¿Alrededor de cuántas páginas leerá en $2\frac{3}{4}$ horas? ________ páginas

Explica cómo hallaste la respuesta. ____________________

____

____

____

Si Mica empieza a leer un libro de 230 páginas a las 3:30 p.m. y lee todo el libro sin parar, ¿a qué hora aproximadamente terminará el libro? ____________________

Explica cómo hallaste la respuesta. ____________________

____

____

____

____

____

2. Tyree y Jake construyeron una torre de cubos de un centímetro. La planta baja de la torre es rectangular. Mide 5 cubos de ancho y 10 cubos de largo. La torre completa tiene forma de prisma rectangular. Empezaron a construirla a las 2 p.m. Trabajaron alrededor de 1 hora. Usaron alrededor de 200 cubos cada 10 minutos.

¿Qué altura tenía la torre terminada? ____________________ (unidad)

Explica cómo hallaste la respuesta. ____________________

____

____

____

____

____

____

Fecha Hora

LECCIÓN 12·2

Cajas matemáticas

1. Divide mentalmente.

a. 382 / 7 → ____________

b. 796 / 5 → ____________

c. 499 / 4 → ____________

d. 283 ÷ 6 → ____________

e. 1,625 ÷ 8 → ____________

LCE 22–24

2. Dibuja un rectángulo cuyo perímetro sea igual al perímetro del rectángulo que se muestra, pero cuyos lados no tengan la misma longitud que los que se muestran.

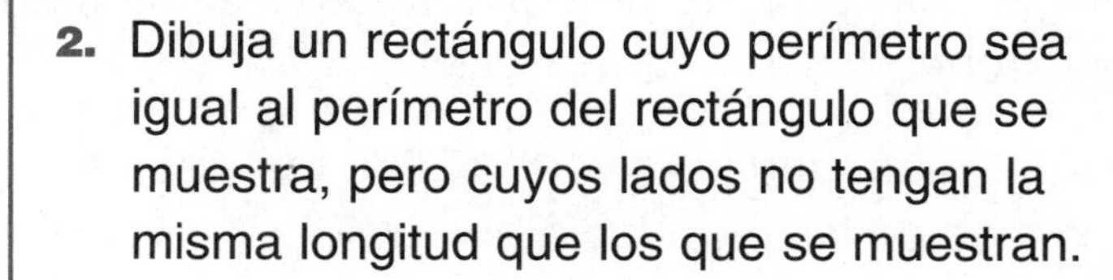

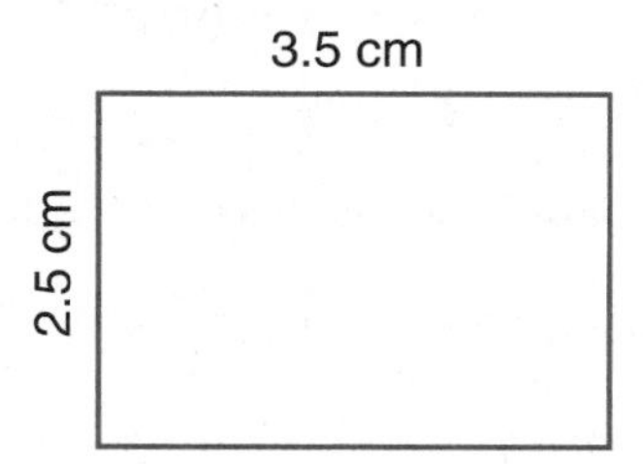

¿Cuál es el área de la figura que has trazado?

____

3. Multiplica. Muestra tu trabajo.

a. $55 * 37$

b. $92 * 74$

c. $318 * 64$

4. **a.** Mide el radio del círculo en centímetros. ____________

b. Halla el área al cm^2 más cercano y la circunferencia al cm más cercano.

Área = $\pi * \text{radio}^2$

Circunferencia = $\pi * \text{diámetro}$

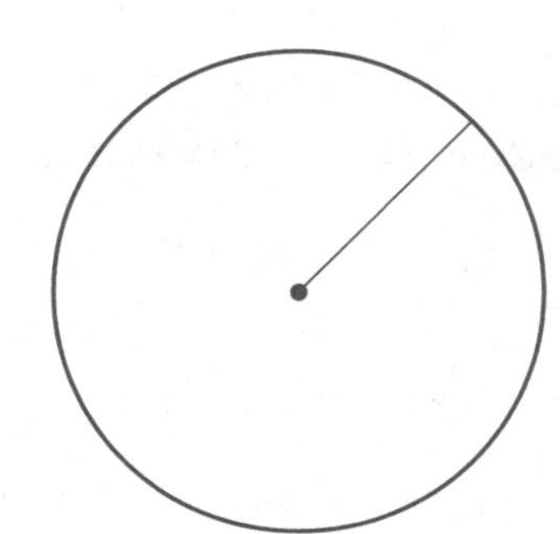

El área es de alrededor de ____________.

La circunferencia es de alrededor de ____________.

Fecha Hora

LECCIÓN 12•3

Razones

Las razones se pueden expresar de muchas maneras. Todos estos son enunciados de razones:

- Se estima que para el año 2020 habrá 5 veces más personas de 100 años de edad o más de las que había en 1990.
- Los estudiantes de escuela primaria forman alrededor del 14% de la población de EE.UU.
- En una noche promedio, alrededor de $\frac{1}{3}$ de la población de EE.UU. mira TV.
- Las posibilidades de ganar la lotería pueden ser de menos de 1 en 1,000,000.
- Una escala común para casas de muñecas es 1 pulgada por cada 12 pulgadas.

Una **razón** usa la división para comparar dos cálculos o medidas que tienen la misma unidad. Las razones se pueden enunciar o escribir de varias maneras. A veces es más fácil entender una razón o encontrarle más sentido si se vuelve a escribir de otra manera.

Ejemplo: En un grupo de diez estudiantes, ocho estudiantes son diestros y dos son zurdos. La razón de estudiantes zurdos a todos los estudiantes se puede expresar de las siguientes maneras:

- Con palabras: Dos de cada diez estudiantes son zurdos.
  Dos estudiantes en diez son zurdos.
  La razón de estudiantes zurdos a todos los estudiantes es de dos a diez.
- Con una fracción: $\frac{2}{10}$ ó $\frac{1}{5}$ de los estudiantes son zurdos.
- Con un porcentaje: El 20% de los estudiantes son zurdos.
- Con dos puntos entre los dos números que se comparan:
  La razón de estudiantes zurdos a todos los estudiantes es 2:10 (dos a diez).

Mensaje matemático

Expresa la razón de estudiantes diestros a todos los estudiantes del ejemplo anterior.

1. Con palabras: ______________________ estudiantes son diestros.
2. Con una fracción: __________________ de los estudiantes son diestros.
3. Con un porcentaje: El ______________ de los estudiantes son diestros.
4. Con dos puntos: La razón de los estudiantes diestros a todos los estudiantes es ______________.

LECCIÓN 12•3

Usar razones para examinar una tendencia

1. a. De acuerdo a la tabla de la página 356 del *Libro de consulta del estudiante,* ¿aumentó o disminuyó desde 1900 la razón de granjeros a todas las personas que trabajan?

____

b. ¿Por qué piensas que pasó esto? _______________

____

____

2. a. ¿Aumentó o disminuyó desde 1900 la razón de ingenieros a todas las personas que trabajan?

____

b. ¿Por qué piensas que pasó esto? _______________

____

____

3. a. ¿Cómo ha cambiado desde 1900 la razón de los fotógrafos a todas las personas que trabajan?

____

b. ¿Por qué piensas que pasó esto? _______________

____

____

4. ¿Alrededor de cuántos granjeros había . . .

a. en 1900? _______________

b. en 2000? _______________

5. ¿Alrededor de cuántos fotógrafos había . . .

a. en 1900? _______________

b. en 2000? _______________

LECCIÓN 12•3 10 veces

¿Has escuchado o usado alguna vez expresiones como "10 veces más", "10 veces", "10 veces menos" o "$\frac{1}{10}$ de veces"? Éstas son **comparaciones de razones.** Asegúrate de usar expresiones como éstas con precaución. ¡Aumentar o reducir algo por un factor de 10 hace una gran diferencia!

Los científicos llaman **magnitud** a una diferencia de 10 veces y creen que el mundo, tal como lo conocemos, cambia drásticamente cuando algo aumenta o se reduce por una magnitud.

Ejemplo: Una persona puede correr alrededor de 5 millas por hora. Un carro puede ir 10 veces más rápido, o sea, a 50 millas por hora. Un avión puede viajar 10 veces más rápido que el carro, o sea, a 500 millas por hora. Cada aumento de magnitud de la velocidad de viaje ha tenido un gran efecto en nuestras vidas.

Completa la siguiente tabla. Luego, escribe dos de tus propios sucesos o artículos en la tabla.

Suceso o artículo	Medida o cálculo actual	10 veces más	10 veces menos ($\frac{1}{10}$ de las veces)
La duración de la clase de matemáticas			
El número de estudiantes en la clase de matemáticas			
El largo de tu paso			

Fecha Hora

LECCIÓN 12·3

Cajas matemáticas

1. Marvin falló en $\frac{1}{8}$ de los 24 tiros que hizo en un juego de baloncesto contra los Rams.

   a. ¿Qué fracción de los tiros encestó? _______________

   b. ¿Cuántos tiros falló? _______________

   c. ¿Cuántos tiros encestó? _______________

   d. ¿Qué porcentaje de los tiros encestó? _______________

2. Un bolso está en oferta a 20% del precio normal. El precio de venta es \$15.95.

   ¿Cuál es el precio normal? ____________

3. Escribe $>$ ó $<$.

   a. $\frac{7}{8}$ ________ $\frac{9}{10}$

   b. $\frac{4}{5}$ ________ 0.89

   c. $\frac{2}{3}$ ________ $\frac{5}{8}$

   d. 0.37 ________ $\frac{2}{5}$

   e. $\frac{9}{6}$ ________ 1.05

4. Resuelve.

   a.

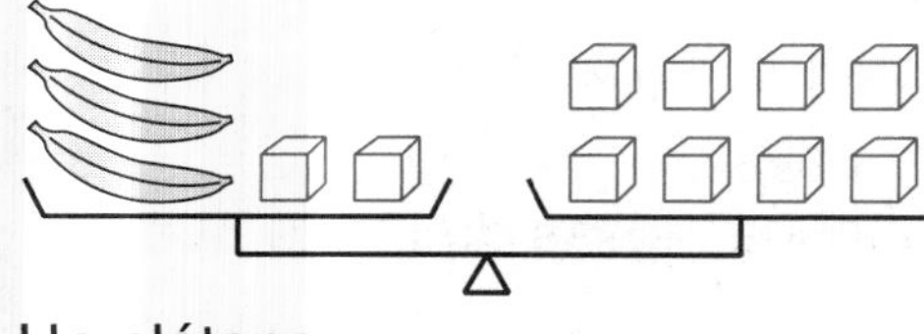

Un plátano
pesa tanto como ____ P.

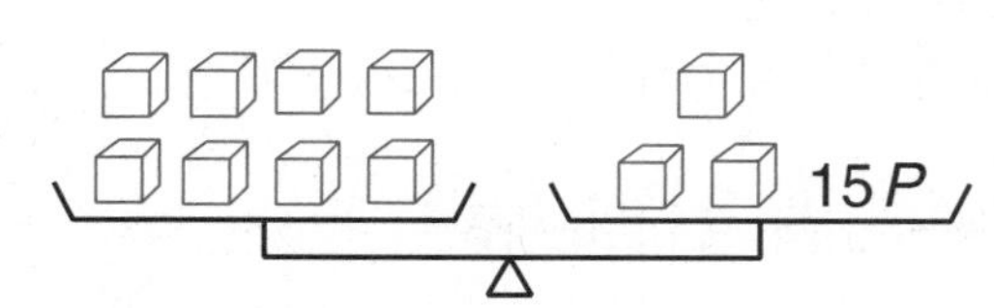

Un cubo
pesa tanto como ____ P.

   b.

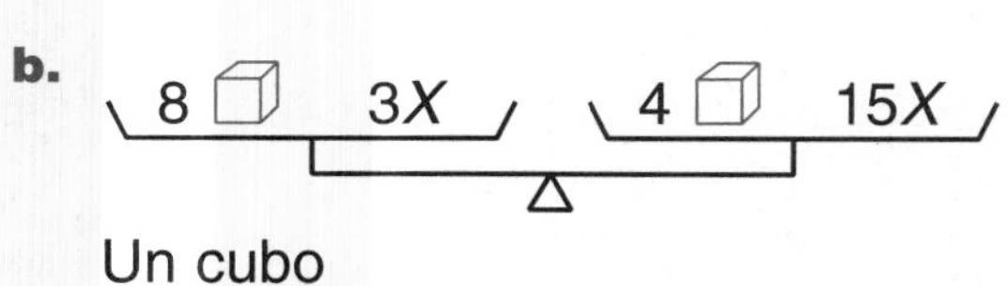

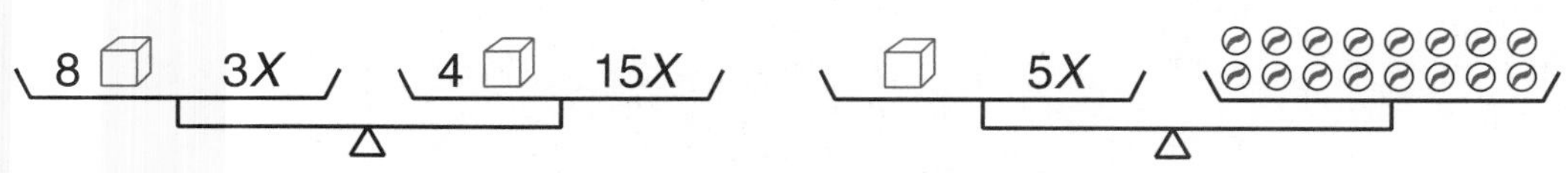

Un cubo
pesa tanto como ____ canicas.

Una X
pesa tanto como ____ canicas.

LECCIÓN 12•4

Comparar las partes con los enteros

Una **razón** es una comparación. Algunas razones comparan parte de una colección con el total de cosas de la colección. Por ejemplo, el enunciado "1 de cada 6 estudiantes de la clase está ausente" compara el número de estudiantes ausentes con el número total de estudiantes de la clase. En otras palabras, "por cada 6 estudiantes matriculados en la clase, 1 está ausente" o "$\frac{1}{6}$ de los estudiantes de la clase está ausente".

Si sabes el número total de estudiantes de la clase, puedes usar esta razón para hallar el número de estudiantes ausentes. Por ejemplo, si hay 12 estudiantes en la clase, entonces $\frac{1}{6}$ de 12 ó 2 de los estudiantes están ausentes. Si hay 18 estudiantes en la clase, entonces $\frac{1}{6}$ de 18 ó 3 estudiantes están ausentes.

Si sabes el número de estudiantes ausentes, también puedes usar esta razón para hallar el número total de estudiantes de la clase. Por ejemplo, si hay 5 estudiantes ausentes, debe de haber un total de 6 $*$ 5 ó 30 estudiantes en la clase.

Usa las Losas cuadradas de la Hoja de actividades 7 del *Diario del estudiante* 2 para ejemplificar y resolver los siguientes problemas de razones.

1. Coloca 28 losas en tu escritorio, con 3 de cada 4 losas blancas y el resto, sombreadas.

   ¿Cuántas losas son blancas? ________ ¿Cuántas están sombreadas? ________

   Dibuja tu modelo de losas.

2. Coloca 30 losas en tu escritorio, con 4 de cada 5 losas blancas y el resto, sombreadas.

   ¿Cuántas losas son blancas? ________ ¿Cuántas están sombreadas? ________

3. Coloca 7 losas sombreadas sobre tu escritorio. Añade algunas losas de modo que 1 de cada 3 esté sombreada y el resto sean blancas. ¿Cuántas losas hay en total? ________

   Dibuja tu modelo de losas.

4. Coloca 25 losas blancas sobre tu escritorio. Añade algunas losas de modo que 5 de cada 8 sean blancas y el resto, sombreadas. ¿Cuántas losas hay en total? ________

LECCIÓN 12·4

Historias de razones

Usa tus losas para ejemplificar y resolver las siguientes historias de números.

1. Toma 32 losas. Si 6 de cada 8 son blancas, ¿cuántas son blancas? ________

2. Toma 15 losas. Si 6 de cada 9 son blancas, ¿cuántas son blancas? ________

3. Coloca 24 losas sobre tu escritorio de modo que 8 sean blancas y el resto, sombreadas.

   Una de cada ________ losas es blanca.

4. Coloca 18 losas en tu escritorio de modo que 12 sean blancas y el resto, sombreadas.

   ________ de cada 3 losas son blancas.

5. Llovió 2 de cada 5 días del mes de abril.

   ¿Cuántos días llovió ese mes? ________

6. Por cada 4 veces que John bateó, tuvo 1 *hit.*

   Si tuvo 7 *hits,* ¿cuántas veces bateó? ________

7. Hay 20 estudiantes en la clase de quinto grado de la señora Kahlid. Dos de cada 8 estudiantes no tienen hermanos ni hermanas. ¿Cuántos estudiantes no tienen hermanos ni hermanas?

   ____

8. Rema come 2 huevos dos veces a la semana.
   ¿Cuántos huevos comerá el mes de febrero? ________

   ¿Cuántas semanas tardará en comer 32 huevos? ________

9. David hizo una encuesta sobre los sabores preferidos de helado. De la gente a la que preguntó, 2 de cada 5 dijeron que les gustaba más el chocolate, 1 de cada 8 eligió vainilla, 3 de cada 10 eligieron miel con nueces y el resto eligió otro sabor.

   a. Si 16 personas dijeron que el chocolate era su sabor preferido,

      ¿cuántas personas participaron en la encuesta de David? ________

   b. Si participaron 80 personas en la encuesta de David, ¿cuántas prefirieron un sabor que no fuera chocolate, vainilla ni miel con nueces?

      ____

Fecha Hora

LECCIÓN 12•4

Calcular opciones

1. La heladería tiene 3 sabores de helado y 5 coberturas diferentes.

   a. Usa el Principio contable de la multiplicación para calcular el total de opciones para un sabor de helado y una cobertura. ____________________

   b. Dibuja un diagrama de árbol para mostrar las combinaciones posibles.

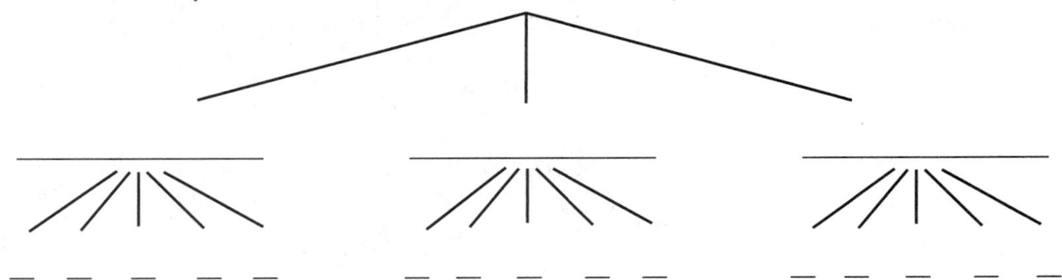

2. Las letras de los nombres de las radios en EE.UU deben empezar con W o K, como WNIB o KYFM.

   a. ¿Cuántas opciones hay para la primera letra? ____________________

   ¿La segunda letra? ____________________ ¿La tercera letra? ____________________

   ¿La última letra? ____________________

   b. ¿Cuántas combinaciones diferentes de 4 letras son posibles?

   ____

   c. ¿Usarías un diagrama de árbol para resolver este problema? Explica por qué sí o por qué no.

   ____

   ____

   ____

3. Hay 4 tarjetas de números: 1, 2, 3 y 4.

   a. Calcula el número total de combinaciones posibles para dos tarjetas si mezclas las tarjetas, sacas una sin mirar, vuelves a dejar la tarjeta que sacaste, vuelves a mezclar las tarjetas y sacas una tarjeta de nuevo. ____________________

   b. Calcula el número total de combinaciones posibles para las tarjetas si mezclas las tarjetas, sacas una sin mirar y la dejas a un lado, vuelves a mezclar las tarjetas y sacas una tarjeta de nuevo. ____________________

Fecha Hora

LECCIÓN 12•4

Cajas matemáticas

1. Divide mentalmente.

a. 472 ÷ 5 → ______

b. 389 / 6 → ______

c. 729 / 8 → ______

d. 543 ÷ 4 → ______

e. 580 ÷ 9 → ______

2. a. Un rectángulo tiene un área de 8 cm^2. Dibuja y rotula los lados del rectángulo.

b. ¿Cuál es el perímetro del rectángulo que has dibujado?

______

3. Multiplica. Usa el algoritmo de productos parciales.

a. 26
∗ 32

b. 71
∗ 58

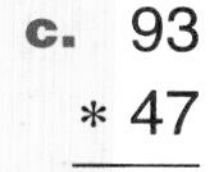

c. 93
∗ 47

4. a. Dibuja un círculo con un radio de 2.5 centímetros.

b. ¿Cuál es el área de este círculo al centímetro más cercano?

Área = $\pi * \text{radio}^2$

Alrededor de ______ (unidad)

LCE 153

LECCIÓN 12•5

Más historias de razones

Puedes resolver historias de razones escribiendo primero un modelo numérico para la historia.

Ejemplo: Sidney se equivocó en 2 de cada 9 problemas en el examen de matemáticas. Había 36 problemas en el examen. ¿En cuántos problemas se equivocó?

- Escribe un modelo numérico: $\frac{\text{(equivocaciones)}}{\text{(total)}} \ \frac{2}{9} = \frac{\square}{36}$
- Halla el número que falta.

  Piensa: *¿9 multiplicado por qué número es igual a 36?* $9 * \mathbf{4} = 36$

  Multiplica el numerador, 2, por este número: $2 * \mathbf{4} = 8$

  $\frac{\text{(equivocaciones)}}{\text{(total)}} \ \frac{2 * \mathbf{4}}{9 * \mathbf{4}} = \frac{8}{36}$
- Respuesta: Sidney se equivocó en 8 de 36 problemas.

Escribe un modelo numérico para cada problema. Luego, resuelve el problema.

1. De los 42 animales del Zoológico para Niños, 3 de cada 7 son mamíferos. ¿Cuántos mamíferos hay en el Zoológico para Niños?

Modelo numérico: ____________________ Respuesta: ____________________ (unidad)

2. Cinco de cada 8 estudiantes de la Escuela Kenwood tocan un instrumento. Hay 224 estudiantes en la escuela. ¿Cuántos estudiantes tocan un instrumento?

Modelo numérico: ____________________ Respuesta: ____________________ (unidad)

3. El señor Lopez vende suscripciones para una revista. Cada suscripción cuesta $18. Por cada suscripción que vende, gana $8. Una semana vendió suscripciones por valor de $198. ¿Cuánto ganó?

Modelo numérico: ____________________ Respuesta: ____________________

Fecha Hora

LECCIÓN 12·5

Más historias de razones, *cont.*

4. Crea una historia de razones. Pide a tu compañero que la resuelva.

____

____

____

Modelo numérico: ______________________________

Respuesta: ______________________________

Halla el número que falta.

5. $\frac{1}{3} = \frac{x}{39}$

$x =$ ______________

6. $\frac{3}{4} = \frac{21}{y}$

$y =$ ______________

7. $\frac{7}{8} = \frac{f}{56}$

$f =$ ______________

8. $\frac{1}{5} = \frac{13}{n}$

$n =$ ______________

9. $\frac{5}{6} = \frac{m}{42}$

$m =$ ______________

10. $\frac{9}{25} = \frac{s}{100}$

$s =$ ______________

11. Hay 48 estudiantes en el quinto grado de la escuela de Robert. Tres de cada 8 estudiantes de quinto grado leyeron dos libros el mes pasado. Uno de cada 3 estudiantes leyó sólo un libro. El resto de los estudiantes no leyó ningún libro.

¿Cuántos libros leyeron los estudiantes de quinto grado en total el mes pasado? ______________ (unidad)

Explica qué hiciste para hallar la respuesta.

____

____

____

____

____

LECCIÓN 12•5

Nombrar medidas de ángulos

1. Usa tu conocimiento de ángulos para completar la tabla.

Nombre del ángulo	Referencia del ángulo	Medida del ángulo
agudo	Menos que un cuarto de giro	$< 90°$
recto		
obtuso		
llano		
ángulo reflejo		
Suma de las medidas de ángulos adyacentes		

2. Describe tu método para recordar la diferencia entre un ángulo agudo y un ángulo obtuso.

____

____

____

Fecha Hora

LECCIÓN 12•5 Cajas matemáticas

1. Escribe cada par de fracciones con denominadores comunes.

a. $\frac{1}{3}$ y $\frac{1}{2}$ ______

b. $\frac{3}{4}$ y $\frac{2}{5}$ ______

c. $\frac{2}{8}$ y $\frac{9}{12}$ ______

2. Haz una lista con los factores de 142.

______

3. Estima la respuesta para cada problema. Luego, resuelve el problema.

	Estimación	Solución
a. 302 ∗ 57	______	______
b. 599 ∗ 9	______	______
c. 701 ∗ 97	______	______
d. 498 ∗ 501	______	______

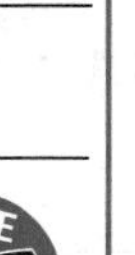

4. Hay 270 estudiantes en la liga de fútbol. Dos de cada tres estudiantes son varones. ¿Cuántos estudiantes son varones?

______

5. Completa la tabla. Traza los datos en la gráfica y conecta los puntos con segmentos de recta.

Maryanne gana $12 por hora.

Regla:
Ganancias =
12 ∗ número de horas

Horas	Ganancias
2	
4	
	60
	84
9	

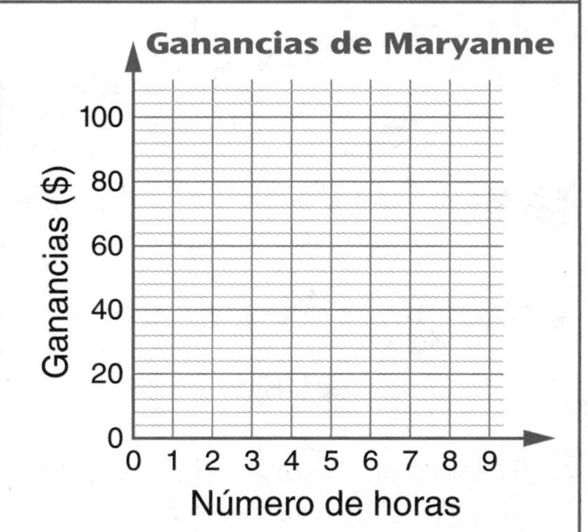

LECCIÓN 12·6

El corazón

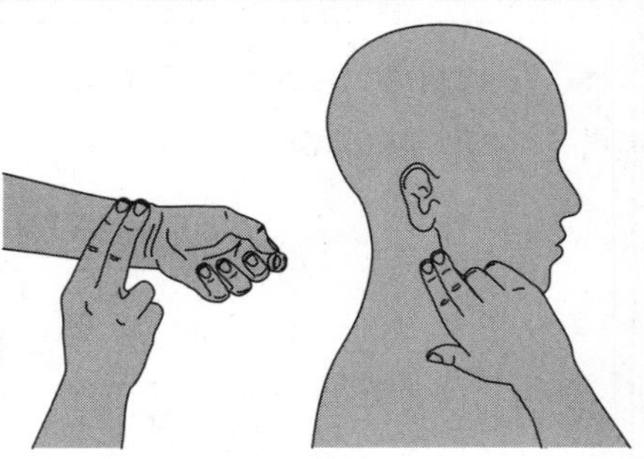

El corazón es un órgano de tu cuerpo que bombea sangre a través de los vasos sanguíneos. El **ritmo cardíaco** es la tasa a la que tu corazón bombea sangre. Por lo general, se expresa como el número de latidos cardíacos por minuto. Con cada latido del corazón, las arterias se ensanchan y luego vuelven a su tamaño original. Este latido de las arterias se llama **pulso.** El **ritmo de pulsación** es igual que el ritmo cardíaco.

Puedes sentir el pulso en tu muñeca, cerca del hueso y debajo del pulgar. También puedes sentirlo en el cuello. Desliza tus dedos índice y medio desde la oreja, siguiendo la curva de la mandíbula, y ejerce presión con ellos en la parte blanda del cuello, justo debajo de la mandíbula.

Mi ritmo cardíaco

Siente tu pulso y cuenta el número de latidos de tu corazón durante 15 segundos. Tu compañero puede tomar el tiempo con un reloj de pulsera o con el reloj de la clase. Hazlo varias veces hasta que estés seguro de que la cuenta es precisa.

1. ¿Alrededor de cuántas veces late tu corazón en 15 segundos? ____________

2. Usa esta tasa para completar la tabla.

Número aproximado de veces que late tu corazón . . .	
en 1 minuto	
en 1 hora	
en 1 día	
en 1 año	

3. Tu puño y tu corazón tienen aproximadamente el mismo tamaño. Mide tu puño con una regla. Anota los resultados.

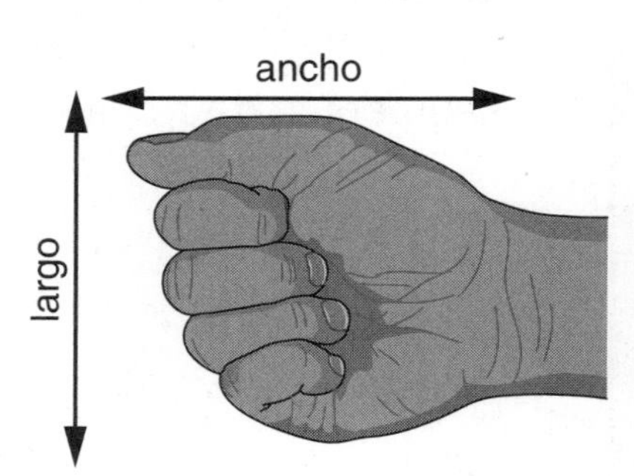

Mi corazón tiene alrededor de ______ pulgadas de ancho y ______ pulgadas de largo.

4. El corazón de una persona pesa alrededor de 1 onza por cada 12 libras de peso corporal.

Encierra en un círculo el peso de tu corazón.

Menos de 15 onzas   Alrededor de 15 onzas   Más de 15 onzas

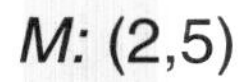

LECCIÓN 12·6 Cajas matemáticas

1. Traza y rotula los pares ordenados de números en la cuadrícula.

   M: (2,5)

   N: (−2,1)

   O: (−3,−4)

   P: (−4,3)

   Q: (6,−2)

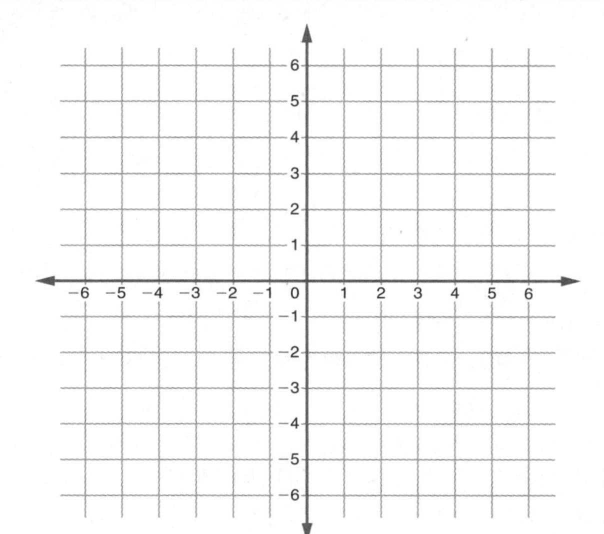

2. Halla la fracción equivalente a $\frac{35}{84}$.

   Encierra en un círculo la mejor respuesta.

   A. $\frac{3}{5}$

   B. $\frac{3}{4}$

   C. $\frac{5}{6}$

   D. $\frac{5}{12}$

3. ¿Cuál es la medida del ángulo *A*? *No* uses un transportador.

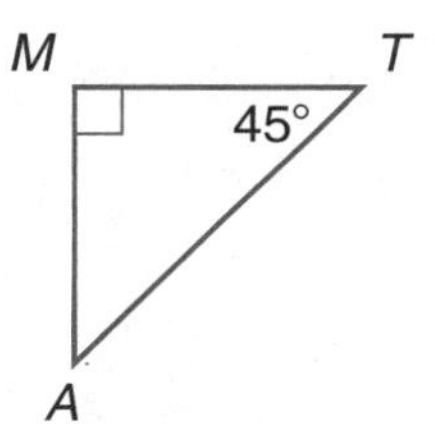

$\angle A =$ ________

4. Nombra dos fracciones equivalentes para cada una de las siguientes fracciones.

   a. $\frac{7}{8} =$ ________

   b. $\frac{3}{10} =$ ________

   c. $\frac{6}{7} =$ ________

   d. $\frac{1}{6} =$ ________

   e. $\frac{12}{5} =$ ________

5. Escribe > ó <.

   a. 50% ________ $\frac{2}{3}$

   b. $620 - 80$ ________ $30 * 40$

   c. $\frac{7}{8}$ ________ $\frac{1}{4} + \frac{2}{4}$

   d. $20 * 19$ ________ 20^2

   e. $0.35 + 0.25$ ________ $\frac{1}{8} + \frac{1}{8}$

LECCIÓN 12•7 El ejercicio y tu corazón

El ejercicio aumenta el ritmo al que late el corazón. El ejercicio muy fuerte puede duplicar el ritmo cardíaco.

Trabaja con un compañero o compañera para hallar cómo el ejercicio afecta tu ritmo cardíaco.

Subidas y bajadas	Latidos del corazón durante 15 segundos
0	
5	
10	
15	
20	
25	

1. Siéntate y relájate por un minuto. Luego, pide a tu compañero que tome el tiempo durante 15 segundos mientras te tomas el pulso. Anota el número de latidos del corazón en la primera fila de la tabla de la derecha.

2. Sube y baja de una silla 5 veces sin parar. Mantén el equilibrio cada vez que subes o bajas. Cuando termines, tómate el pulso durante 15 segundos mientras tu compañero toma el tiempo. Anota el número de latidos del corazón en la segunda fila de la tabla.

3. Siéntate y relájate. Mientras estás descansando, tu compañero puede subir y bajar de la silla 5 veces y tú puedes tomarle el tiempo.

4. Cuando tu pulso haya vuelto casi a la normalidad, sube y baja de la silla 10 veces. Anota el número de latidos del corazón en 15 segundos en la tercera fila de la tabla. Luego, descansa mientras tu compañero sube y baja de la silla 10 veces.

5. Repite el procedimiento subiendo y bajando de la silla 15, 20 y 25 veces.

6. ¿Por qué es importante que todos los estudiantes suban y bajen a la misma tasa?

___

___

___

___

LECCIÓN 12·7

Mi perfil de la tasa del ritmo cardíaco

1. Haz una gráfica lineal con los datos de tu tabla de la página 418 del diario.

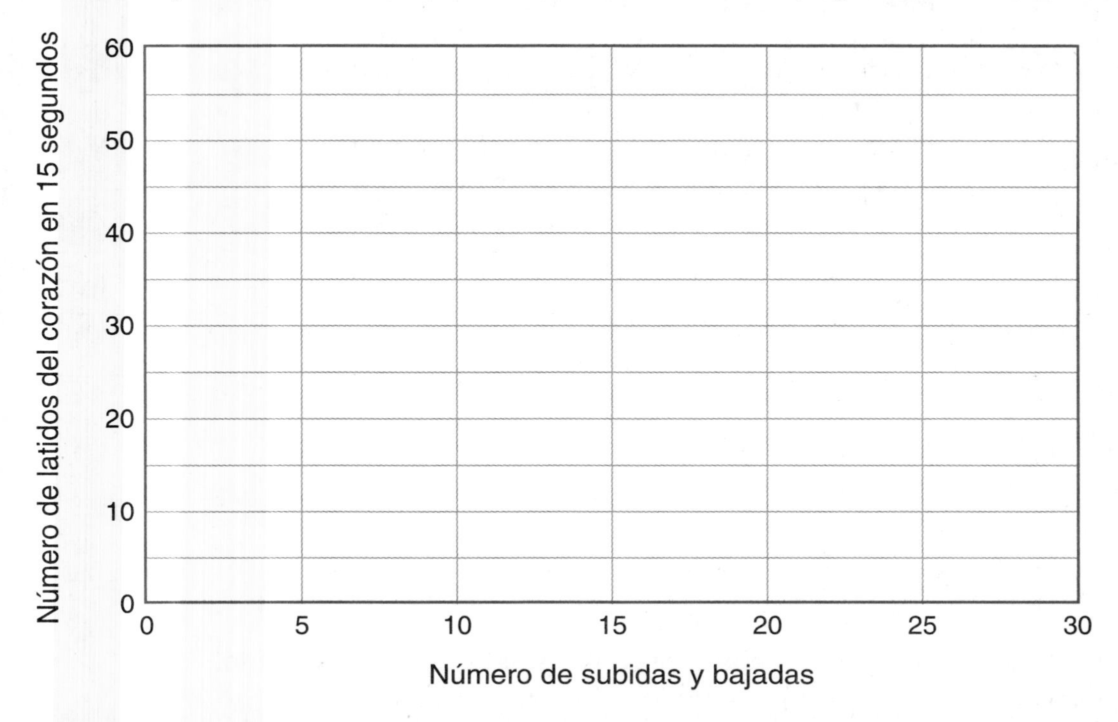

2. Haz una predicción: ¿Cuál será la tasa del ritmo cardíaco si subes y bajas 30 veces?

Alrededor de _______________ latidos del corazón en 15 segundos

3. Cuando hagas ejercicio, debes tener cuidado de no poner mucho estrés en tu corazón. Los expertos en el ejercicio a menudo recomiendan una tasa de ritmo cardíaco objetivo que hay que alcanzar durante el ejercicio. La tasa del ritmo cardíaco objetivo varía según la edad y la salud de la persona, pero a veces se usa la siguiente regla.

Tasa del ritmo cardíaco durante el ejercicio:

Resta tu edad de 220. Multiplica el resultado por 2. Luego, divide entre 3. El resultado es el número objetivo de latidos por minuto.

a. Según esta regla, ¿cuál sería tu tasa del ritmo cardíaco objetivo durante el ejercicio?

Alrededor de _______________ latidos del corazón por minuto

b. ¿Eso es alrededor de cuántos latidos del corazón en 15 segundos?

Alrededor de _______________ latidos del corazón

Fecha Hora

Perfil de la tasa del ritmo cardíaco de mi clase

1. Completa la tabla.

Hitos de la clase: Número de latidos del corazón en 15 segundos				
Número de subidas y bajadas	**Máximo**	**Mínimo**	**Rango**	**Mediana**
0				
5				
10				
15				
20				
25				

2. Haz una gráfica lineal de las medianas de la gráfica de la página 419 del diario. Usa un lápiz de color o un crayón. Rotula esta línea como “El perfil de la clase”. Rotula la otra línea como “Mi propio perfil”.

3. Compara tu perfil personal con el perfil de la clase.

LECCIÓN 12•7

Más problemas de báscula de platillos

Resuelve.

1.

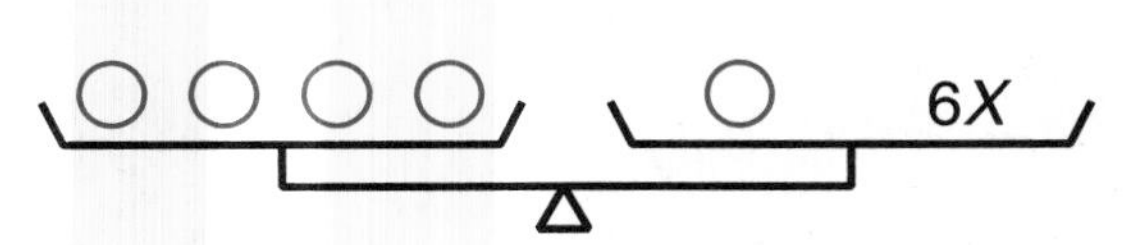

Un círculo
pesa tanto como ____ X.

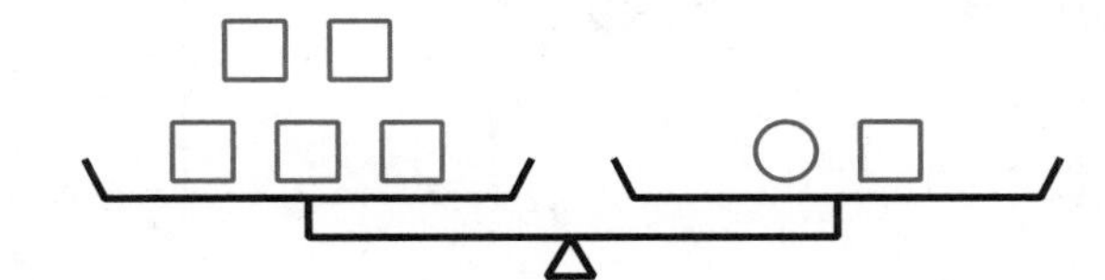

Un cuadrado
pesa tanto como ____ círculo.

2.

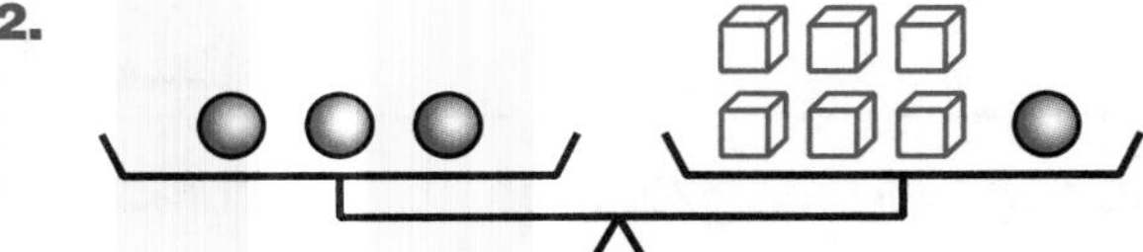

Un cubo
pesa tanto como ____ pelotas.

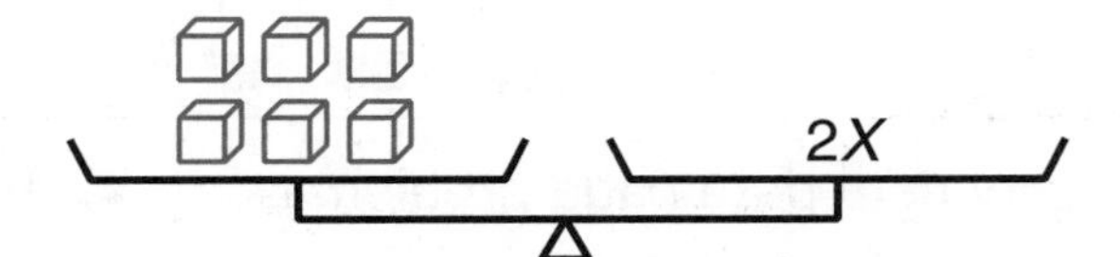

Una pelota
pesa tanto como ____ X.

3.

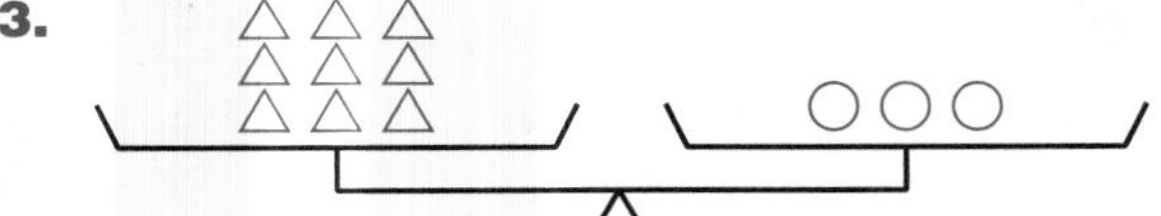

Un círculo
pesa tanto como ____ triángulos.

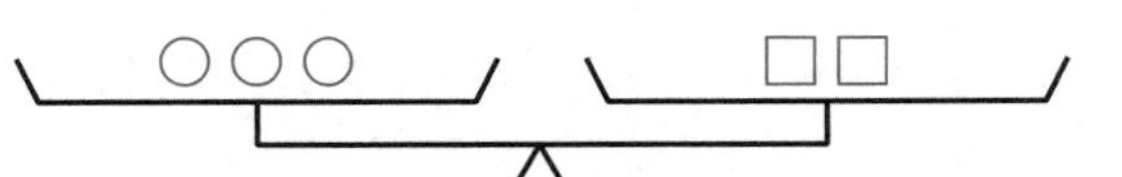

Un cuadrado
pesa tanto como ____ triángulos.

4.

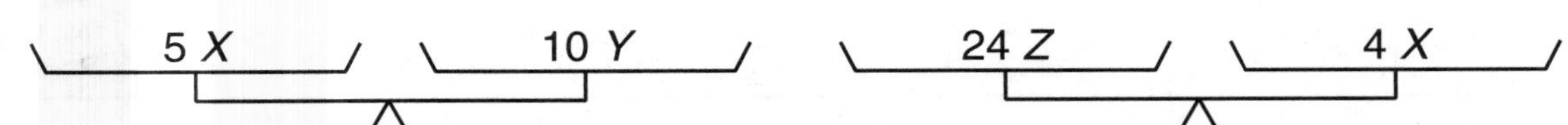

Una X pesa tanto como ____ Y.

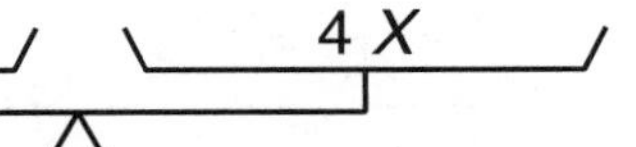

Una Y pesa tanto como ____ Z.

LECCIÓN 12•7

Cajas matemáticas

1. Escribe cada par de fracciones con denominadores comunes.

a. $\frac{2}{3}$ y $\frac{3}{5}$ ______________

b. $\frac{3}{7}$ y $\frac{9}{10}$ ______________

c. $\frac{3}{8}$ y $\frac{18}{24}$ ______________

2. Haz una lista con todos los factores de 165.

____

3. Estima la respuesta para cada problema. Luego, resuelve el problema.

	Estimación	Solución
a. 60.3 ∗ 71	______________	______________
b. 29 ∗ 0.8	______________	______________
c. 48 ∗ 2.02	______________	______________
d. 2.2 ∗ 550	______________	______________

4. Elise tiene 96 monedas en su colección. Una de cada cuatro es de un país extranjero. ¿Cuántas monedas son de un país extranjero?

____

5. Fran lee a una tasa de 50 páginas por hora. Completa la tabla. Traza los datos en la gráfica y conecta los puntos con segmentos de recta.

Regla: páginas = 50 ∗ horas

Horas	Páginas
1	50
2	
	150
	250
7	

La tasa de lectura de Fran

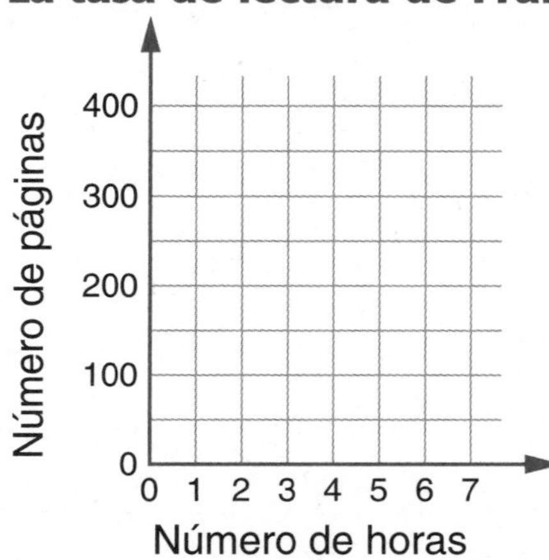

Fecha Hora

LECCIÓN 12•8

Repaso de razones

1. ¿Cuál es la razón de la longitud del segmento de recta *AB* a la del segmento de recta *CD*? ______

2. Encierra en un círculo el par de segmentos de recta cuyas longitudes tengan entre sí la misma razón que *AB* a *CD* en el Problema 1.

a.

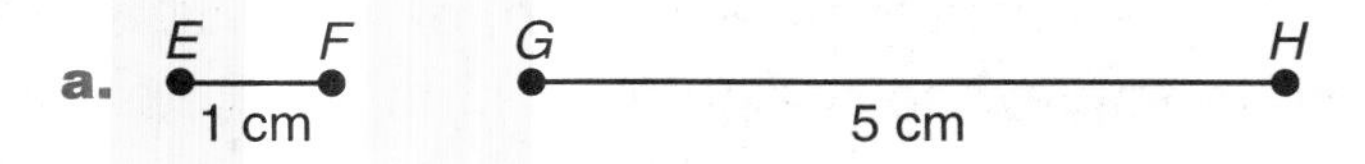

b.

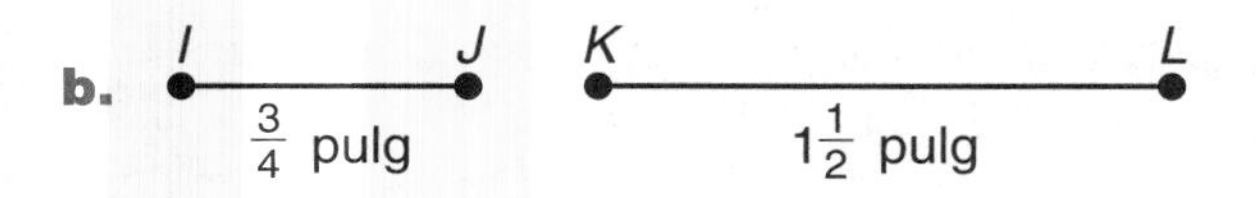

c.

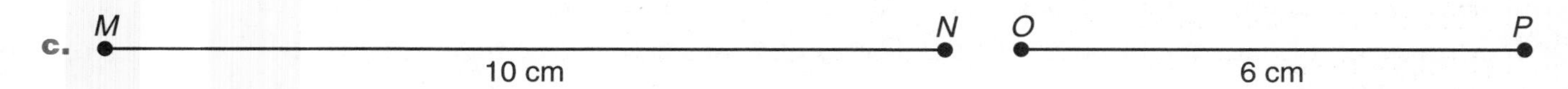

3. Hay 13 niños y 15 niñas en el grupo. ¿Qué parte fraccionaria del grupo son niños? ______

4. El Problema 3 lo resolvieron grupos de jóvenes de 13 años, de 17 años y adultos. Las respuestas y el porcentaje de cada grupo que respondió se muestran en la siguiente tabla.

Respuestas	Jóvenes de 13 años	Jóvenes de 17 años	Adultos
$\frac{13}{28}$	20%	36%	25%
$\frac{13}{28}$ escrito como decimal	0%	0%	1%
$\frac{13}{15}$ ó 0.86	17%	17%	15%
$\frac{15}{28}$	2%	2%	3%
Otras respuestas incorrectas	44%	29%	35%
No saben	12%	13%	20%
Sin respuesta	5%	3%	1%

a. ¿Qué error cometieron las personas que dieron la respuesta $\frac{15}{28}$?

______

______

b. ¿Qué error cometieron las personas que dieron la respuesta $\frac{13}{15}$?

______

______

LECCIÓN 12•8

La bomba del corazón

Tu corazón es el músculo más fuerte de tu cuerpo. Necesita serlo porque nunca descansa. Cada día de tu vida, 24 horas al día, tu corazón bombea sangre hacia todo el cuerpo. La sangre transporta los **nutrientes** y el **oxígeno** que tu cuerpo necesita para funcionar.

Respiras oxígeno a través de tus pulmones. El oxígeno pasa de tus pulmones al torrente sanguíneo. Mientras tu corazón bombea la sangre hacia todo el cuerpo, el oxígeno se deposita en las células de tu cuerpo y es reemplazado por productos de desecho (principalmente el **dióxido de carbono**). La sangre lleva el dióxido de carbono de vuelta a tus pulmones, que se deshacen de él cuando exhalas. El dióxido de carbono es reemplazado por oxígeno y vuelve a empezar el ciclo.

La cantidad de sangre que bombea el corazón en 1 minuto se llama **rendimiento cardíaco.** Para hallar tu rendimiento cardíaco, necesitas saber tu **tasa de ritmo cardíaco** y la cantidad promedio de sangre que bombea tu corazón con cada latido. El rendimiento cardíaco se calcula de la siguiente manera:

Rendimiento cardíaco =
(cantidad de sangre bombeada por latido) * (tasa del ritmo cardíaco)

En promedio, el corazón de un estudiante de quinto grado bombea alrededor de 1.6 onzas líquidas de sangre con cada latido. Si tu corazón late alrededor de 90 veces por minuto, entonces tu corazón bombea alrededor de 1.6 * 90, o sea, 144 onzas líquidas de sangre por minuto. Tu rendimiento cardíaco será alrededor de 144 onzas líquidas, o sea, $1\frac{1}{8}$ galones de sangre por minuto. Eso es alrededor de 65 galones de sangre por hora. ¡Imagina tener que trabajar tanto, día y noche, cada día de tu vida! ¿Entiendes por qué tu corazón tiene que ser muy fuerte?

La tasa del ritmo cardíaco de una persona normal disminuye con la edad. La tasa del ritmo cardíaco de un recién nacido puede llegar a ser de 110 a 160 latidos por minuto. Para los de niños 10 años, es de alrededor de 90 latidos por minuto; para los adultos, es de alrededor de 70 a 80 latidos por minuto. Por lo general, el corazón de las personas mayores puede llegar a latir tan poco como 50 a 65 veces por minuto.

Ya que el rendimiento cardíaco depende de la tasa del ritmo cardíaco de la persona, no es siempre igual. Cuanto más late el corazón en 1 minuto, más sangre se bombea a través del cuerpo.

El ejercicio ayuda a tu corazón a hacerse más grande y más fuerte. Cuanto más grande y más fuerte es tu corazón, más sangre puede bombear con cada latido. Un corazón más fuerte necesita menos latidos para bombear la misma cantidad de sangre. Esto le causa mucho menos estrés al corazón.

LECCIÓN 12•8 La bomba del corazón, *cont.*

Imagina que tu corazón ha bombeado la misma cantidad de sangre toda tu vida, hasta ahora, alrededor de 65 galones de sangre por hora.

1. a. A esa tasa, ¿alrededor de cuántos galones de sangre tendría que bombear tu corazón por día? Alrededor de ______________ galones

b. ¿Alrededor de cuántos galones por año? Alrededor de ______________ galones

2. A esa tasa, ¿alrededor de cuántos galones habría bombeado desde el momento en que naciste hasta tu último cumpleaños?

Alrededor de ________________ de galones

3. Tanto la tasa del ritmo cardíaco como el rendimiento cardíaco aumentan con el ejercicio. Mira la tabla de la página 418 del diario. Halla el número de latidos del corazón en 15 segundos en reposo y el número de latidos después de subir y bajar de una silla 25 veces. Anótalos a continuación.

a. Latidos del corazón en 15 segundos en reposo: ______________

b. Latidos en 15 segundos después de subir y bajar de una silla 25 veces: ______________

Ahora, calcula alrededor de cuántos latidos tienes en 1 minuto.

c. Latidos del corazón en 1 minuto en reposo: ______________

d. Latidos en 1 minuto después de subir y bajar de una silla 25 veces: ______________

4. Si tu corazón bombea alrededor de 1.6 onzas líquidas de sangre por latido, ¿alrededor de cuánta sangre bombea en 1 minuto en reposo?

Alrededor de ______________ oz líq

5. Un galón es igual a 128 onzas líquidas. ¿Alrededor de cuántos galones de sangre bombea tu corazón en 1 minuto cuando estás en reposo?

Alrededor de ______________ galón (galones)

6. a. Usa tu respuesta al Problema 5 para hallar alrededor de cuántas onzas líquidas de sangre bombearía tu corazón en 1 minuto después de 25 subidas y bajadas.

Alrededor de ______________ oz líq

b. ¿Alrededor de cuántos galones? Alrededor de ______________ galón (galones)

Fecha Hora

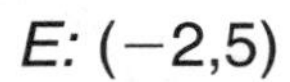

LECCIÓN 12·8

Cajas matemáticas

1. Traza y rotula los pares ordenados de números en la cuadrícula.

E: (−2,5)

F: (3,4)

G: (−2,−4)

H: (−1,0)

I: (5,−1)

J: (4,4)

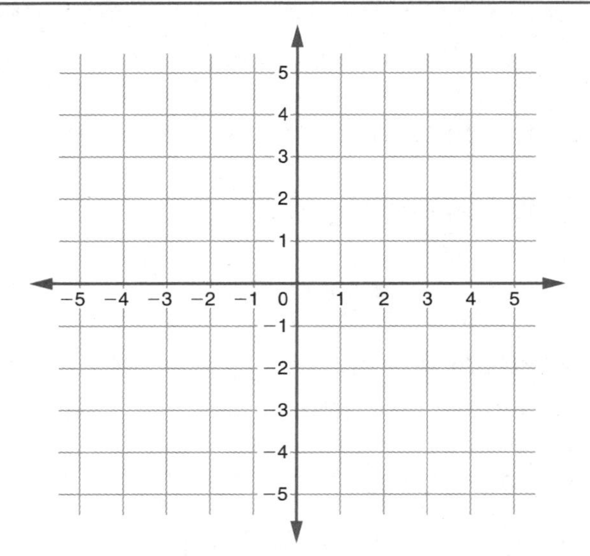

2. $\square = \frac{45}{54}$

Encierra en un círculo la mejor respuesta.

A. $\frac{5}{8}$

B. $\frac{4}{5}$

C. $\frac{5}{6}$

D. $\frac{3}{5}$

3. ¿Cuál es la medida del ángulo *S*? *No* uses un transportador.

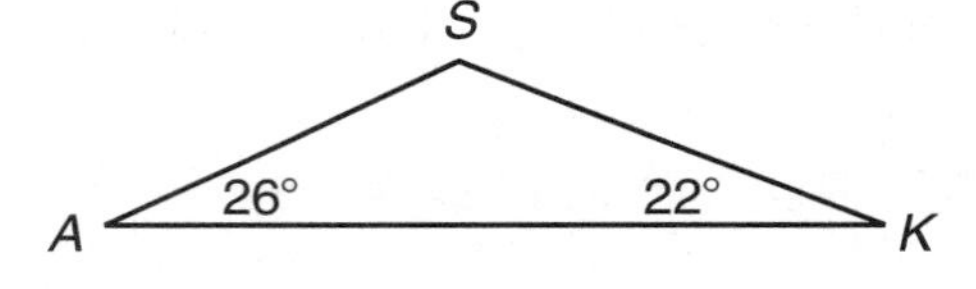

$\angle S =$ ______

4. Nombra dos fracciones equivalentes para cada una de las siguientes fracciones.

a. $\frac{1}{3} =$ ______

b. $\frac{3}{8} =$ ______

c. $\frac{2}{7} =$ ______

d. $\frac{9}{4} =$ ______

e. $\frac{5}{3} =$ ______

5. Escribe $>$ ó $<$.

a. $15 + 28$ ______ 10^2

b. $40 + 40$ ______ $3 * 30$

c. $\frac{1}{2} + \frac{1}{2}$ ______ $\frac{3}{4}$

d. $\frac{19}{20}$ ______ $0.6 + 0.3$

e. $55 \div 5$ ______ $120 \div 12$

Fecha Hora

LECCIÓN 12•9 Cajas matemáticas

1. Un cuadrado pesa tanto como ______ onzas.

2. El área de la tapa del diccionario es de

alrededor de ________________.
(unidad)

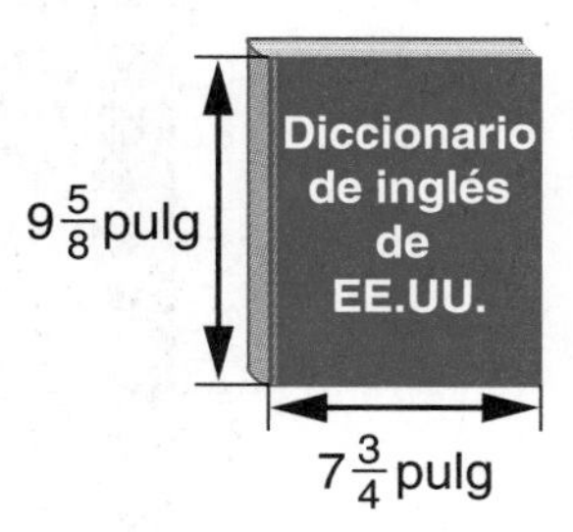

3. Escribe una fracción o un número mixto.

a. 5 minutos = ____ hora

b. 20 minutos = ____ hora

c. 35 minutos = ____ hora

d. 10 minutos = ____ hora

e. 55 minutos = ____ hora

4. Multiplica.

a. $\frac{7}{8} * \frac{8}{9} =$ ____

b. ____ $= 1\frac{1}{3} * 2\frac{1}{5}$

c. ____ $= 4\frac{1}{6} * 3\frac{1}{3}$

d. ____ $= \frac{25}{6} * \frac{8}{9}$

e. ____ $= 5 * 2\frac{5}{7}$

5. El agua en la pecera de Leroy se había evaporado, por lo que estaba alrededor de $\frac{5}{8}$ de pulgada debajo del nivel aconsejable. Agregó agua y el nivel subió alrededor de $\frac{3}{4}$ de pulgada. ¿El nivel de agua quedó por encima o por debajo del nivel aconsejable? ¿Cuánto más por encima o por debajo?

Modelo numérico: ________________

Respuesta: ________________

6. Coloca paréntesis para hacer que cada expresión sea verdadera.

a. $-28 + 43 * 2 = 30$

b. $-19 = 12 / 2 * 6 + (-20)$

c. $16 = 12 / 2 * 6 + (-20)$

d. $24 / 6 - (-2) + 5 = 8$

e. $24 / 6 - (-2) + 5 = 11$

Referencia

Tabla de valor posicional

billones	centenas de miles de millones	decenas de miles de millones	miles de millones	centenas de millón	decenas de millón	millones	centenas de millar	decenas de millar	millares	centenas	decenas	unidades	.	décimas	centésimas	milésimas
1 billión			1,000 millones			1,000,000	100,000	10,000	1,000	100	10	1	.	0.1	0.01	0.001
10^{12}	10^{11}	10^{10}	10^9	10^8	10^7	10^6	10^5	10^4	10^3	10^2	10^1	10^0	.	10^{-1}	10^{-2}	10^{-3}

Medidor de probabilidades

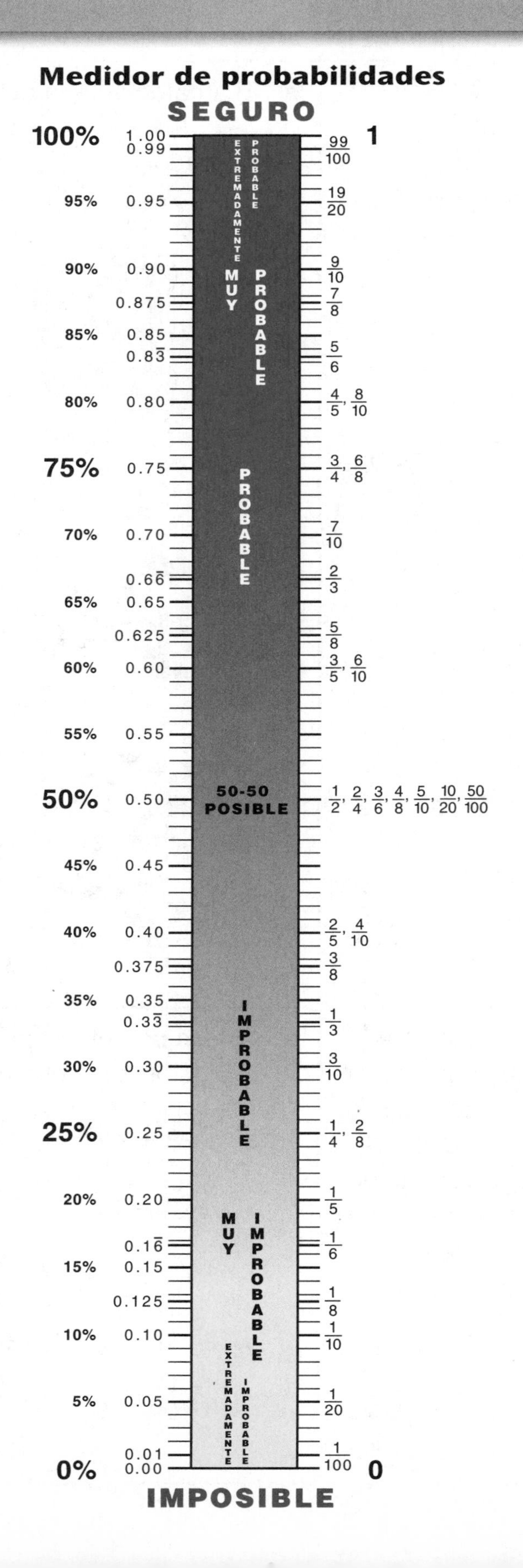

Símbolos

Símbolo	Significado
$+$	más o positivo
$-$	menos o negativo
$*$, $\times$	multiplicar por
$\div$, /	dividir entre
$=$	es igual a
$\neq$	no es igual a
$<$	es menor que
$>$	es mayor que
$\leq$	es menor que o igual a
$\geq$	es mayor que o igual a
x^n	enésima potencia de x
$\sqrt{x}$	raíz cuadrada de x
%	porcentaje o por ciento
$a{:}b$, a/b, $\frac{a}{b}$	razón de a a b o a dividido entre b o la fracción a/b
$^\circ$	grado
(a,b)	par ordenado
$\overleftrightarrow{AS}$	recta AS
$\overline{AS}$	segmento de recta AS
$\overrightarrow{AS}$	semirrecta AS
⊾	ángulo recto
$\perp$	es perpendicular a
$\parallel$	es paralelo a
$\triangle ABC$	triángulo ABC
$\angle ABC$	ángulo ABC
$\angle B$	ángulo B

Referencia

Fracciones, decimales y porcentajes equivalentes

1/2	2/4	3/6	4/8	5/10	6/12	7/14	8/16	9/18	10/20	11/22	12/24	13/26	14/28	15/30	0.5	50%
1/3	2/6	3/9	4/12	5/15	6/18	7/21	8/24	9/27	10/30	11/33	12/36	13/39	14/42	15/45	$0.\overline{3}$	$33\frac{1}{3}\%$
2/3	4/6	6/9	8/12	10/15	12/18	14/21	16/24	18/27	20/30	22/33	24/36	26/39	28/42	30/45	$0.\overline{6}$	$66\frac{2}{3}\%$
1/4	2/8	3/12	4/16	5/20	6/24	7/28	8/32	9/36	10/40	11/44	12/48	13/52	14/56	15/60	0.25	25%
3/4	6/8	9/12	12/16	15/20	18/24	21/28	24/32	27/36	30/40	33/44	36/48	39/52	42/56	45/60	0.75	75%
1/5	2/10	3/15	4/20	5/25	6/30	7/35	8/40	9/45	10/50	11/55	12/60	13/65	14/70	15/75	0.2	20%
2/5	4/10	6/15	8/20	10/25	12/30	14/35	16/40	18/45	20/50	22/55	24/60	26/65	28/70	30/75	0.4	40%
3/5	6/10	9/15	12/20	15/25	18/30	21/35	24/40	27/45	30/50	33/55	36/60	39/65	42/70	45/75	0.6	60%
4/5	8/10	12/15	16/20	20/25	24/30	28/35	32/40	36/45	40/50	44/55	48/60	52/65	56/70	60/75	0.8	80%
1/6	2/12	3/18	4/24	5/30	6/36	7/42	8/48	9/54	10/60	11/66	12/72	13/78	14/84	15/90	$0.1\overline{6}$	$16\frac{2}{3}\%$
5/6	10/12	15/18	20/24	25/30	30/36	35/42	40/48	45/54	50/60	55/66	60/72	65/78	70/84	75/90	$0.8\overline{3}$	$83\frac{1}{3}\%$
1/7	2/14	3/21	4/28	5/35	6/42	7/49	8/56	9/63	10/70	11/77	12/84	13/91	14/98	15/105	0.143	14.3%
2/7	4/14	6/21	8/28	10/35	12/42	14/49	16/56	18/63	20/70	22/77	24/84	26/91	28/98	30/105	0.286	28.6%
3/7	6/14	9/21	12/28	15/35	18/42	21/49	24/56	27/63	30/70	33/77	36/84	39/91	42/98	45/105	0.429	42.9%
4/7	8/14	12/21	16/28	20/35	24/42	28/49	32/56	36/63	40/70	44/77	48/84	52/91	56/98	60/105	0.571	57.1%
5/7	10/14	15/21	20/28	25/35	30/42	35/49	40/56	45/63	50/70	55/77	60/84	65/91	70/98	75/105	0.714	71.4%
6/7	12/14	18/21	24/28	30/35	36/42	42/49	48/56	54/63	60/70	66/77	72/84	78/91	84/98	90/105	0.857	85.7%
1/8	2/16	3/24	4/32	5/40	6/48	7/56	8/64	9/72	10/80	11/88	12/96	13/104	14/112	15/120	0.125	$12\frac{1}{2}\%$
3/8	6/16	9/24	12/32	15/40	18/48	21/56	24/64	27/72	30/80	33/88	36/96	39/104	42/112	45/120	0.375	$37\frac{1}{2}\%$
5/8	10/16	15/24	20/32	25/40	30/48	35/56	40/64	45/72	50/80	55/88	60/96	65/104	70/112	75/120	0.625	$62\frac{1}{2}\%$
7/8	14/16	21/24	28/32	35/40	42/48	49/56	56/64	63/72	70/80	77/88	84/96	91/104	98/112	105/120	0.875	$87\frac{1}{2}\%$
1/9	2/18	3/27	4/36	5/45	6/54	7/63	8/72	9/81	10/90	11/99	12/108	13/117	14/126	15/135	$0.\overline{1}$	$11\frac{1}{9}\%$
2/9	4/18	6/27	8/36	10/45	12/54	14/63	16/72	18/81	20/90	22/99	24/108	26/117	28/126	30/135	$0.\overline{2}$	$22\frac{2}{9}\%$
4/9	8/18	12/27	16/36	20/45	24/54	28/63	32/72	36/81	40/90	44/99	48/108	52/117	56/126	60/135	$0.\overline{4}$	$44\frac{4}{9}\%$
5/9	10/18	15/27	20/36	25/45	30/54	35/63	40/72	45/81	50/90	55/99	60/108	65/117	70/126	75/135	$0.\overline{5}$	$55\frac{5}{9}\%$
7/9	14/18	21/27	28/36	35/45	42/54	49/63	56/72	63/81	70/90	77/99	84/108	91/117	98/126	105/135	$0.\overline{7}$	$77\frac{7}{9}\%$
8/9	16/18	24/27	32/36	40/45	48/54	56/63	64/72	72/81	80/90	88/99	96/108	104/117	112/126	120/135	$0.\overline{8}$	$88\frac{8}{9}\%$

Nota: Los decimales para los séptimos se han redondeado a la milésima más cercana.

Referencia

Los primeros 100 números primos

2	3	5	7	11	13	17	19	23	29
31	37	41	43	47	53	59	61	67	71
73	79	83	89	97	101	103	107	109	113
127	131	137	139	149	151	157	163	167	173
179	181	191	193	197	199	211	223	227	229
233	239	241	251	257	263	269	271	277	281
283	293	307	311	313	317	331	337	347	349
353	359	367	373	379	383	389	397	401	409
419	421	431	433	439	443	449	457	461	463
467	479	487	491	499	503	509	521	523	541

Tabla de barras de fracciones y recta numérica de decimales

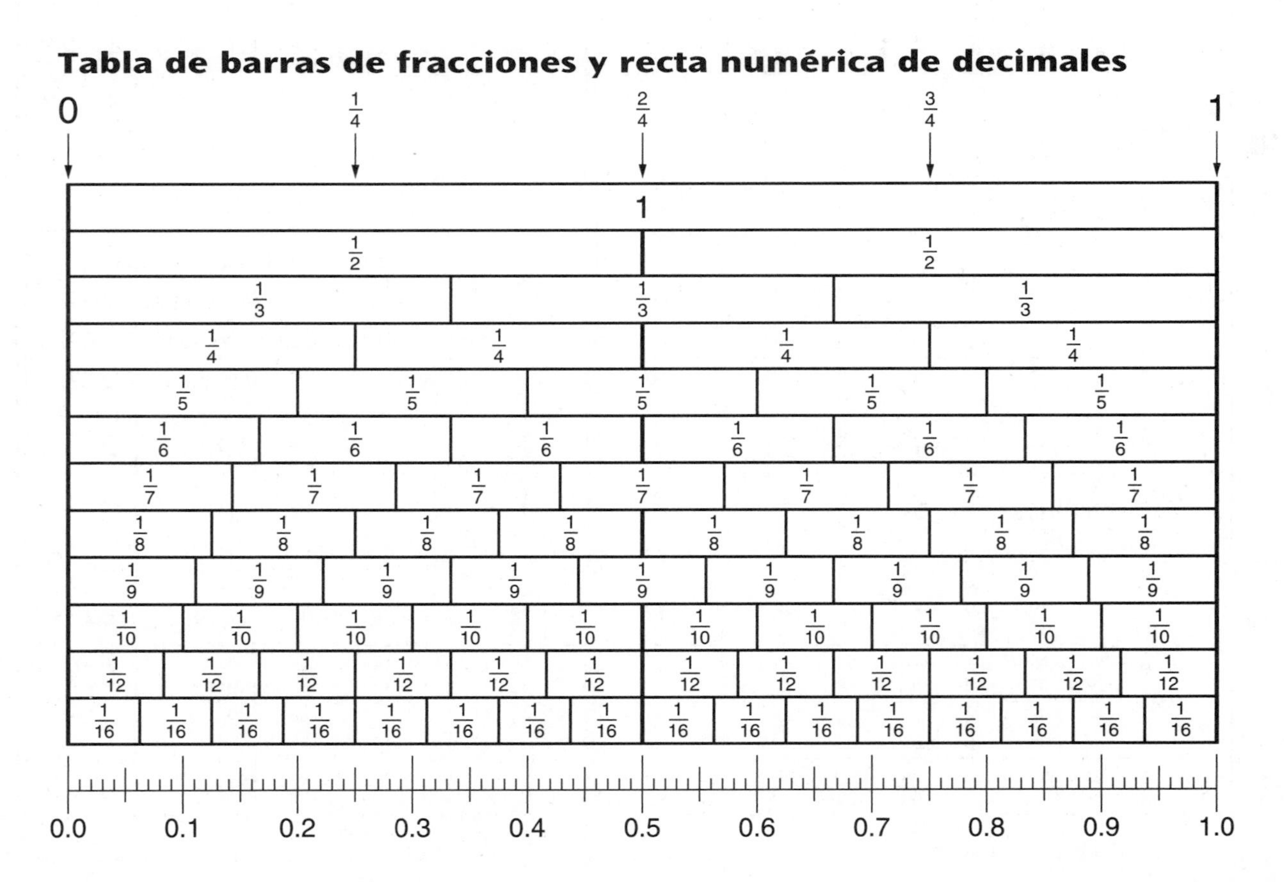

Referencia

Sistema métrico decimal

Unidades de longitud

1 kilómetro (km)	= 1,000 metros (m)
1 metro	= 10 decímetros (dm)
	= 100 centímetros (cm)
	= 1,000 milímetros (mm)
1 decímetro	= 10 centímetros
1 centímetro	= 10 milímetros

Unidades de área

1 metro cuadrado (m^2)	= 100 decímetros cuadrados (dm^2)
	= 10,000 centímetros cuadrados (cm^2)
1 decímetro cuadrado	= 100 centímetros cuadrados
1 área (a)	= 100 metros cuadrados
1 hectárea (ha)	= 100 áreas
1 kilómetro cuadrado (km^2)	= 100 hectáreas

Unidades de volumen

1 metro cúbico (m^3)	= 1,000 decímetros cúbicos (dm^3)
	= 1,000,000 de centímetros cúbicos (cm^3)
1 decímetro cúbico	= 1,000 centímetros cúbicos

Unidades de capacidad

1 kilolitro (kL)	= 1,000 litros (L)
1 litro	= 1,000 mililitros (mL)

Unidades de masa

1 tonelada métrica (t)	= 1,000 kilogramos (kg)
1 kilogramo	= 1,000 gramos (g)
1 gramo	= 1,000 miligramos (mg)

Unidades de tiempo

1 siglo	= 100 años
1 década	= 10 años
1 año	= 12 meses
	= 52 semanas (más uno o dos días)
	= 365 días (366 en año bisiesto)
1 mes	= 28, 29, 30 ó 31 días
1 semana	= 7 días
1 día	= 24 horas
1 hora (h)	= 60 minutos
1 minuto (min)	= 60 segundos (seg)

Sistema tradicional de EE.UU.

Unidades de longitud

1 milla (mi)	= 1,760 yardas (yd)
	= 5,280 pies (pies)
1 yarda	= 3 pies
	= 36 pulgadas (pulg)
1 pie	= 12 pulgadas

Unidades de área

1 yarda cuadrada (yd^2)	= 9 pies cuadrados ($pies^2$)
	= 1,296 pulgadas cuadradas ($pulg^2$)
1 pie cuadrado	= 144 pulgadas cuadrados
1 acre	= 43,560 pies cuadrados
1 milla cuadrada (mi^2)	= 640 acres

Unidades de volumen

1 yarda cúbica (yd^3)	= 27 pies cúbicos ($pies^3$)
1 pie cúbico	= 1,728 pulgadas cúbicas ($pulg^3$)

Unidades de capacidad

1 galón (gal)	= 4 cuartos (ct)
1 cuarto	= 2 pintas (pt)
1 pinta	= 2 tazas (tz)
1 taza	= 8 onzas líquidas (oz líq)
1 onza líquida	= 2 cucharadas (cda)
1 cucharada	= 3 cucharaditas (cdta)

Unidades de peso

1 tonelada (T)	= 2,000 libras (lb)
1 libra	= 16 onzas (oz)

Sistemas equivalentes

1 pulgada es alrededor de 2.5 cm (2.54).

1 kilómetro es alrededor de 0.6 millas (0.621).

1 milla es alrededor de 1.6 kilómetros (1.609).

1 metro es alrededor de 39 pulgadas (39.37).

1 litro es alrededor de 1.1 cuartos (1.057).

1 onza es alrededor de 28 gramos (28.350).

1 kilogramo es alrededor de 2.2 libras (2.205).

1 hectárea es alrededor de 2.5 acres (2.47).

Reglas para el orden de las operaciones

1. Realiza primero las operaciones dentro de los paréntesis o de otros símbolos de agrupación.
2. Calcula todas las potencias.
3. Realiza las multiplicaciones o las divisiones en orden, de izquierda a derecha.
4. Realiza las sumas o las restas en orden, de izquierda a derecha.

Fecha

Hora

Regla de cálculo

Instrucciones de montaje

1. Recorta los bordes de la figura.
2. Marca el papel y pliégalo a lo largo de la línea punteada del soporte de modo que las rectas queden hacia afuera.

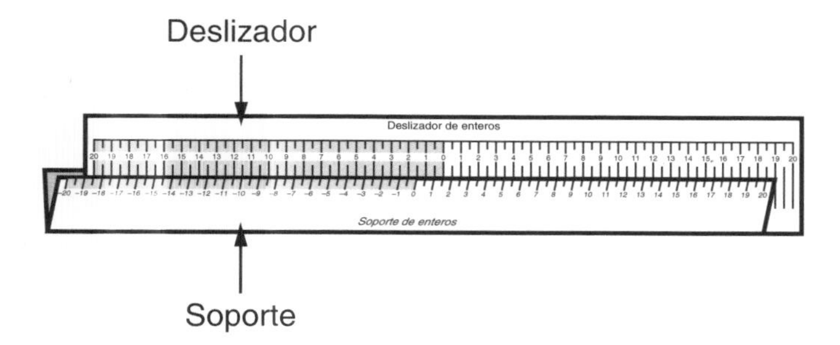

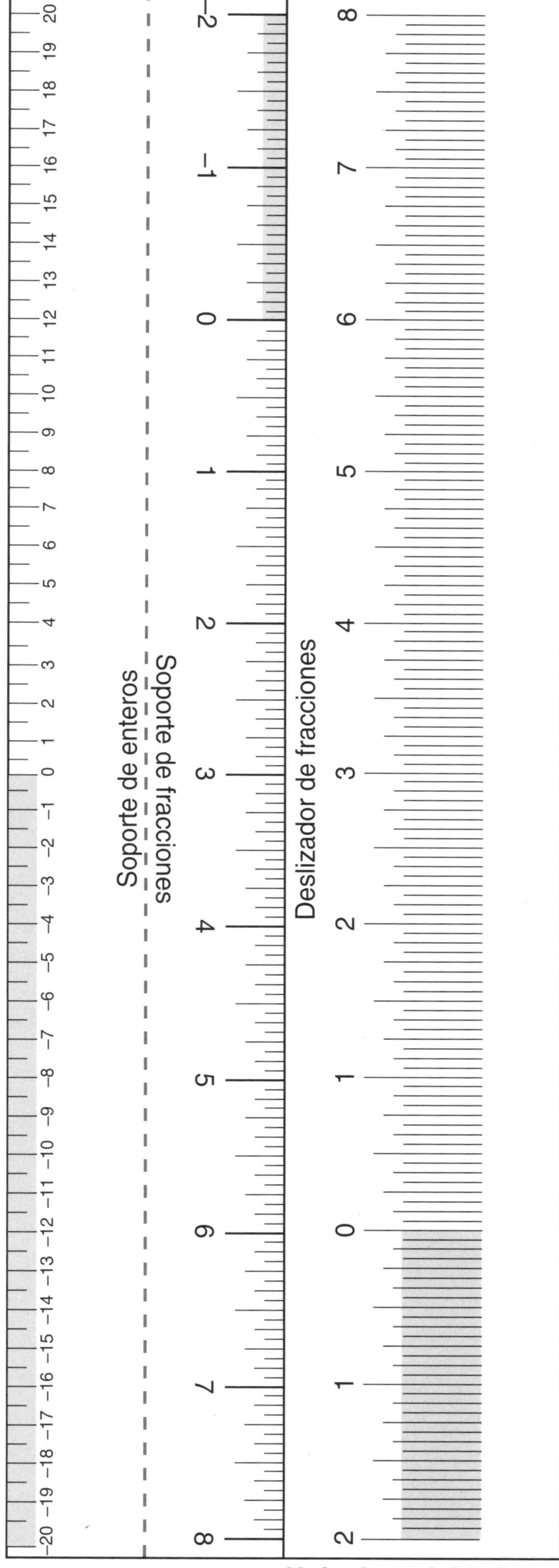

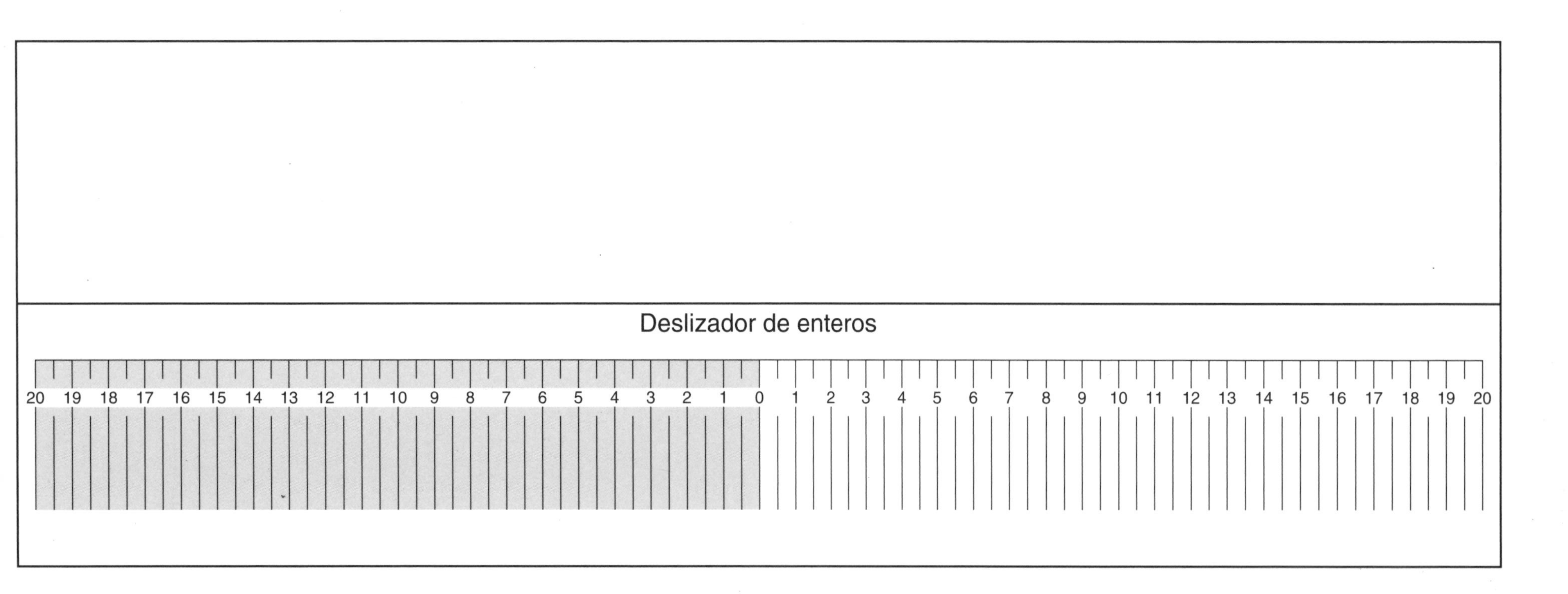
Deslizador de enteros
20 19 18 17 16 15 14 13 12 11 10 9 8 7 6 5 4 3 2 1 0 1 2 3 4 5 6 7 8 9 10 11 12 13 14 15 16 17 18 19 20

Fecha Hora

Losas cuadradas

Fecha Hora

Tarjetas de *Revoltura de cucharas*

$\frac{1}{4}$ de 24	$\frac{3}{4} * 8$	50% de 12	$0.10 * 60$
$\frac{1}{3}$ de 21	$3\frac{1}{2} * 2$	25% de 28	$0.10 * 70$
$\frac{1}{5}$ de 40	$2 * \frac{16}{4}$	1% de 800	$0.10 * 80$
$\frac{3}{4}$ de 12	$4\frac{1}{2} * 2$	25% de 36	$0.10 * 90$